中国省会城市公民水素养评价报告

王延荣　孙宇飞　等著

中国水利水电出版社
www.waterpub.com.cn
·北京·

内 容 提 要

近年来，科学素质备受政府部门、专家学者和社会各界关注，而对于水素养的概念和内涵研究鲜有涉及。为此，我们通过对素养、科学素养等内涵进行归纳总结的基础上，提出了水素养的基本概念并从其核心内涵出发，构建由水知识、水态度和水行为等3个一级指标、10项二级指标、29个三级指标和若干观测点组成的公民水素养评价指标体系。

本书研究我国省会城市公民水素养综合评价值及排序，并基于"精确计算、分类呈现"的原则对31个省会城市公民水素养状况分成Ⅰ、Ⅱ、Ⅲ、Ⅳ、Ⅴ等次，在各等次下对各省会城市水素养评价的微观数据和得分情况进行了研究和分析。

图书在版编目(CIP)数据

中国省会城市公民水素养评价报告/王延荣，孙宇飞等著. —北京：中国水利水电出版社，2019.2 (2024.1重印)

ISBN 978-7-5170-7472-4

Ⅰ. ①中… Ⅱ. ①王… ②孙… Ⅲ. ①水资源保护－公民教育－研究报告－中国 Ⅳ. ①TV213.4

中国版本图书馆CIP数据核字(2019)第031132号

书 名	中国省会城市公民水素养评价报告 ZHONGGUO SHENGHUI CHENGSHI GONGMIN SHUISUYANG PINGJIA BAOGAO
作 者	王延荣 孙宇飞 等著
出版发行	中国水利水电出版社 (北京市海淀区玉渊潭南路1号D座 100038) 网址：www.waterpub.com.cn E-mail：sales@waterpub.com.cn 电话：(010)68367658(营销中心)
经 售	北京科水图书销售中心(零售) 电话：(010)88383994、63202643、68545874 全国各地新华书店和相关出版物销售网点
排 版	北京亚吉飞数码科技有限公司
印 刷	三河市华晨印务有限公司
规 格	170mm×240mm 16开本 19.25印张 249千字
版 次	2019年4月第1版 2024年1月第2次印刷
印 数	0001—2000册
定 价	91.00元

前　言

当前，我国水旱灾害频发的老问题依然存在，而水资源短缺、水生态损害、水环境污染等新问题更加突出。2014 年，习近平总书记从保障国家水安全的战略和全局高度，明确指出“节水优先、空间均衡、系统治理、两手发力”的新时期水利工作方针，为加快水利改革发展提供了科学指南和根本遵循。水利部在学习和讨论习近平总书记水利工作方针过程中，逐步聚焦和形成了“由改变自然、征服自然转变为改变人们的行为尤其纠正人们的错误行为”的重要治水思路。这是适应新时代治水主要矛盾变化而做出的治水思路的重大调整，是治水理念的重大飞跃，也是治水路径的必然选择。

当前，我国面临的水问题除了自然因素以外，绝大多数是由于经济社会活动中人们对水资源的过度使用和不当使用造成的。特别是在我国这样一个极度缺水的国家，人们爱水、节水、护水意识薄弱，农业灌溉和家庭用水浪费严重，生产生活污水处理率过低等行为导致水问题加剧。水利部新治水思路从“人定胜天”到“人水和谐”、从注重“工程措施”到“人的行为”的转变反映了对新时代治水规律认识的新高度。因此，应该从生产生活活动的主体——“人”入手，完善水知识，改善水态度，规范水行为，提升其水素养水平。其中，一个重要突破口和基础性工作就是要了解我国公民水素养状况。即通过对全民水素养的调查与评价，全面了解我国水素养的总体情况，测评不同性别、年龄结构、户籍类型、教育程度等各类人群的水素养水平，以期针对不同群体提出提升水素养的差异化行动方案。

近年来，科学素质备受政府部门、专家学者和社会各界关注，而对于水素养概念和内涵研究鲜有涉及。为此，我们在对素养、科学素养等内涵归纳总结的基础上，提出了水素养的基本概念，并从其核心内涵出发，构建由水知识、水态度和水行为等 3 项一级指标、10 项二级指标、29 项三级指标和若干观测点组成的公民水素养评价指标体系。为了验证指标体系和评价方法的科学性，2016 年，我们在北京市、郑州市、河池市和青铜峡市进行了试点调查，得到了一些有价值的研究结论，研究成果《公民水素养理论与评价方法研究》已在科学出版社出版。为了解我国公民水素养状况，2017 年，我们开展了较大范围水素养试点调查与评价工作。但由于目前尚不具备进行水素养普查的条件，我们仅以 31 个省会城市为调查样本，发放 13050 份调查问卷，共回收问卷 12701 份，有效问卷的数量为 10024 份。在对问卷调查结果进行初步评价的基础上，考虑抽样人群的结构与实际总体人群的结构存在偏差及在日常生活中公民的实际生活用水量以及城市公民生活用水定额之间的差异，对问卷调查评价值进行了基于抽样人群结构偏差的校正以及基于节水效率值的调节，最终获得我国省会城市公民水素养综合评价值及排序，并基于“精确计算、分类呈现”的原则对 31 个省会城市公民水素养状况分成Ⅰ、Ⅱ、Ⅲ、Ⅳ、Ⅴ等次，在各等次下对各省会城市水素养评价的微观数据和得分情况进行了介绍和分析。

本书在研究和写作过程中的主要分工为：王延荣、孙宇飞同志负责研究大纲及全书通撰，田康、许冉、王寒、陈卓、孙志鹏、刘慧红、张宾宾、赵毅和胡芳铮等同志参与了研究并负责各章节的撰写工作，广西科技师范学院汪灵枝教授在华北水利水电大学高访期间参与了课题研究工作。在研究过程中得到了原水利部发展研究中心杨得瑞主任、现水利部发展研究中心陈茂山主任、水利部水情教育中心周文凤主任、王乃岳书记等领导专家的精心指导和大力支持，得到了水利部发展研究中心办公室的姜鹏、王晶同志的大力协助，在此表示衷心的感谢。

由于公民水素养评价还是一个全新的研究领域，我们所做的工作仅仅是一种探索和尝试，深知在许多方面还不够成熟。受研究水平和条件所限，书中不妥之处在所难免，敬请各位领导、专家、读者批评指正。

作　者

2019 年 1 月

目　录

第二篇 中国省会城市公民水素养分类评价报告

第一篇

中国省会城市公民水素养评价总报告

第1章　公民水素养评价的背景、目的及意义

1.1　公民水素养评价的背景

1.1.1　现实背景

1. 水资源承载着生产、生活和生态发展等多重任务

水作为一种自然资源，是维系人类生存与发展的命脉，是包括人类在内的万千生物赖以生存的物质基础。人类的生产、生活须臾离不开水，有水的地方才会有生命的存在。人类与水相互作用的过程存在着多重互动关系。人类作为自然的一部分，其繁衍生息少不了水的滋润和哺育。在中华民族认识自然和利用、改造自然的过程中，在与水相伴、相争、相和的实践中，深厚的水文化逐渐形成，并成为中华民族传统文化的重要组成部分。按照社会经济发展的客观需求和以人为本、人性亲水的天然需要，水与人类的生产、生活关系密切，人类在生产、生活过程中进行水资源的调节和分配，利用水、治理水、节约水、保护水以及亲近水、鉴赏水，不断加深对水的认识和思考，不断协调水与经济社会发展的关系。我国是全球人均水资源贫乏的国家之一，人均水资源量只有 2300m^3，仅为世界平均水平的 1/4。而且，中国又是世界上用水量最多的国家。水资源的需求几乎涉及国民经济的方方面面，如工业、农业、建筑业、公民生活等。2016 年全国总用水量为

6040.2 亿 m^3，其中，生活用水占 13.6%，工业用水占 21.6%，农业用水占 62.4%，人工生态环境补水（仅包括人为措施供给的城镇环境用水和部分河湖、湿地补水）占 2.4%。目前，严重的水资源短缺导致我国城镇现代化建设进程、GDP 增长和公民生活水平提高都受到了限制，影响了我国经济社会的高质量发展。

2. 我国的经济社会发展受到新老水问题的双重制约

随着经济社会快速发展和全球气候变化影响加剧，我国水旱灾害频发的老问题依然存在，而水资源短缺、水生态损害、水环境污染等新问题愈加凸显。实际上，在我国水问题由来已久，古老文明也是起源于人类与洪水的斗争，大禹治水等就是描述了人们在生产生活中与水抗争的过程。特别是进入近代以来，随着社会生产规模不断扩大以及人们生产和生活方式的变化，大量工业和生活废水排入河流，对河湖形态、水文情势及水质等均产生显著影响，河道断流、河床萎缩、湖泊干枯、尾闾消失、水质污染加剧，生物多样性减少，直接导致了河湖生态环境的空前危机。可以说，水灾害、水资源、水环境与水生态四大方面水问题相互作用、彼此叠加，形成多重水危机，并已成为制约经济社会发展的突出瓶颈。我们必须清晰地认识到，传统的治水思路已不能适应水问题及经济社会变化的需求，要重新认识和正确处理水与生命、社会、生产和生态之间的关系。人类在利用和改造自然的过程中还要认识人和人类活动自身。大量的研究已经证明，在解决水问题过程中，特别是水资源利用、水生态环境保护等方面与人的思想、态度与行为存在强相关关系。因此，解决新老水问题不仅仅是工程技术问题，还要不断改善人类活动，提高合理开发利用与节约保护水资源的思想认识，注重控源减源并建立相应的激励约束机制，这才是合理的公共政策选择。

3. 公民的水生态文明理念和水意识等存在不足

水生态文明理念倡导的是坚持以人为本，解决由于人口增加和经济社会高速发展出现的洪涝灾害、干旱缺水、水环境污染和水生态损害等水问题，使人和水的关系达到和谐状态，使宝贵有限的水资源为经济社会可持续发展提供久远的支撑。但是，长期以来形成的以自身利益为中心、不注重资源合理开发利用、不顾虑自然有限承载能力的人始终存在。受这种思想观念支配的人们，对环境友好型、资源节约型生态文明理念缺乏足够的认识与理解。其中，水资源节约是构建人水和谐生态文明局面的重要措施。但是，目前我国城市公民的水资源忧患意识和节约用水意识不强，用水浪费现象严重，用水效率不高，城市非节水型用水器具大量存在。因此，要纠正不良的用水习惯，提高全社会对水作为基础性自然资源和战略性经济资源的认识程度，达成共识并渗透到日常的生产、工作和生活中。要强化用水的社会责任由国家、企事业单位和个人共担，重视用水的社会教育。爱水、节水、护水，应当成为现代公民素质教育——水素养教育的基本内容。

1.1.2 理论背景

1.公民素养及其评价研究已经成为社会各界关注的新热点

素养是一个人在先天遗传的基础上，在某一方面认知水平、思维习性的技能水平的综合水平，如科学素养、环境素养、道德素养、音乐素养、水素养等。一个人素养的高低，影响着生活在当代社会中人们的生活水平和质量，同时也不断改变着国民价值观以及人们对问题、事物的看法，素养已经逐渐成为一个国家国民综合素质的体现之一，同时也逐渐成为一个国家提升综合国力的基本条件和先决条件之一。素养既是社会发展的普遍需要，也是个体生存和成长的关键需求，随着社会的发展，世界各国均对各类素养深入关注并加大了研究力度。国外针对各种素养的研究已有较长历史，我国对素养评测的关注也在与日俱增，成果颇丰。国内外相关素养的研究主要集中在相关素养的内涵界定、科学属性以及评价等方面。经过多年的研究，相关素养的内涵和外延得到不断丰富拓展，目前已形成初步倾向性共识，学术界对公民相关素养研究呈现出多学科、多领域、多层次研究格局，初步形成相对稳定的研究团队、研究机构和研究方向，取得令人瞩目的研究成果。但相关素养研究的成果还仅仅限于微观研究，对于原创性与基础性理论研究略显不足，对相关素养现实问题和发展问题的研究还不够充分，这些问题已引起了国内外相关学者的关注，并逐渐成为社会各界关注的新热点。

2. 公民水素养研究刚刚兴起但已经获得关注

自从2011年水利部发展研究中心提出了“水素养”概念以来，水素养基础理论与评价研究逐渐引起社会各界的关注。2011年，时任水利部部长的陈雷在中国水利学会第十次会员代表大会开幕式致辞中明确提出，要“抓好科普宣传，着力提高全民水素养”。2015年水利部发展研究中心委托华北水利水电大学开始从理论上对公民水素养内涵及构成进行系统阐述及深入研究，将公民水素养定义为必要的水知识、科学的水态度及规范的水行为的总和。2016年，课题组开展了公民水素养评价方法的研究工作，并在北京市、郑州市、河池市以及青铜峡市进行了试点调查。2017年，课题组首次完成了对全国31个省会城市公民水素养调查与评价。应该说，从整体上看，学术界对水素养理论的认识尚处在初级阶段，构建水素养理论体系是当前需要解决的首要问题，从而为中国公民水素养水平提升提供理论依据和决策咨询。同时，公民水素养研究涉及管理学、社会学、经济学、组织行为学、传播学、环境学、情报学、计算机等多个学科。因此，公民水素养评价需要在内涵界定基础上，建立可以解释个人、群体以及公民整体水素养特征和影响因素的有效测量模型，应充分考虑人群特征、年龄、社会环境、生活背景等因素，采用适宜的测量方法以及作出适当的调整以服务于目标群体或个体。因此，公民水素养评价理论与方法研究以及实践工作任重道远。

1.2 开展省会城市公民水素养评价的目的及意义

1.2.1 评价目的

开展省会城市公民水素养评价工作的根本目的在于认识和了解公民的水知识掌握程度、水态度和水行为，为水素养提升行动提供决策依据。扩大水素养在社会中的认知程度和影响力，提高全民爱水、惜水、节水、护水的意识，强化用水的社会责任，形成全民共识，营造良好风尚，实现节水、治水、兴水的社会基础。

1.2.2 评价意义

科学评价是开展有效干预的重要前提，是选取适宜干预技术的主要依据。开展水素养评价具有重要的意义。

1.促进公民个体水素养水平提升

水素养是公民素质的重要组成部分，也是一个社会文明与进步的重要标志。个体作为水素养的主要管理者，其水素养水平高低取决于是否具备水素养自我管理能力。水素养水平高的个体由于水知识相对充足，有良好的水态度，能够进行自我水行为管理，评价结果也会高。影响个体水素养水平的因素中行为与生活方式占比最大。可以说，公民水素养意识淡薄、对自身行为和生活方式不关注是造成水素养低的主要原因之一。因此，提升公民水素养理念和水素养水平，加强自我水素养管理水平，转变不良生活和行为方式，已经成为解决这一问题的首要策略。基于此，要科学有效地开展公民水素养评价，并针对影响水素养状况的因素，采取有效干预措施，充分利用现有的水素养状况评价信息，通过强化宣传教育，基于公众的条件反射，达到有效刺激目的，进而不断提升公众的自我水素养管理理念，调动其水素养管理主动性，提升其水素养管理水平，最终达到改善水素养状况的目的。

2. 为开展水素养针对性干预提供基础

加大水素养干预是提升公民水素养的有效举措，是改善公民水素养状况比较有效的切入点。公民水素养评价是为水素养干预服务的，是水素养干预工作的基础和依据。通过水素养评价工作，可以分析了解特定个体和区域导致水素养水平偏低的原因和主要影响因素，“对症下药”，确定水素养提升行动目标和原则，确定水素养提升重点领域和人群，确定水素养提升行动步骤，编制水素养提升行动计划。如未成年人水素养行动、城镇劳动人口及农民水素养行动、领导干部和公务员水素养行动以及企业法人、社团法人水素养行动等。配合上述水素养行动计划，重点实施水素养大众传媒传播能力建设工程以及水素养评价常态化制度等。因此，通过水素养科学评价，形成有效的公民水素养干预模式和机制，对于推进全民水素养提升具有重大意义。

3. 有助于新老水问题的系统治理

当前我国面临的水问题除了自然因素以外，绝大多数是由于经济社会活动中人们对水资源的过度使用和不当使用造成的。特别是在我国这样一个极度缺水的国家，人们爱水、节水、护水意识薄弱，农业灌溉和家庭用水浪费严重，生产生活污水处理率过低等行为导致水问题加剧。水利部新治水思路从“人定胜天”到“人水和谐”、从注重“工程措施”到“人的行为”的转变反映了我们对新时代治水规律认识的新高度。因此，要解决新老水问题，就要遵循习近平总书记提出的新时期水利工作方针的要求，从观念、意识、措施等各方面把节水放在优先位置，要对经济社会活动的主体——“人”进行重点关注，把扰动水生态环境系统的“人的行为”置于中心环节，把提升公民的水素养水平作为重要行动。

4. 为开展全民水素养评价提供经验借鉴

本研究在借鉴国内外相关素养评价的基础上，结合我国水素养教育工作实际，研发适合我国实情且科学有效的水素养评价指标体系，包含了水知识、水态度、水行为等水素养基本维度，并以统计学分析为参考依据选取独立性、代表性较强的各类具体指标。具体包括水科学基础知识、水资源开发利用及管理知识、水生态环境保护知识等基本的水知识素养，水情感、水责任、水伦理等水态度素养，以及水生态和水环境管理行为、说服行为、消费行为和法律行为等水行为素养。我们在对问卷调查结果进行初步评价的基础上，对问卷调查评价值进行了基于抽样人群结构偏差的校正以及基于节水效率值的调节，最终形成了省会城市公民水素养综合评价值及排序。在研究过程中广泛咨询了来自水利部门、教育部门等的相关专家，得到了专家学者的肯定与帮助。因此，这些成果可以为我们后续开展更大范围的水素养水平评价提供基础。

第 2 章　公民水素养评价指标与方法

2.1　公民水素养表征因素

2.1.1　水素养表征因素模型

近年来，科学素质备受政府部门、专家学者和社会各界关注，而对于水素养概念和内涵研究鲜有涉及。为此，我们在对素养、科学素养等内涵归纳总结的基础上，提出水素养是人们在生产生活中逐步研习、积累而形成的与水资源、水生态环境相关的一种综合素质，是必要的水知识、科学的水态度、规范的水行为的总和。公民水素养表征因素是对公民水素养的不同方面特性及其相互间联系进行表征的指标集合。研究水素养表征因素的内涵，探究表征因素之间的关联关系及其系统结构，是科学评价公民水素养的内在基础。

结合已有研究、专家研讨及广泛调研资料，公民水素养表征因素由水知识表征因素、水态度表征因素及水行为表征因素构成。其中，水知识表征因素提取的主要维度为水科学基础知识、水资源开发利用及管理知识和水生态环境保护知识，水态度表征因素提取的主要维度为水情感、水责任、水伦理，水行为表征因素提取的主要维度为水生态和水环境管理行为、说服行为、消费行为、法律行为。

在此基础上，运用解释结构模型，建立水素养表征因素模型，深入剖析公民水素养表征因素之间的逻辑关系，最终得到水素养表征因素模型，如图 2-1 所示。

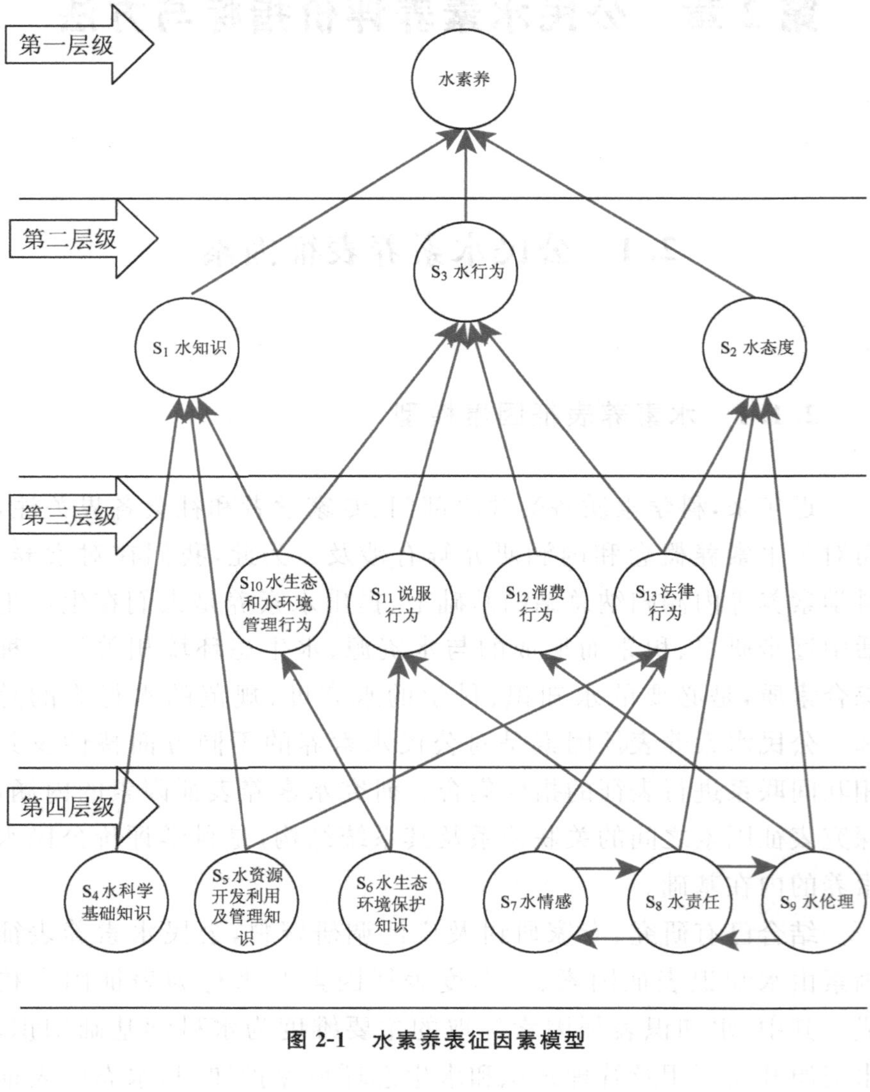

图 2-1　水素养表征因素模型

2.1.2　水素养表征因素评价

图 2-1 直观地展现出水素养表征因素的层次结构关系，反映

了公民水素养表征因素之间的内在联系。从表征因素的外显强度大小来看，位于第一层级的水素养因素直接代表公民水素养水平；位于第二层级的水知识（S_1）、水行为（S_3）、水态度（S_2）是水素养的重要表征因素，直接影响水素养水平，其中水行为（S_3）是对水素养影响程度最大的表征因素，水知识（S_1）与水态度（S_2）对水素养的影响稍弱；位于第三层级的水生态和水环境管理行为（S_{10}）、说服行为（S_{11}）、消费行为（S_{12}）及法律行为（S_{13}）重要性相对次之，这些因素通过直接影响水行为（S_3）对水素养产生间接影响；位于第四层级的水科学基础知识（S_4）、水资源开发利用及管理知识（S_5）、水生态环境保护知识（S_6）、水情感（S_7）、水责任（S_8）及水伦理（S_9）对水素养影响最弱，属于间接影响因素，其中水科学基础知识（S_4）直接影响水知识（S_1），水资源开发利用及管理知识（S_5）对水知识（S_1）和公民的法律行为（S_{13}）产生直接影响，水生态环境保护知识（S_6）直接影响水知识（S_1）、水生态和水环境管理行为（S_{10}）及说服行为（S_{11}），水情感（S_7）、水责任（S_8）、水伦理（S_9）直接影响水态度（S_2），且三者间存在相互影响，此外，水责任（S_8）直接影响公民的说服行为（S_{11}），水伦理（S_9）直接影响公民的消费行为（S_{12}）。

综上所述，水素养表征因素模型反映出水素养表征因素及其相互关系，并分层级体现表征因素的重要程度。水科学基础知识（S_4）、水资源开发利用及管理知识（S_5）、水生态环境保护知识（S_6）、水情感（S_7）、水责任（S_8）、水伦理（S_9）是影响公民水素养的间接表征因素，同时也是不受其他表征因素影响的最基本表征因素；水生态和水环境管理行为（S_{10}）、说服行为（S_{11}）、消费行为（S_{12}）、法律行为（S_{13}）是公民水素养的间接表征因素；水知识（S_1）、水态度（S_2）是公民水素养的直接表征因素，其重要程度相对于同一层级的水行为（S_3）较弱；水行为（S_3）是公民水素养最重要的直接表征因素。

2.2 公民水素养评价指标体系

2.2.1 公民水素养评价指标体系的构建

公民水素养评价是一项复杂的系统工作，既需要调查、评价等实务工作环节的有效衔接，更需要评价指标体系构建、调查问卷设计等理论研究环节的科学对接。基于公民水素养表征因素模型，构建科学、系统的公民水素养评价指标体系，是客观评价公民水素养的重要基础工作。

首先，依据评价指标体系的独立性、代表性、科学性等基本准则，在文献检索、专家研讨及实地调查的基础上，基于公民水素养表征因素模型，初步构建出与我国社会经济发展水平相匹配的公民水素养评价指标体系。其次，通过专家咨询、公众调研等定性方法征集意见，修改并完善公民水素养评价指标体系。再次，邀请专家对修改后的公民水素养评价指标体系进行打分，并设置开放性问题邀请专家提出修改意见。最后，应用层次分析法确定各级指标权重，完成公民水素养评价指标体系的构建。

2.2.2 公民水素养评价指标权重的确定

层次分析法（Analytical Hierarchy Process，AHP）是美国匹兹堡大学教授 A. L. Saaty 于 20 世纪 70 年代提出的一种系统分析方法，它综合了定性与定量分析，其分析思路大体上相当于人对一个复杂的决策问题的思维和决策过程，能有效并实用地处理复杂的决策问题。

选取 15 位心理学、管理学、环境学等领域专家，发放指标权重调查问卷，获取专家打分意见，应用层次分析法，得到各级指标权重，如表 2-1 所示。

表 2-1　基于层次分析法的各级水素养指标权重信息汇总

一级指标	二级指标	三级指标
水知识(0.0914)	水科学基础知识(0.2763)	水的物理与化学知识(0.0370)
		水分布知识(0.4350)
		水循环知识(0.0535)
		水的商品属性(0.1875)
		水与生命知识(0.2870)
	水资源开发利用及管理知识(0.1283)	水资源开发利用知识(0.2)
		水资源管理知识(0.8)
	水生态环境保护知识(0.5964)	人类活动对水生态环境的影响(0.5083)
		水环境容量知识(0.0555)
		水污染知识(0.2908)
		水生态环境行动策略的知识和技能(0.1454)
水态度(0.2176)	水情感(0.1047)	水兴趣(0.3333)
		水关注(0.6667)
	水责任(0.6370)	节水责任(0.6667)
		护水责任(0.3333)
	水伦理(0.2583)	水伦理观(0.6)
		水道德原则(0.4)
水行为(0.6910)	水生态和水环境管理行为(0.1201)	参与节水、护水、爱水的宣传行为(0.0882)
		参与水生态环境保护的行为(0.1569)
		主动学习节约用水技能的行为(0.2717)
		主动学习水灾害避险的行为(0.4832)
	说服行为(0.0621)	参与防范水污染事件的行为(0.8333)
		参与公益环保组织的活动(0.1667)
	消费行为(0.5751)	生产生活废水再利用的行为(0.5396)
		生活用水频率(0.2970)
		节水设施的使用(0.1634)

续表

一级指标	二级指标	三级指标
水行为(0.6910)	法律行为(0.2427)	个人遵守水相关法律法规(0.6250)
		举报或监督水环境实践的行为(0.1365)
		监督执法部门管理行为有效性(0.2385)

2.3 公民水素养评价方法

水素养问卷调查评价方法主要是通过李克特量表(Likert scale)对问卷问题进行赋分,从而计算每份问卷的得分情况,同时结合对水知识、水态度、水行为等各级指标的权重,计算每一位调查者的水素养评价值。但考虑到抽样人群的结构与实际总体人群的结构存在偏差及在日常生活中公民的实际生活用水量以及城市公民生活用水定额之间的差异,拟对问卷调查结果进行校正和调节,通过校正和调节后得到水素养综合评价值将更加符合各省会城市公民水素养水平的实际值。

2.3.1 基于问卷调查的水素养评价方法

为了方便对不同群体之间水素养水平进行比较,基于问卷调查的水素养评价引入水素养综合指数。水素养综合指数不是简单的对水素养指标的描述,而是对水素养整体情况的把握。因此,将水素养综合指数定义为对不同群体的水素养状况的综合评价指标。水素养由水知识、水态度、水行为三方面构成,故在构建水素养指数时也分为三个方面,即水知识指数、水态度指数、水行为指数。水知识指数是构成水素养综合指数的基础,水态度指数是构成水素养综合指数必不可少的条件,水行为指数是构成水素养综合指数的关键环节。水知识指数、水态度指数以及水行为指数三者相互作用、相互影响，三者的总和即为水素养综合指数。

1. 水素养指数

水素养的形成是先从个人对水知识的掌握开始，进而水知识内化为水态度（动机、兴趣、情感、价值观等），并用来指导自己的行动，培养和形成正确的水行为，水素养的形成离不开水知识、水态度以及水行为。水素养指数是对公民水素养水平进行测评的综合性指标。因此，对于水素养指数的构建也通过三方面进行综合评定，即水知识指数、水行为指数、水态度指数。构建函数关系如下：

$$W = f(X, Y, Z)$$

式中：W 为水素养指数；X 为公民具备的水知识，称为水知识指数；Y 为公民具备的水态度，称为水态度指数；Z 为公民具备的水行为，称为水行为指数。

函数 f 表示 X、Y、Z 之间存在一种量化关系。对于水素养指数的构建是基于问卷的得分进行计算的，得分主要是通过李克特量表对问卷问题进行赋分，从而计算每份问卷的得分情况。由于不同城市常住人口密度不同，问卷调查的发放中发放的数量也不同。因而在计算不同城市的得分时，采用得分的均值进行计算。水素养指数的计算采用对水知识指数、水态度指数、水行为指数的简单加权形式：

$$W = \alpha X + \beta Y + \gamma Z, \alpha + \beta + \gamma = 1$$

式中：α、β、γ 分别表示水知识指数、水态度指数、水行为指数所占权重。

2. 水知识指数的构建

水知识指数是对水的基本特征以及水生态环境的复杂性及综合性进行测度的指标。简单讲，水知识指数就是对公民水知识的评价尺度。在现实生活中，水知识涵盖的内容非常广泛。在考虑社会生产、生活与水资源关系的基础上，把水知识分为三类：一是水科学基础知识；二是水资源开发利用及管理知识；三是水生态环境保护知识。

参考国内外相关指数构建方法，在水知识指数构建的过程中，采用目标层、准则层、指标层的三层结构框架（表 2-2）。目标层即为水知识指数；准则层也可称为分指数层，分为水科学基础知识、水资源开发利用及管理知识、水生态环境保护知识三方面，用于表征对水知识了解的整体水平；指标层包括若干基础指标，每个指标均对应准则层的一个分指数。在对目标层进行计算时，首先通过指标层各因素得分状况得出准则层各因素结果，进而由准则层各因素得出目标层结果。

表 2-2　水知识评价指标

目标层	准则层	指标层
水知识指数	水科学基础知识	水的物理与化学知识
		水分布知识
		水循环知识
		水的商品属性
		水与生命知识
	水资源开发利用及管理知识	水资源开发利用知识
		水资源管理知识
	水生态环境保护知识	人类活动对水生态环境的影响
		水环境容量知识
		水污染知识
		水生态环境行动策略的知识和技能

$$X = h(X_1, X_2, X_3)$$

式中：X 为水知识指数；X_1 为水科学基础知识分指数；X_2 为水资源开发利用及管理知识分指数；X_3 为水生态环境保护知识分指数。

函数 h 表示 X、X_1、X_2、X_3 之间存在的一种量化关系，表明了目标层与准则层之间存在的函数关系可为了方便计算，建立目标层与指标层之间存在的函数关系为

$$X = h(P(X_{11}, X_{12}, X_{13}, X_{14}, X_{15}),\ Q(X_{21}, X_{22}),\ R(X_{31}, X_{32}, X_{33}, X_{34}))$$

式中：

$$X_1 = P(X_{11}, X_{12}, X_{13}, X_{14}, X_{15})$$

$$X_2 = Q(X_{21}, X_{22})$$

$$X_3 = R(X_{31}, X_{32}, X_{33}, X_{34})$$

式中：$(X_{11}, X_{12}, X_{13}, X_{14}, X_{15})$表示水科学基础知识指标层；$(X_{21}, X_{22})$表示水资源开发利用及管理知识指标层；$(X_{31}, X_{32}, X_{33}, X_{34})$表示水生态环境保护知识指标层。

根据对水知识指数的内涵进行分析，采用简单加权的形式：

$$X = p_1 \cdot P(X_{11}, X_{12}, X_{13}, X_{14}, X_{15}) + q_1 \cdot Q(X_{21}, X_{22}) + r_1 \cdot R(X_{31}, X_{32}, X_{33}, X_{34})$$

式中：p_1 表示水科学基础知识所占的比重；q_1 表示水资源开发利用及管理知识所占的比重；r_1 表示水生态环境保护知识所占的比重。

对于函数 $P(X_{11}, X_{12}, X_{13}, X_{14}, X_{15})$，由于影响水知识基础的因素对于公民水知识调查的影响比重不同，因此水科学基础知识各影响权重也不同。

$$P(X_{11}, X_{12}, X_{13}, X_{14}, X_{15}) = \sum_{i=1}^{5} \alpha_i X_{1i}$$

$$Q(X_{21}, X_{22}) = \sum_{i=1}^{2} \beta_i X_{2i}$$

$$R(X_{31}, X_{32}, X_{33}, X_{34}) = \sum_{i=1}^{4} \gamma_i X_{3i}$$

式中：α_i、β_i、γ_i 表示各指标层的权重；p_1、q_1、r_1 用来表示各准则层所占权重。

3. 水态度指数的构建

水态度指数用来对人的非智力因素在水及水生态环境问题上进行测量，主要由与水相关的情感、责任、伦理等构成，同样也可以用来测度人们如何对待、处理、改造主客体以及主客体关系的指标。简单讲就是用来衡量公民对于水环境、水生态保护以及节水用水所采取的态度。水态度指数的构建过程类似于水知识指数的构建过程。同样建立目标层、准则层、指标层三层结构框架(表 2-3)。目标层即为水态度指数；准则层为水情感、水责任、水伦理三方面，通过这个分指数指标来推算水态度得分；指标层包括若干基础指标，每个指标均对应准则层的一个分指数。

表 2-3　水态度评价指标

目标层	准则层	指标层
水态度指数	水情感	水兴趣
		水关注
	水责任	节水责任
		护水责任
	水伦理	水伦理观
		水道德原则

水态度指数的构建类似于水知识指数的构建过程，对于中间步骤的函数过程不再进行重复，直接给出其简单直接加权的形式：

$$Y = p_2 \cdot P(Y_{11}, Y_{12}) + q_2 \cdot Q(Y_{21}, Y_{22}) + r_2 \cdot R(Y_{31}, Y_{32})$$

$$P(Y_{11}, Y_{12}) = \sum\nolimits_{i=1}^{2} \alpha_i Y_{1i}$$

$$Q(Y_{21}, Y_{22}) = \sum\nolimits_{i=1}^{2} \beta_i Y_{2i}$$

$$R(Y_{31}, Y_{32}) = \sum\nolimits_{i=1}^{2} \gamma_i Y_{3i}$$

式中：Y 为水态度指数；(Y_{11}, Y_{12}) 表示水情感指标层；(Y_{21}, Y_{22}) 表示水责任指标层；(Y_{31}, Y_{32}) 表示水伦理指标层。

α_i、β_i、γ_i 表示各指标层的权重，其中需要注意与水知识中的权重值是不同的，只是运用了相同的字母。p_2、q_2、r_2 用来表示各准则层所占权重。

4. 水行为指数的构建

水行为指数用来测量公民具有了水知识、水态度之后所采取的各种与水相关的问题时所采取的解决行动。水行为可以分为四类：水生态和水环境管理行为、说服行为、消费行为和法律行为。水行为指数是水素养综合指数中最重要的部分，水行为指数是反映水素养综合指数的最关键部分。与水知识、水态度的构建过程类似，同样分为三层：目标层、准则层、指标层（表 2-4）。目标层即为水行为指数；准则层又称为分指数层，包括水生态和水环境管理行为、说服行为、消费行为、法律行为；指标层包括若干基础指标，每个指标均对应准则层的一个分指数。

表 2-4 水行为评价指标

目标层	准则层	指标层
水行为指数	水生态和水环境管理行为	参与节水、护水、爱水的宣传行为
		参与水生态环境保护的行为
		主动学习节约用水技能的行为
		主动学习水灾害避险的行为
	说服行为	参与防范水污染事件的行为
		参与公益环保组织的活动
	消费行为	生产生活废水再利用的行为
		生活用水频率
		节水设施的使用
	法律行为	个人遵守水相关法律法规
		举报或监督水环境实践的行为
		监督执法部门管理行为有效性

水行为指数的构建类似于水知识、水态度指数的构建过程，其简单直接加权的形式为

$$Z = p_3 \cdot P(Z_{11}, Z_{12}, Z_{13}, Z_{14}) + q_3 \cdot Q(Z_{21}, Z_{22}) + r_3 \cdot R(Z_{31}, Z_{32}, Z_{33}) + g \cdot G(Z_{41}, Z_{42}, Z_{43})$$

$$P(Z_{11}, Z_{12}, Z_{13}, Z_{14}) = \sum_{i=1}^{4} \alpha_i Z_{1i}$$

$$Q(Z_{21}, Z_{22}) = \sum_{i=1}^{2} \beta_i Z_{2i}$$

$$R(Z_{31}, Z_{32}, Z_{33}) = \sum_{i=1}^{3} \gamma_i Z_{3i}$$

$$G(Z_{41}, Z_{42}, Z_{43}) = \sum_{i=1}^{3} \theta_i Z_{4i}$$

式中：Z 为水行为指数；$(Z_{11},Z_{12},Z_{13},Z_{14})$表示水生态和水环境管理行为指标层；$(Z_{21},Z_{22})$表示说服行为指标层；$(Z_{31},Z_{32},Z_{33})$表示消费行为指标层；$(Z_{41},Z_{42},Z_{43})$表示法律行为指标层。

α_i、β_i、γ_i、θ_i 表示各指标层的权重，其中需要注意与水知识、水态度中的权重值是不同的，只是运用了相同的字母。p_3、q_3、r_3、g 用来表示各准则层所占权重。

2.3.2 基于问卷调查抽样结构的调整方法

在抽样调查中，样本结构与人群总体结构会存在着偏差。这些偏差的出现会影响抽样调查的精度和效度。当调查指标与目标量高度相关时，此时样本结构与总体结构的偏差若较大，会影响目标量的估计结果。若要更好地估计出总体的相关信息并提高估计结果的精度，需要对调查样本结构进行调整。本书借助于Deville 和 Sarndal 于 1992 年提出的校准估计法。即利用现有的已知调查总体的辅助信息，在一定的约束条件下对样本进行调整，并使得样本结构尽量拟合总体结构估计方法，校准估计方法可以很好地减少样本总体与结构总体的差异性，提高抽样精度以及估计精度。

在调查表中，有多项受调查者的个人基本特征，为此，本书借用 Eviews8.0 对抽样调查的个人基本特征进行回归分析。回归分析是通过建立回归方程对多个自变量的组合与因变量之间互相关联程度进行分析，可判断出来影响因变量产生变化的自变量，并且能够通过回归系数的大小确定影响程度的大小。回归分析的相关标准和表 2-5 的回归结果显示，所设计的 6 个特征变量对水素养进行回归分析得出，性别特征变量的 P 值（显著性值）大于 0.05，对水素养没有显著性影响，回归效果不显著，予以剔除；其他各变量 Sig. 值（显著性）都小于 0.01，回归效果显著，因此回归模型的设定是可以接受的，Adjusted R^2（调整后的可决系数）为 0.035，意味着特征变量解释水素养变异的 3.5%。同时在标准回归系数栏中可以得知，除性别外的 5 个特征变量同时进入回归方程，公民水素养受到年龄、受教育程度等 5 个特征变量的影响和制约，但受教育程度比其他特征变量先进入模型，表明受教育程度对公民水素养的影响要大于其他特征变量。

表 2-5　特征变量的回归分析

Variable	Coefficient	Std. Error	t-Statistic	Prob.
C	3.621	0.047	76.773	0.000
XB(性别)	−0.004	0.013	−0.317	0.751
NL(年龄)	−0.034	0.006	−5.212	0.000
JYCD(受教育程度)	0.071	0.006	10.982	0.000
ZY(职业)	0.027	0.004	7.652	0.000
JZD(居住地)	−0.073	0.015	−4.833	0.000
SR(收入)	−0.034	0.005	−6.909	0.000
R-squared	0.035	Mean dependent var		3.645
Adjusted R-squared	0.035	S. D. dependent var		0.676
S. E. of regression	0.664	Akaike info criterion		2.019
Sum squared resid	4411.205	Schwarz criterion		2.024
Log likelihood	−10107.380	Hannan-Quinn criter		2.021
F-statistic	60.832	Durbin-Watson stat		1.484
Prob(F-statistic)	0.000			

注：由于特征变量对水素养整体影响程度较低，Adjusted R-squared 低于 0.05 亦可进行比较分析。

因此，在结构调整过程中，借鉴许佳军等(2015)的科学素养测评结果修正方法和吕光明(2018)的数据修正调整思想，基于公民的受教育程度对测评结果进行修正，具体的修正方法如下：

(1)根据上述结果，按照受教育程度对问卷进行分类，并计算出各省会城市在小学及以下、初中、高中(含中专、技工、职高、技校)、本科(含大专)、硕士及以上等受教育程度的水素养评价值，

分别记为 N_1、N_2、N_3、N_4、N_5；受调查者总调研人数记为 A，不同受教育程度人数分别记为 A_1、A_2、A_3、A_4、A_5。

(2)抽样调查中，受教育程度的五类人群分别占比记为 L_1、L_2、L_3、L_4、L_5。

(3)在各省会城市实际总人口中，受教育程度的五类人群实际比例记为 K_1、K_2、K_3、K_4、K_5。

修正后的水素养评价值记为 F_1，即

$$F_1 = \left(A_1 \cdot \frac{K_1}{L_1} \cdot N_1 + A_2 \cdot \frac{K_2}{L_2} \cdot N_2 + A_3 \cdot \frac{K_3}{L_3} \cdot N_3 + A_4 \cdot \frac{K_4}{L_4} \cdot N_4 + A_5 \cdot \frac{K_5}{L_5} \cdot N_5\right) \Big/ A$$

2.3.3 基于节水效率值的调节方法

生活节水效率值会随着城市公民生活用水量与该区域内公民生活用水定额的改变发生波动，鉴于此，本书以一定时间段内城市公民实际生活用水量与公民生活用水定额的差异而产生的节水效率值，对该地区公民水素养评价值进行调整。公民实际生活用水量以公民人均每天用水的多少来表示；公民生活用水定额表示满足人们日常生活用水基本需求的标准值，考虑到地区经济发展水平以及地理区位等外部条件不同，公民生活用水定额会有一定的差异，部分地区水行政主管部门在制定用水定额标准时，所采用的是区间形式，指标值中的上限值是根据气温变化和用水高峰月变化参数确定的，一个年度当中对公民用水可分段考核，上限值可作为一个年度当中最高月的指标值。因此，对于采用区间值的地区，公民生活用水定额的基准值用所在区域区间值内选定，综合部分专家意见，本书选用公民生活用水定额区间的最大值；如武汉等个别省会城市，有相关文件给出了明确的用水定额，则采用最新标准数值，使得各省会城市调整数值更加接近实际情况(表 2-6)。

表 2-6 各城市实际生活用水量及用水定额

单位:L/人·d

城市	公民实际生活用水量	用水定额	城市	公民实际生活用水量	用水定额
北京	254.98	180.00	武汉	142.31	137.00
天津	98.22	116.66	长沙	142.67	160.00
石家庄	94.99	110.00	广州	331.08	200.00
太原	121.85	120.00	南宁	173.34	190.00
呼和浩特	92.23	135.00	海口	341.44	220.00
沈阳	125.24	125.00	重庆	183.46	150.00
长春	103.67	135.00	成都	180.56	220.00
哈尔滨	156.74	160.00	贵阳	116.88	160.00
上海	284.72	180.00	昆明	176.03	160.00
南京	336.32	150.00	拉萨	158.81	150.00
杭州	333.28	180.00	西安	126.87	140.00
合肥	147.69	180.00	兰州	76.19	110.00
福州	143.93	180.00	西宁	129.36	120.00
南昌	150.02	185.00	银川	147.15	110.00
济南	86.97	120.00	乌鲁木齐	115.76	90.00
郑州	111.223	120.00			

注:①公民实际生活用水量数据来源于各省会城市 2016 年统计年鉴及水资源公报。

②用水定额数据来源于各省城市公民生活用水定额标准相关文件。为使计算结果更加趋于真实,以普通住宅的最高用水定额为标准。

③石家庄、合肥、郑州、拉萨、西宁等省会城市数据不完整或异常,采用当年全省最新数据的平均值。

节水效率调整值的具体公式为

$$F_2 = \theta \cdot (1+\omega);\omega = \frac{Y_2 - Y_1}{Y_2}$$

式中:F_2 为节水效率调整值;ω 为该地区节水效率值调整系数;θ

为定值 60，表示公民实际生活用水与生活用水定额一致时，其水素养合格基准值；Y_1 为常住公民实际生活用水量，单位：L/人·d；Y_2 为公民生活用水定额，单位：L/人·d；节水效率值的范围为 $-1\sim1$，节水效率值调整系数为 $0\sim1$ 时，公民用水量低于该地区的生活用水定额，这表明该地区公民节水意识较强，在日常生活用水时会约束自己的用水行为；反之，当节水效率值调整系数为 $-1\sim0$ 时，表明该地区人均用水量较高，对于节约用水的意识较弱。

2.3.4 中国省会城市公民水素养综合评价方法

采用层次分析法确定以上两种调整方式在测评结果调整过程中所占权重，通过对相关专家进行咨询，并发放指标权重调查问卷，结合水素养相关基础理论，构造出判断矩阵，并对结果进行分析处理，如表 2-7 所示。

表 2-7 修正后的水素养评价值—生活节水潜力值判断矩阵与结果

判断矩阵			结果显示
	修正后的水素养评价值	生活节水潜力值	CI：0 CR：0
修正后的水素养评价值	1	4	
生活节水潜力值	0.25	1	
最大特征值：2；权重向量=(0.8,0.2)			

对于水素养综合评价值得出最终公式：

$$W = F_1\lambda_1 + F_2\lambda_2$$

式中：W 为水素养综合评价值；F_1 为修正后的水素养评价值；λ_1 为修正后的水素养评价值所占权重；F_2 为节水效率调整值；λ_2 为节水效率调整值所占权重。

第3章　中国省会城市公民水素养综合评价

3.1　问卷调查

为保证评价数据来源的科学性与合理性，结合已有研究成果和试点调查工作经验，在广泛征求相关意见的基础上，制订了省会城市公民水素养调查工作方案，明确工作方案目标及基本原则，建立实施办法及步骤，为省会城市公民水素养评价调查数据的获得做好理论基础。

3.1.1　问卷设计、发放与回收

1. 调查问卷设计

为获取有效数据，保证评价的科学性和规范性，问卷设计遵从以下6点原则：测量问卷的内容与研究情景、模型相匹配；题项简洁明了，避免产生歧义；尽量使用中性词语，避免给答题者产生误导；尽量避免使用专业性词语、生僻字以免对答题者理解题项造成影响；确保问卷题项意思表达完整；在问卷指导语部分做出保密承诺，并说明研究目的。

试点城市公民水素养调查问卷由卷首语、受调查者基本情况及问卷主体三部分构成。受调查者基本情况包括性别、年龄、学历、职业、居住地及家庭年收入6项人口统计学指标。问卷主体共包含4个水知识问题，7个水态度问题及14个水行为问题，并

从管理工作的需求角度设计1道关于水知识及信息获取渠道的附加问题。其中,水知识为多选题(备选答案为4个选项),水知识及信息获取渠道的附加题为多选题(备选答案为9个选项),水态度和水行为均为单选题,使用5级李克特量表进行测评。水态度和水行为题目根据答案的不同分别赋值为"5、4、3、2、1";赋分规则为全部回答正确则该题目得分为5,答错一项扣1分,全部回答错误则该题目得分为1。通过咨询心理学、社会学及统计学等相关领域的专家、学者,借鉴科学素养、环境素养等相对成熟的量表,结合试点调查的经验,精炼问卷语言文字,项目组对调查问卷做出以下修订和调整,形成《中国省会城市公民水素养调查问卷》。

2. 问卷调查方式及样本量确定

为保证调查结果的科学性和可比性,此次调查采用配额抽样,即调查人员根据调查总体样本按行政区域标志分类或分层,按照各省会城市总人口数量规模范围确定样本数额,再按照省会城市城区和郊区人口占比确定样本数额(表3-1),最后在城区和郊区范围内按照上文确定的调查对象进行详细分类,在不同人群内任意抽选样本。

表3-1 各省会城市总人口数量规模

序号	城市	城区人口/万人	郊区人口/万人	总人口/万人	问卷数量/份
1	重庆	1838.41	1178.10	3016.51	750
2	上海	2166.00	299.00	2465.00	500
3	北京	1877.70	292.80	2170.50	500
4	天津	1295.47	266.65	1562.12	500
5	杭州	679.06	222.74	901.80	500
6	成都	1047.57	418.18	1465.75	450
7	石家庄	587.15	419.96	1007.11	500
8	武汉	585.71	475.06	1060.77	520
9	哈尔滨	548.72	412.65	961.37	550

续表

序号	城市	城区人口/万人	郊区人口/万人	总人口/万人	问卷数量/份
10	郑州	666.96	289.94	956.90	530
11	西安	635.68	234.88	870.56	400
12	沈阳	667.80	161.30	829.10	400
13	南京	670.40	153.19	823.59	520
14	长春	540.00	340.00	880.00	350
15	合肥	548.00	231.00	779.00	350
16	长沙	552.78	190.40	743.18	500
17	广州	681.00	173.00	854.00	400
18	济南	484.77	228.43	713.20	450
19	福州	507.75	242.25	750.00	360
20	昆明	467.70	200.00	667.70	440
21	南宁	414.32	284.29	698.61	440
22	南昌	367.88	159.92	527.80	540
23	贵阳	338.55	123.63	462.18	300
24	太原	356.51	69.12	425.63	350
25	兰州	298.96	70.35	369.31	330
26	乌鲁木齐	205.00	150.00	355.00	300
27	呼和浩特	202.80	100.21	303.01	270
28	西宁	159.26	71.28	230.54	360
29	海口	174.58	50.02	224.60	400
30	银川	164.04	52.37	216.41	240
31	拉萨	28.03	25.00	53.03	300
总计		19758.56	7585.72	27344.28	13300

注：数据来源于国家及各省市 2016 年统计年鉴。

3. 问卷发放

问卷发放过程中采取实地调研与网上发放相结合的形式，主要包括面对面的个别访谈、标准化的问卷调查和网络平台、微信公众号等在线问卷调查。就区域来看，针对城镇样本采用标准化的问卷调查，网络平台、微信问卷等方式进行调查。微信调查问卷主要针对居住在城镇范围的国家公务人员（含军人、警察）、公用事业单位人员、企业人员、学生等经常使用微信的人群，采用问卷星网络问卷调查平台，按照人群的比例制作不同的链接，一个链接包含 30 份问卷，填满即停止，调查人员可以把不同的问卷链接发放给不同的人群，从而保证涵盖不同职业人群。微信问卷对 IP 地址有限定，一个 IP 地址仅限 1 份问卷。针对农村样本由课题组组织社会实践团队，由实践团队调研人员深入城郊、县城等农村区域对调查对象进行面对面的访谈，并发放调查问卷。

4. 问卷回收

问卷在回收的过程中，以问卷星网络问卷调查平台进行传播的电子问卷，可以使用网络平台分析工具，以各省会城市为单位，将所有问卷统计结果汇总。在网络问卷回收过程中，由于网络的开放性，IP 地址无法限制具体的调查区域，导致很多非省会城市的人群同样可以填写问卷，使得网络问卷首次回收没有达到预想的效果。在经过详细的问卷筛选与剔除之后，重新制作网络问卷链接，对调查人群进行二次发放，以保证问卷的数量及质量。纸质问卷在各省会城市调研人员汇总之后，将明显无效问卷进行剔除，统一以快递的形式寄回项目组，保证问卷完成之后的安全性及有效性。

3.1.2 问卷调查的信度和效度分析

中国省会城市公民水素养调查问卷是在试点城市公民水素养调查问卷的基础上进行了优化与完善，为保证问卷调查结果的准确性和科学性，有必要考察所设计问卷是否符合要求，调查结果是否可信与有效。因此，需要对调查问卷本身进行信度与效度的评价分析，以保证调查问卷的准确性、统计分析结论的科学性甚至是研究成果的质量。

信度主要是指问卷是否精准，信度分析涉及了问卷测验结果的一致性和稳定性，其目的是如何控制和减少随机误差。在度量问卷信度的过程中，人们提出了很多种方法来进行度量信度，如再测信度（test-retest reliability）、副本信度（parallel-forms reliability）、折半信度（split-half reliability）、内部一致性信度（internal consistency reliability）和评分者信度（scorer reliability）。通过阅读大量有关问卷调查的文献，在对其问卷信度测评时所采用的方法中内部一致性信度（internal consistency reliability）使用频率较高，并且内在一致性重在考察一组调查项目是否调查的是同一个特征，这些问项之间是否具有较高的内在一致性。内在一致性高则表明同类问项调查结果的一致程度高，意味着同一群受调查者接受同类项目各种问项的访问其结果之间具有很强的正相关。这种方法与公民水素养调查问卷信度测量具有很高的契合度。因此，针对本问卷，采用内部一致性信度中的 Cronbach's α 系数描述问卷的内部一致性来进行评价问卷的内容信度。

效度通常是指问卷的有效性和正确性，亦即问卷能够测量出所欲测量特性的程度。公民水素养调查问卷的目的就是要获得高效度的测量与结论，效度越高表示该问卷测验的结果代表要测验的行为的真实度越高，越能够达到问卷测验的目的。在调查问卷的效度测评时，因为效度具有多个层面的概念，可以从不同角度来看，从而提出了衡量效度的几种方法，比如表面效度（face validity）、内容效度（content validity）、效标效度（criterion validity，又称准则效度）以及结构效度（construct validity）。在选择对公民水素养调查问卷效度测评方法时，考虑到问卷问题对公民水素养指标的反映程度，因此在阅读相关文献之后，了解到结构效度（construct validity）的方法，其定义为问卷所能衡量到理论上期望的特征的程度，即问卷所要测量的概念能显示出科学的意义并符合理论上的设想。它是通过与理论假设相比较来检验的，根据理论推测的"结构"与具体行为和现象间的关系，判断测量该"结构"的问卷能否反映此种联系。相对于其他几种测评方法，结构效度(construct validity)方法更适合公民水素养调查问卷的效度测评。对于本问卷的信度与效度测评，主要使用 SPSS 22.0 软件对相关数据进行统计分析。

1. 调查问卷的信度分析

内部一致性信度即调查问卷对每个指标的测量都针对性地采用一系列条目，因而根据这些条目之间的相关性可以评价问卷的信度。假如将一个条目视为一个初始问卷的话，那么 k 条目问卷就相当于将 $k-1$ 个平行问卷与初始问卷相连接，组成了长度为初始问卷 k 倍的新问卷，k 条目问卷的信度系数为

$$\alpha = \frac{k}{k-1}\left(1 - \frac{\sum_{i=1}^{k} s_i^2}{s_T^2}\right)$$

式中：k 为量表中问题条目数；s_i^2 为第 i 题得分的方差；s_T^2 为总得分的方差；α 称为 Cronbach's α 系数，其代表了问卷条目的内部一致性。通常 Cronbach's α 系数的值在 0 和 1 之间。如果 Cronbach's α 系数不超过 0.6，一般认为调查问卷信度不足；达到 0.7～0.8 时表示问卷具有相当的信度；达到 0.8～0.9 时说明问卷信度非常好。一般要求问卷的 α 系数大于 0.8。

本次问卷评价结果表明，总样本 Cronbach's α 系数为 0.901；水知识量表的 Cronbach's α 系数为 0.728；水态度量表的 Cronbach's α 系数为 0.704；水行为量表的 Cronbach's α 系数为 0.924。因此，所有量表的 Cronbach's α 系数均大于 0.7，说明公民水素养调查问卷的总体与分量表均具有相当的信度。

2. 调查问卷的效度分析

评价结构效度常用的统计方法是因子分析，其目的是想了解属于相同指标下的不同问卷问题是否如理论预测那样集中在同一公共因子。所得公共因子的意义类似于组成“结构”的领域。而因子负荷反映了条目对领域的贡献，因子负荷值越大说明与领域的关系越密切。在进行分析以前，必须先进行因子分析适合性的评估，以确定所获得的资料是否适合进行因子分析。一般采用 KMO(Kaiser-Meyer-Olkin)检验和巴特利特(Bartlett)球形检验

来进行适合性分析。KMO 越大，则所有变量之间的简单相关系数平方和远大于偏相关系数平方和，因此越适合作因子分析。一般来说，KMO 值大于 0.6 就可以进行因子分析。巴特利特球形检验是以变量的相关系数矩阵为出发点的，它的零假设相关系数矩阵是一个单位阵，即相关系数矩阵对角线上的所有元素都是 1，所有非对角线上的元素都为零。巴特利特球形检验的统计量 P 值是根据相关系数矩阵的行列式得到的。如果 P 值较大，拒绝零假设，则认为相关系数不可能是单位阵，即原始变量之间存在相关性，不适合作因子分析，相反则适合作因子分析。

根据 SPSS 分析结果，总量表的 KMO 值为 0.922，水知识量表的 KMO 值为 0.603，水态度量表的 KMO 值为 0.792，水行为量表的 KMO 值为 0.927，Sig. 值均小于 0.05（即 $P<0.05$），因此本问卷问题适合做因子分析。进而用以下三个标准来判断问卷的结构效度：①公共因子应与问卷设计时结构假设的组成领域相符，且公共因子的累积方差贡献率至少 40%以上。②每个条目都应在其中一个公共因子上有较高负荷值（大于 0.4），而对其他公共因子的负荷值则较低。如果一个条目在所有的因子上负荷值均较低，说明其反映的意义不明确，应予以改变或删除。③公因子方差均应大于 0.4，该指标表示每个条目的 40%以上的方差都可以用公共因子解释。通过分析得出公共因子的累积方差贡献率分别为 57.632%、68.66%、53.78%、68.456%，且每个条目在一个公因子上的负荷值大于 0.4，其他的公因子负荷值在 0.4 以下，公因子的方差均大于 0.442，说明问卷具有较高的结构效度。所以，从最终的分析结果得出公民水素养调查问卷整体具有较高的效度。

3.2　中国省会城市公民水素养问卷调查的描述性统计

经过对调查问卷进行筛选和剔除，结合有效问卷对中国省会城市公民水素养的基本特征进行描绘。通过对水知识、水态度以及水行为三方面分别进行描述，进而得出中国省会城市公民水素养的基本特征。

3.2.1 公民水知识调查描述性统计

1. 水资源分布现状

由图 3-1 可知，我国省会城市公民总体对水资源分布现状的认知比较清晰，能够清楚地意识到我国水资源存在空间分布不均匀、大部分地区降水量分布不均匀等现状，有近 15％的受调查者不能清楚地认识到我国水资源丰富但人均占有量较少的事实。

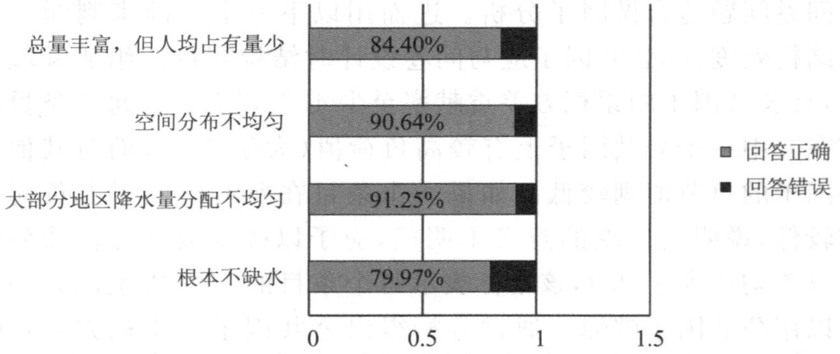

图 3-1 受调查者对我国水资源分布现状的认知状况

2. 水价的看法

由图 3-2 可知，总受调查者中有超过 70％的人认同水资源作为商品，使用应当付费，但也有超过 65％的受调查者认为水资源是自然资源，使用应当免费；大约 55％的受调查者能够正确认识水资源的商品属性，不认可水价越低越好，同时有 81.66％的受调查者不认为水价越高越好。

3. 水资源管理手段

由图 3-3 可知，受调查者对我国水资源管理手段的总体认知状况良好，了解主要的水资源管理手段如法律法规、行政规定等；水价、水资源费、排污费、财政补贴等；节水技术、污水处理技术等；宣传教育。但也有 12.87％左右的受调查者对宣传教育这一水资源管理手段不太了解。

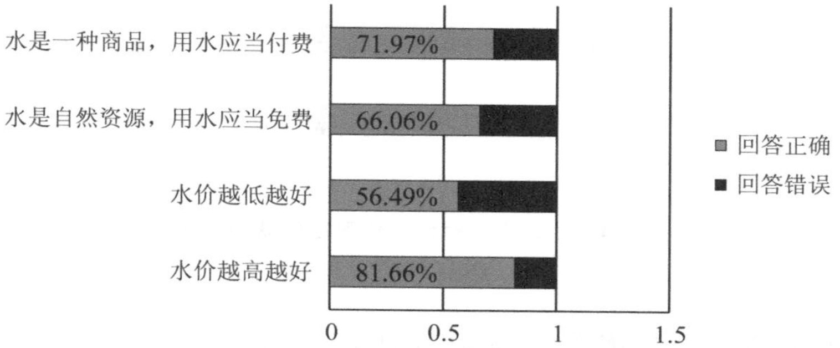

图 3-2 受调查者对水资源商品属性的认知状况

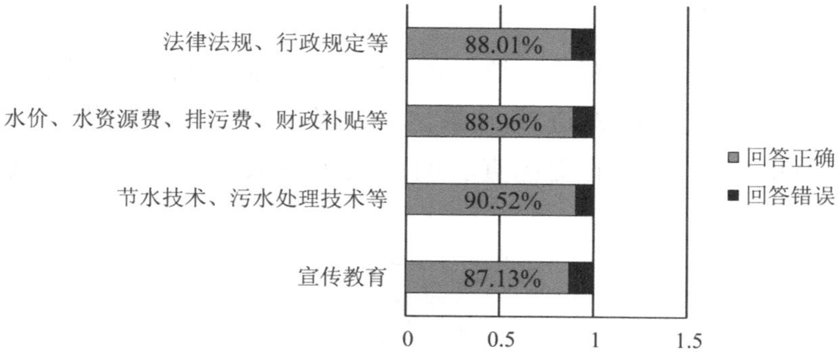

图 3-3 受调查者对我国水资源管理手段的认知状况

4. 水污染知识

由图 3-4 可知，绝大多数受调查者都能认识到水污染的主要致因，如工业生产废水、家庭生活污水的直接排放，农药、化肥的过度使用，轮船漏油或发生事故等。但仍有超过 15％的受调查者并不了解家庭生活污水直接排放也会造成水污染。

由以上结果可知，我国公民基本掌握水知识的内容，能够明白我国水资源分布现状及水资源管理手段，能够了解水资源的商品属性，能够意识到水污染的来源，但是对于个别问题的认识仍然稍有偏差。

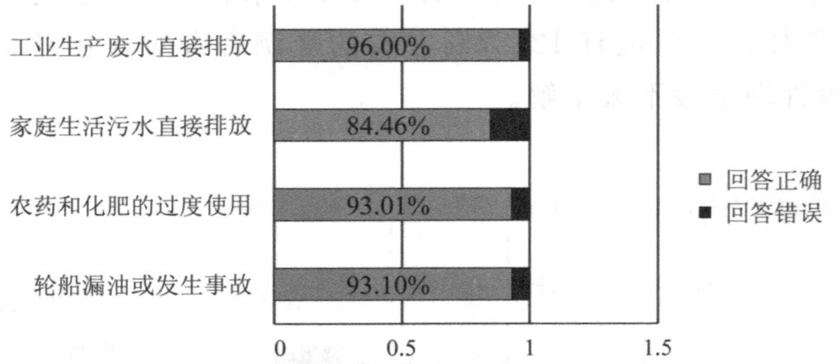

图 3-4 受调查者对水污染致因的认知状况

3.2.2 公民水态度调查描述性统计

1. 水情感

由图 3-5 可知，有 78.13%的受调查者非常喜欢或者比较喜欢与水相关的名胜古迹或风景区（如都江堰、三峡大坝、千岛湖等），但也有 4.42%的受调查者明确表示不太喜欢或者不喜欢。

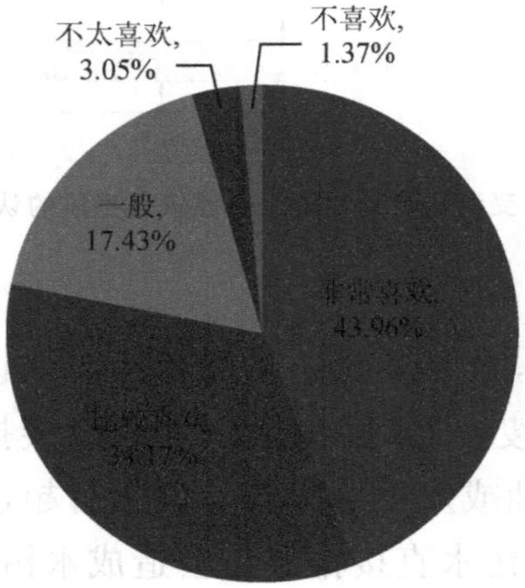

图 3-5 受调查者对水风景区的喜爱程度

由图 3-6 可知，有 48.49%的受调查者非常了解或者比较了解我国当前存在并需要解决的水问题（如水资源短缺、水生态损害、水环境污染等），但也有 11.45％的受调查者表示不太了解这些问题，甚至有 2.82％的受调查者明确表示不了解我国当前存在哪些需要解决的水问题。

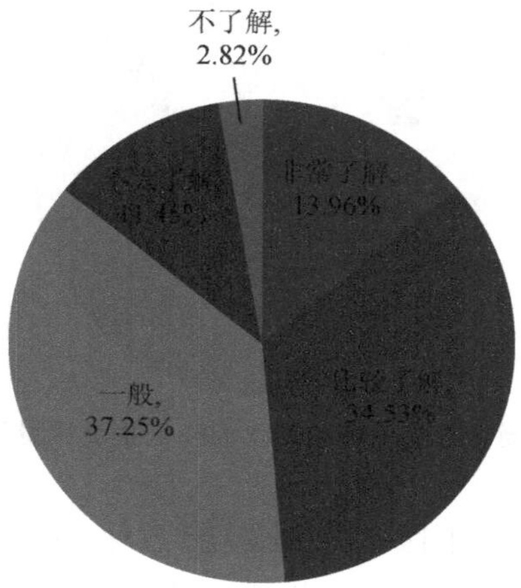

图 3-6　受调查者对当前水问题的关注度

2. 水责任

由图 3-7 可知，在问到“您是否愿意节约用水”时，有 86.66％的受调查者愿意节约用水，但也有 3.15％的受调查者明确表示不太愿意或者不愿意节约用水。而在问到“您是否愿意为节约用水而降低生活质量”时，表示非常愿意或者比较愿意的受调查者比

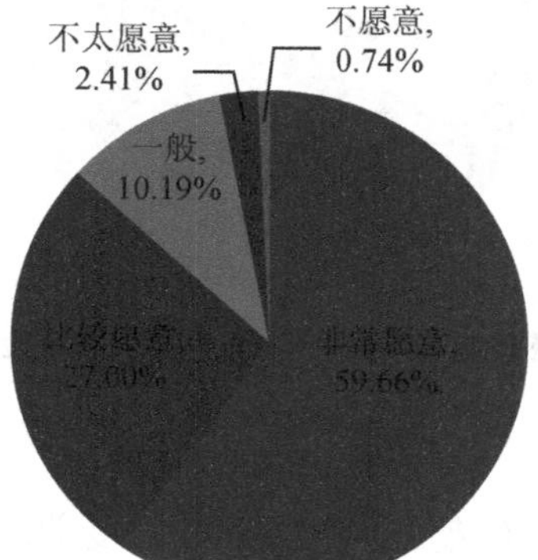

图 3-7　受调查者节约用水的责任感

例则降到55.16%；而有14.39%的受调查者表示不太愿意，还有5.47%的受调查者明确表示不愿意，如图3-8所示。

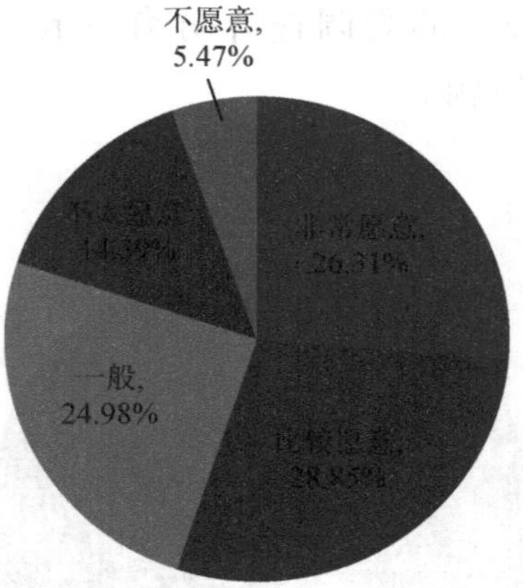

图3-8 受调查者为节约用水而降低生活质量的责任感

由图3-9可知，在问到“您是否愿意采取一些行动（如在水边捡拾垃圾、不往水里乱扔垃圾等）来保护水生态环境”时，有82.94%的受调查者愿意采取行动保护水生态环境，但也有3.37%的受调查者明确表示不太愿意或者不愿意这么做。

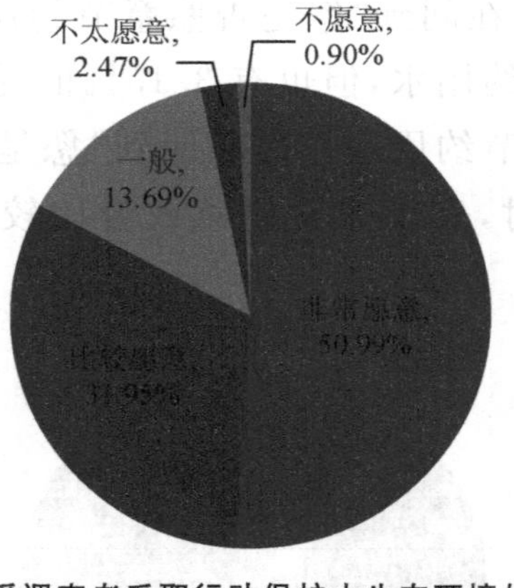

图3-9 受调查者采取行动保护水生态环境的责任感

3. 水伦理

由图3-10可知，有超过88.77%的受调查者反对“将解决水问题的责任推给后代”的观点，但仍有4%左右的受调查者赞同这种观点。由图 3-11 可知,同样有超过 85%的受调查者赞同“谁用水谁付费,谁污染谁补偿”的观点,但也有超过 6%的受调查者反对这一观点。

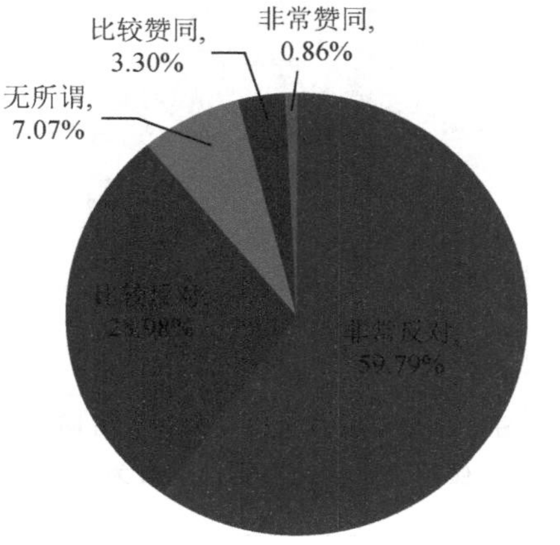

图 3-10　受调查者对“将解决水问题的责任推给后代”观点的态度

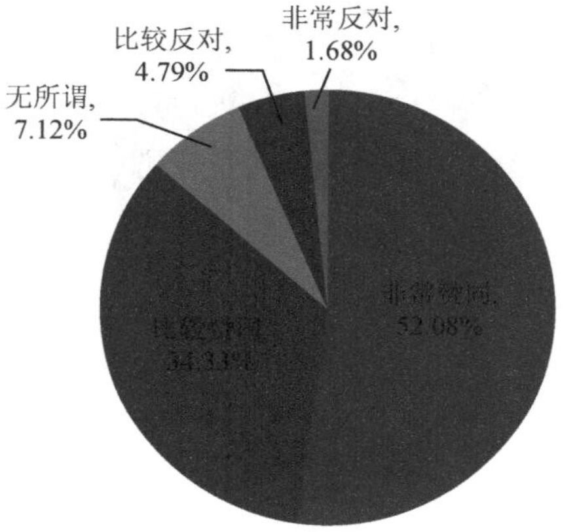

图 3-11　受调查者对水补偿原则的态度

3.2.3　公民水行为调查描述性统计

1. 水生态和水环境管理行为

由图 3-12 可知,有 23.31%的受调查者表示总是会主动接受各类节水、护水、爱水宣传教育活动,有 27.85%的受调查者表示经常会主动接受各类宣传教育活动,但也有 15.97%的受调查者表示很少主动接受各类宣传教育活动,甚至有 3.4%的受调查者表示从不主动接受各类宣传教育活动。由图 3-13 可知,79.2%的受调查者表示有过主动向他人说明保护水资源的重要性或者鼓励他人实施水资源保护行为的经历,15.68%的受调查者表示很少向他人说明保护水资源的重要性,仅有 5.12%的受调查者表示从未有过类似的水行为。由图 3-14 可知,有 96.99%的受调查者有过主动学习各类节约用水等知识的行为,仍有 3.01%的受调查者表示从未有过类似经历。由图 3-15 可知,有 90.79%的受调查者曾经学习或了解过躲避水灾害(如山洪暴发、城市内涝、泥石流等)的技巧方法,有 9.21%的受调查者则表示从未学习过避险的相关知识。

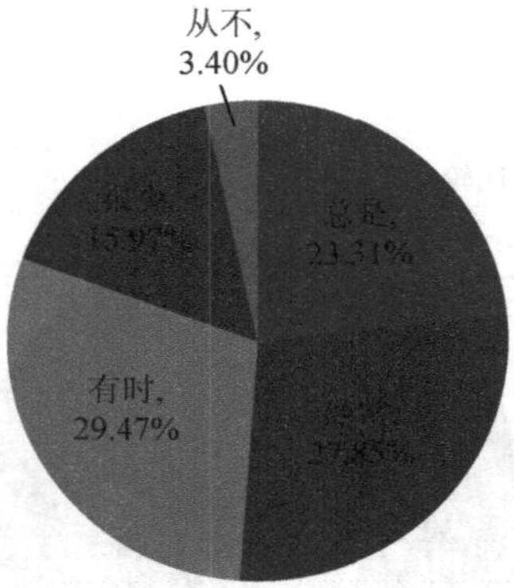

图 3-12　受调查者主动接受水宣传的行为

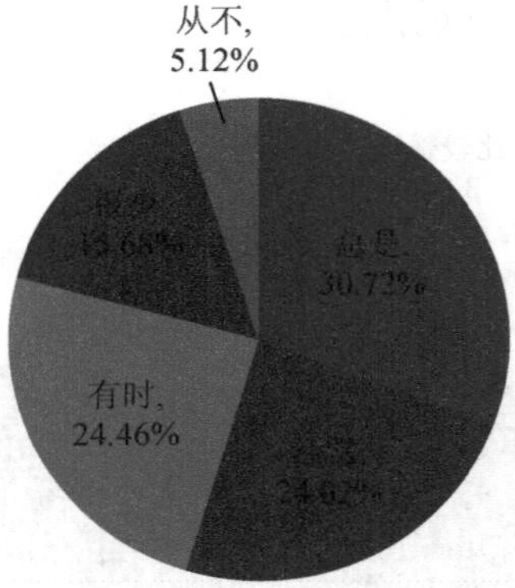

图 3-13　受调查者主动向他人说明保护水资源的重要性的行为

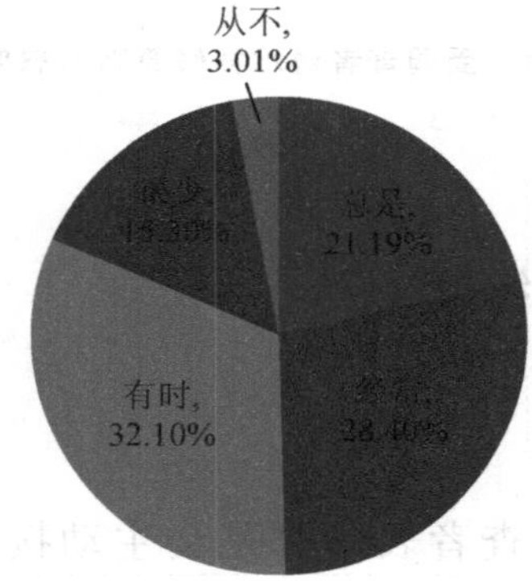

图 3-14　受调查者学习节约用水等知识的行为

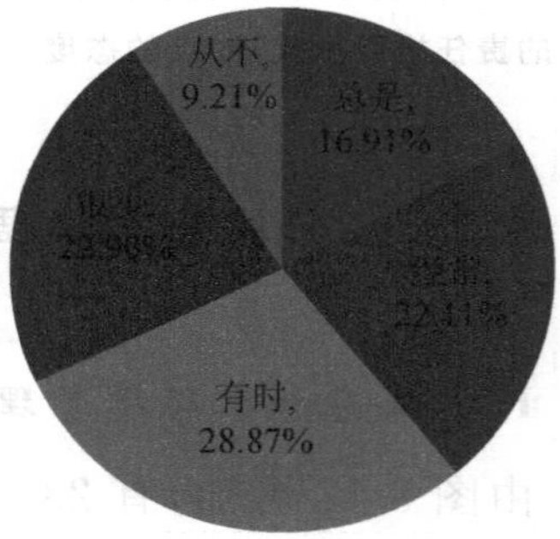

图 3-15　受调查者学习避险知识的行为

2. 说服行为

由图 3-16 可知,有接近 92.64%的受调查者有过劝告其他组织或个人停止污水排放等行为的经历,仅有 7.36%的受调查者从未有过类似行为。由图 3-17 可知,有超过 40%的受调查者比较经常地主动参与社区或环保组织开展的节水、护水、爱水宣传活动,有超过 40%的受调查者偶尔参加过这类活动,但也有 8.3%的受调查者从未主动参与过这类活动。

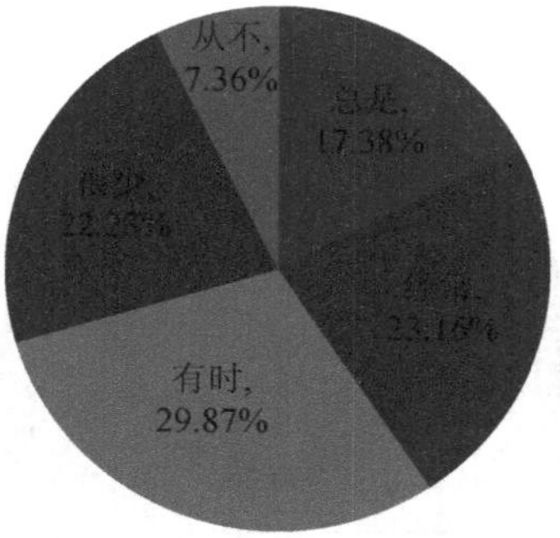

图 3-16　受调查者参与制止水污染事件的行为

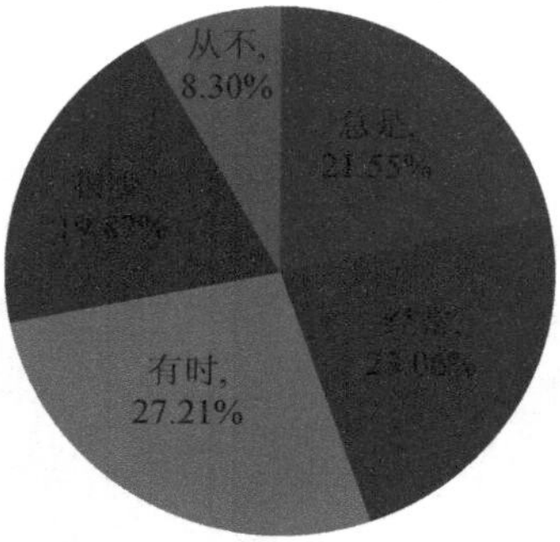

图 3-17　受调查者主动参与社区、环保组织开展的宣传活动的行为

3. 消费行为

由图 3-18 可知，接近 96％的受调查者有过利用淘米水洗菜或者浇花的行为，甚至有 28.65％的受调查者总是会这样做。由图 3-19 可知，超过 90％的受调查者有过收集洗衣机的脱水或手洗衣服时的漂洗水进行再利用的经历，有 23.80％的人群总是会这样做。由图 3-20 可知，超过 95％的受调查者会在洗漱时，随时关闭水龙头，有 45.78％的人能够总是这样做。由图 3-21 可知，有 92.65％的受调查者会在发现前期用水量较大之后，有意识地主动减少洗衣服、洗手或者洗澡次数等，从而减少用水量，但也有 7.35％的受调查者从未有过这样的行为。由图 3-22 可知，有超过 95％的受调查者会购买或使用家庭节水设备(如节水马桶、节水水龙头及节水灌溉设备等)。

4. 公民法律行为

由图 3-23 可知，只有 16.75％的受调查者总是在发现身边有人做出不文明水行为时，向有关部门举报，有 14.43％的受调查者表示从未这样做过。由图 3-24 可知，仅有 14.97％的受调查者在发现企业直接排放未经处理的污水时，能够总是向有关部门举报，而有超过 65％的受调查者有过这样的行为，但也有 19.39％的受调查者从未有过这样的行为。由图 3-25 可知，仅有 15.05％的受调查者会在发现水行政监督执法部门监管不到位时，能够总是向有关部门举报，而有 22.52％的受调查者从不会这样做。

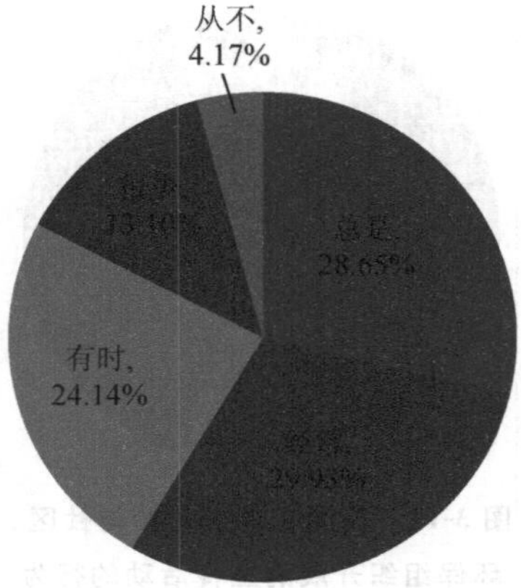

图 3-18　受调查者对淘米水等回收利用的行为

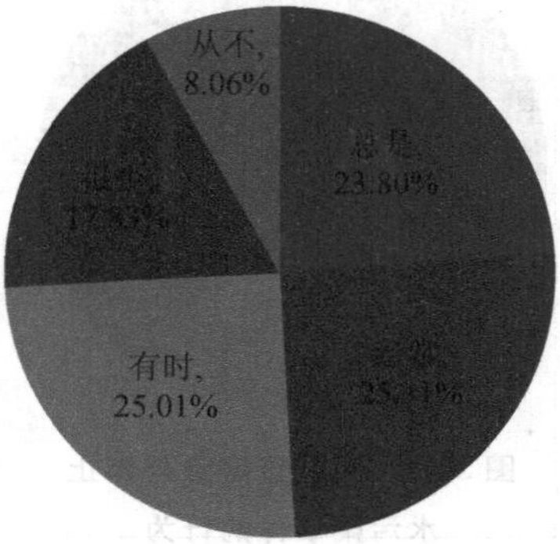

图 3-19　受调查者对洗衣时的漂洗水等回收利用的行为

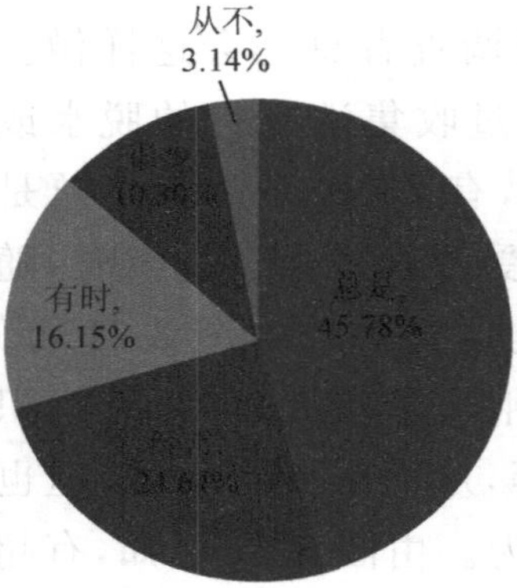

图 3-20　受调查者用水习惯

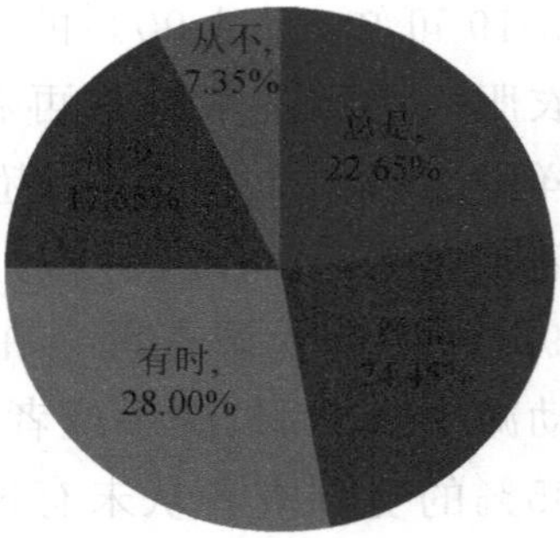

图 3-21　受调查者用水频率

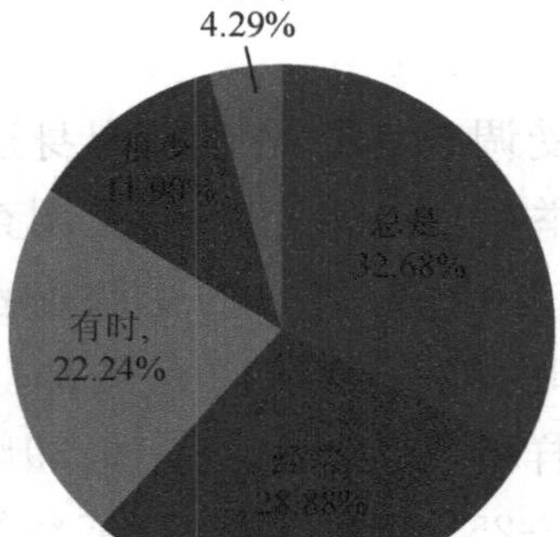

图 3-22　受调查者购买、使用家庭节水设备的行为

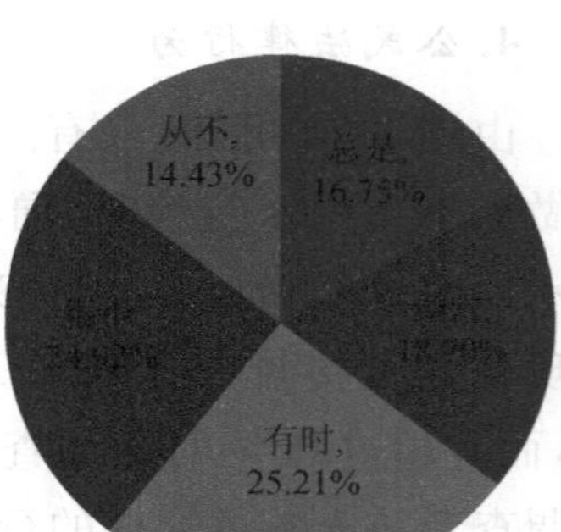

图 3-23　受调查者举报他人不规范水行为的行为

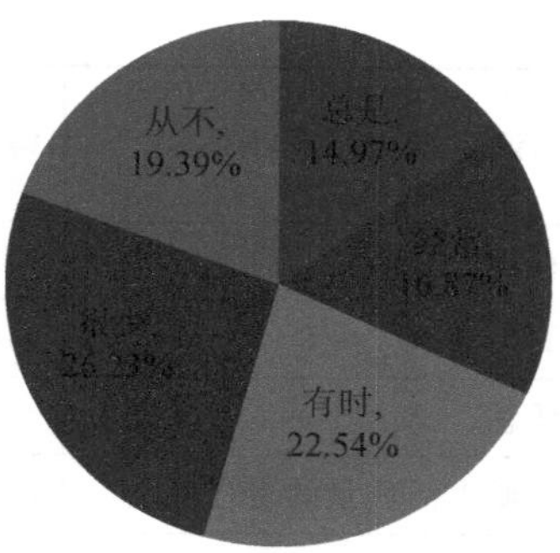

图 3-24　受调查者举报企业不规范水行为的行为

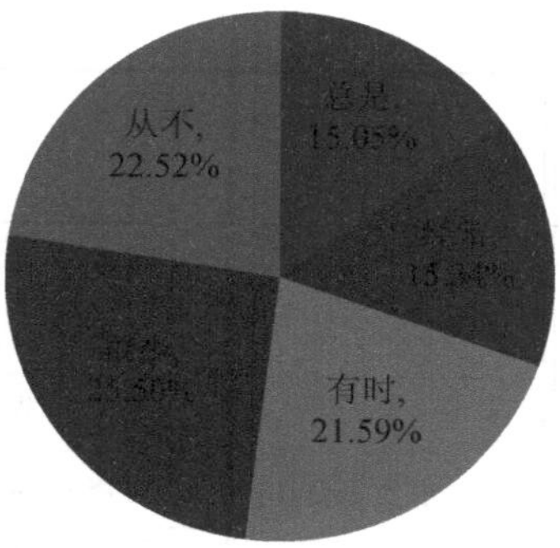

图 3-25　受调查者举报行政监督执法部门行为失职的行为

3.2.4　公民水素养评价因子得分

对我国省会城市公民水素养问卷调查结果进行统计分析，得到各评价因子得分的均值（为 1～5，得分越高，评价越好），如表 3-2 所示。

从公民水素养评价因子得分情况来看，“水污染知识”“水资源管理手段”“水资源分布现状”得分均在 4.50 分以上，这说明受调查者对水知识的了解程度较高；相对其他水知识题目，“水资源商品属性”得分偏低，这反映了受调查者对水资源商品属性的认识不够科学全面。

表 3-2　省会城市公民水素养评价因子得分情况

一级指标	二级指标	问卷测评要点	得分
水知识	水科学基础知识	水资源分布现状	4.53
		水资源商品属性	3.72
	水资源开发利用及管理知识	水资源管理手段	4.55
	水生态环境保护知识	水污染知识	4.66

续表

一级指标	二级指标	问卷测评要点	得分
水态度	水情感	受调查者对水风景区的喜爱程度	4.16
		受调查者对当前水问题的关注度	3.45
	水责任	受调查者节约用水的责任感	4.42
		受调查者为节约用水而降低生活质量的责任感	3.56
		受调查者采取行动保护水生态环境的责任感	4.30
	水伦理	受调查者对“将解决水问题的责任推给后代”观点的态度	4.44
		受调查者对水补偿原则的态度	4.30
水行为	水生态和水环境管理行为	受调查者主动接受水宣传的行为	3.52
		受调查者主动向他人说明保护水资源的重要性的行为	3.60
		受调查者学习节约用水等知识的行为	3.50
		受调查者学习避险知识的行为	3.15
	说服行为	受调查者参与制止水污染事件的行为	3.21
		受调查者主动参与社区、环保组织开展的宣传活动的行为	3.30
	消费行为	受调查者对淘米水等回收利用的行为	3.66
		受调查者对洗衣时的漂洗水等回收利用的行为	3.39
		受调查者用水习惯	4.00
		受调查者用水频率	3.38
		受调查者购买、使用家庭节水设备的行为	3.74
	法律行为	受调查者举报他人不规范水行为的行为	2.98
		受调查者举报企业不规范水行为的行为	2.82
		受调查者举报行政监督执法部门行为失职的行为	2.75

水态度中得分最高的题目是“是否要将解决水问题的责任推给后代”，水行为中得分最高的题目是“洗漱时，随时关闭水龙头”题项。这说明绝大多数的受调查者主观上具有明确的节水意识，

而这种节水意识投射在水行为上的最突出表现就是在洗漱时能够做到随时关闭水龙头，而且能够清醒地意识到解决水问题刻不容缓，不能推卸给后代。其余水态度题目的得分也大多在3.5分以上，但“受调查者对当前水问题的关注度”得分偏低，只有3.45分，其次是“为节约用水而降低生活质量的责任感”，仅为3.56分。这一方面反映出社会经济发展带来的消费观念的转变和公民对较高生活质量的追求，另一方面也说明水价在一定程度上还未起到调节作用。

水行为题目除“洗漱时，随时关闭水龙头”得分在4分以上，其他题目得分均在4分以下，尤其是3道法律行为的题目，得分甚至在3分以下。这说明绝大多数的受调查者在实际生活中缺乏规范的水行为，尤其是在面对他人或组织的不当水行为时，更是很少做出有效的阻止行动。

3.3 基于个性特征的中国省会城市公民水素养评价

3.3.1 基于性别特征的公民水素养评价

如表3-3所示，中国省会城市公民水素养指数的性别差异并不显著，仅在水行为指数存在些许性别差异。其中，男性的水行为指数略高于女性。

表3-3 基于性别特征的省会城市公民水素养指数

性别	水知识指数	水态度指数	水行为指数	水素养指数
男性	89.62	82.10	67.02	72.37
女性	89.92	82.86	66.24	72.03

3.3.2 基于年龄特征的公民水素养评价

如表 3-4 所示，中国省会城市公民水素养指数的年龄差别比较显著，18—35 岁人群的水素养指数、水知识指数、水行为指数及水态度指数均高于其他年龄人群。

表 3-4 基于年龄特征的省会城市公民水素养指数

年龄	水知识指数	水态度指数	水行为指数	水素养指数
6—17 岁	87.91	80.70	63.85	69.71
18—35 岁	90.44	83.83	68.86	74.09
36—45 岁	90.44	82.85	67.01	72.60
46—59 岁	89.87	81.24	63.52	69.79
60 岁以上	86.82	79.28	63.13	68.81

3.3.3 基于学历特征的公民水素养评价

如表 3-5 所示，中国省会城市公民水素养指数的学历差别比较显著。硕士及以上学历人群的水素养指数最高，与其他学历人群相比，这类人群的水态度指数稍低，但水知识指数较好，水行为指数较高，所以水素养指数明显高于其他学历人群；本科（含大专）学历人群的水态度指数最高。

表 3-5 基于学历特征的省会城市公民水素养指数

学历	水知识指数	水态度指数	水行为指数	水素养指数
小学	84.85	78.47	60.28	66.49
初中	87.91	80.44	64.19	69.89
高中（含中专、技工、职高、技校）	89.46	82.27	66.77	72.22
本科（含大专）	91.37	84.00	68.29	73.82
硕士及以上	91.46	83.71	69.82	74.81

3.3.4　基于职业特征的公民水素养评价

如表 3-6 所示，中国省会城市公民水素养指数也在不同职业的人群中存在差异。企业人员水知识指数较高，而公用事业单位人员的水态度指数和水行为指数均较高，所以水素养指数高于其他人群；自由职业者水行为指数最高，但水知识指数和水态度指数都偏低；务农人员各项指数都明显低于其他职业人群。

表 3-6　基于职业特征的省会城市公民水素养指数

职业特征	水知识指数	水态度指数	水行为指数	水素养指数
学生	90.30	82.12	66.72	72.22
务农人员	86.01	78.00	61.54	67.36
企业人员	90.92	83.84	67.18	72.97
国家公务人员（含军人、警察）	90.91	82.33	67.95	73.18
公用事业单位人员	90.75	84.55	67.60	73.40
自由职业者	88.32	82.88	67.97	73.07
其他	90.06	83.49	66.93	72.65

3.3.5　基于居住地特征的公民水素养评价

如表 3-7 所示，尽管中国省会城市城镇公民和农村公民在水知识指数、水态度指数上有着明显差异，水行为指数较为相近，但最终水素养指数却没有呈现出明显差异。

表 3-7　基于居住地特征的省会城市公民水素养指数

居住地	水知识指数	水态度指数	水行为指数	水素养指数
城镇	90.64	83.46	64.26	70.85
农村	87.93	80.45	64.74	70.28

3.3.6 基于家庭月收入特征的公民水素养评价

如表 3-8 所示，中等收入人群和低收入人群的水素养指数得分接近，家庭月收入 5 万元以上人群的水素养指数相对较高，其主要原因是这类人群的水行为指数相对偏高。

表 3-8 基于家庭月收入特征的省会城市公民水素养指数

家庭月收入	水知识指数	水态度指数	水行为指数	水素养指数
0.5 万元以下	87.47	81.48	66.05	71.37
0.5 万～1 万元	90.58	82.24	65.44	71.40
1 万～2 万元	90.61	81.70	64.71	70.77
2 万～5 万元	90.52	83.25	68.31	73.59
5 万元以上	90.36	86.10	72.47	77.07

3.4 基于问卷调查的中国省会城市公民水素养指数及排名

根据中国公民水素养评价指标体系和水素养指数计算方法，对 2017 年全国除港、澳、台外的 31 个省会城市的公民水素养指数进行排序，如表 3-9 所示。

2017 年，中国省会城市公民水素养指数大于 80 的仅有哈尔滨；水素养指数在 75～80（不含 80）的城市依次为银川、兰州、成都、太原、贵阳、济南、沈阳、北京、石家庄、呼和浩特；水素养指数在 70～75（不含 75）的城市依次为南昌、福州、天津、西宁、海口、郑州、长沙、昆明、杭州、重庆、拉萨、广州；水素养指数在 70 以下（不含 70）的城市依次为长春、合肥、乌鲁木齐、武汉、南京、上海、南宁、西安。

表3-9 省会城市公民水素养指数及排名

排名	城市	水素养指数	排名	城市	水素养指数
1	哈尔滨	83.11	17	郑州	73.27
2	银川	78.38	18	长沙	72.81
3	兰州	78.09	19	昆明	72.54
4	成都	77.75	20	杭州	72.04
5	太原	77.24	21	重庆	71.70
6	贵阳	76.98	22	拉萨	71.61
7	济南	76.94	23	广州	70.92
8	沈阳	75.80	24	长春	69.90
9	北京	75.46	25	合肥	69.89
10	石家庄	75.12	26	乌鲁木齐	69.62
11	呼和浩特	75.00	27	武汉	69.24
12	南昌	74.61	28	南京	68.93
13	福州	74.21	29	上海	68.87
14	天津	74.14	30	南宁	68.22
15	西宁	73.71	31	西安	67.23
16	海口	73.35			

3.4.1 省会城市公民水知识指数及排名

根据中国公民水素养评价指标体系和水知识指数计算方法，对2017年全国除港、澳、台外的31个省会城市的公民水知识指数进行排序，如表3-10所示。

2017年，中国省会城市公民水知识指数大于90的城市依次为哈尔滨、南昌、广州、郑州、上海、福州、拉萨、南京、北京、长沙、昆明、西宁、长春、重庆、沈阳；水知识指数为85～90(不含90)的城市依次为成都、兰州、银川、天津、南宁、武汉、济南、杭州、太原、石家庄、合肥、贵阳、乌鲁木齐、西安；水知识指数在85以下(不含

85)的城市依次为海口、呼和浩特。

表 3-10 省会城市公民水知识指数及排名

排名	城市	水知识指数	排名	城市	水知识指数
1	哈尔滨	95.29	17	兰州	89.24
2	南昌	94.15	18	银川	89.22
3	广州	93.07	19	天津	89.17
4	郑州	92.85	20	南宁	89.04
5	上海	92.57	21	武汉	88.64
6	福州	92.40	22	济南	88.57
7	拉萨	92.09	23	杭州	87.83
8	南京	91.87	24	太原	87.57
9	北京	91.83	25	石家庄	87.46
10	长沙	91.77	26	合肥	87.26
11	昆明	91.39	27	贵阳	86.95
12	西宁	91.13	28	乌鲁木齐	86.48
13	长春	90.91	29	西安	86.35
14	重庆	90.91	30	海口	84.67
15	沈阳	90.80	31	呼和浩特	81.84
16	成都	89.96			

3.4.2 省会城市公民水态度指数及排名

根据中国公民水素养评价指标体系和水态度指数计算方法，对 2017 年全国除港、澳、台外的 31 个省会城市的公民水态度指数进行排序，如表 3-11 所示。

2017 年，中国省会城市公民水态度指数大于 90 的仅有哈尔滨；水态度指数为 85～90(不含 90)的城市依次为银川、贵阳、沈阳、济南、兰州、天津；水态度指数为 80～85(不含 85)的城市依次为成都、福州、郑州、北京、石家庄、太原、拉萨、长沙、杭州、昆明、南昌、广州、南京、重庆、海口、上海；水态度指数在 80 以下(不含 80)的城市依次为武汉、西宁、南宁、长春、呼和浩特、乌鲁木齐、西安、合肥。

表 3-11　省会城市公民水态度指数及排名

排名	城市	水态度指数	排名	城市	水态度指数
1	哈尔滨	90.29	17	昆明	81.97
2	银川	87.47	18	南昌	81.88
3	贵阳	86.61	19	广州	81.75
4	沈阳	86.13	20	南京	81.73
5	济南	85.87	21	重庆	81.44
6	兰州	85.32	22	海口	81.14
7	天津	85.13	23	上海	81.08
8	成都	84.86	24	武汉	79.42
9	福州	84.70	25	西宁	78.13
10	郑州	84.36	26	南宁	77.67
11	北京	83.48	27	长春	77.48
12	石家庄	83.34	28	呼和浩特	77.41
13	太原	83.17	29	乌鲁木齐	77.17
14	拉萨	82.73	30	西安	76.84
15	长沙	82.67	31	合肥	76.43
16	杭州	82.65			

3.4.3　省会城市公民水行为指数及排名

根据中国公民水素养评价指标体系和水行为指数计算方法，对 2017 年全国除港、澳、台外的 31 个省会城市的公民水行为指数进行排序，如表 3-12 所示。

2017 年，中国省会城市公民水行为指数大于 75 的仅有哈尔滨；水行为指数为 70～75(不含 75)的城市依次为兰州、银川、太原、成都、呼和浩特、贵阳、济南、石家庄、北京、沈阳、西宁；水行为指数为 65～70(不含 70)的城市依次为南昌、海口、天津、福州、长沙、郑州、昆明、杭州、重庆、合肥、拉萨、乌鲁木齐；水行为指数为 60～65(不含 65)的城市依次为长春、广州、武汉、南宁、上海、南京、西安。

表 3-12　省会城市公民水行为指数及排名

排名	城市	水行为指数	排名	城市	水行为指数
1	哈尔滨	79.24	17	长沙	67.20
2	兰州	74.34	18	郑州	67.19
3	银川	74.09	19	昆明	67.07
4	太原	74.01	20	杭州	66.61
5	成都	73.90	21	重庆	66.10
6	呼和浩特	73.03	22	合肥	65.53
7	贵阳	72.63	23	拉萨	65.40
8	济南	72.58	24	乌鲁木齐	65.02
9	石家庄	70.90	25	长春	64.73
10	北京	70.77	26	广州	64.58
11	沈阳	70.56	27	武汉	63.46
12	西宁	70.02	28	南宁	62.49
13	南昌	69.74	29	上海	61.90
14	海口	69.40	30	南京	61.87
15	天津	68.69	31	西安	61.67
16	福州	68.51			

3.5　中国省会城市公民水素养综合评价及排序

本书以排序的形式展示各省会城市的实际排名，水素养综合值按照抽样人口结构校正和生活节水效率值调节等两种方式进行计算并对结果排序，根据综合评价值对各省会城市进行按等级分类。

3.5.1　基于调整系数的中国省会城市公民水素养评价

基于问卷调查人口结构校正的调整方法和生活节水效率值的调节方法，得到各省会城市的结构校正得分和节水调节得分，如表 3-13 所示。

表 3-13　各省会城市水素养调整系数修正值

城市	结构校正得分	节水调节得分	城市	结构校正得分	节水调节得分
哈尔滨	83.06	61.22	拉萨	70.40	56.48
成都	80.09	70.76	西宁	70.04	55.32
兰州	79.19	78.44	重庆	68.47	46.61
银川	77.27	39.74	郑州	68.20	64.38
沈阳	76.01	59.89	海口	67.90	26.88
贵阳	75.73	76.17	南宁	67.22	65.26
太原	75.39	59.08	上海	67.11	25.09
北京	74.75	35.01	合肥	66.96	70.77
呼和浩特	73.65	79.01	长春	66.43	73.92
福州	73.37	72.02	济南	66.31	76.51
广州	73.24	20.68	南京	65.59	−14.53
石家庄	73.18	68.19	昆明	65.51	53.99
长沙	73.01	66.50	武汉	64.87	57.67
天津	72.69	69.49	乌鲁木齐	63.80	42.82
南昌	70.84	71.35	西安	59.09	65.63
杭州	70.42	8.91			

3.5.2　中国省会城市公民水素养综合评价排序情况

根据上述计算方法，对 2017 年全国除港澳台的 31 个省会城市的公民水素养综合值进行计算并给予相应排序，如表 3-14 所示。

表 3-14　各省会城市水素养综合评价值及排序

城市	综合评价值	排序
兰州	79.04	1
哈尔滨	78.69	2
成都	78.23	3
贵阳	75.82	4
呼和浩特	74.72	5
福州	73.10	6
沈阳	72.79	7
石家庄	72.18	8
太原	72.12	9
天津	72.05	10
长沙	71.71	11
南昌	70.94	12
银川	69.76	13
济南	68.35	14
长春	67.93	15
合肥	67.72	16
拉萨	67.62	17
郑州	67.43	18
西宁	67.10	19
南宁	66.83	20
北京	66.80	21
重庆	64.10	22
武汉	63.43	23
昆明	63.21	24
广州	62.72	25

续表

城市	综合评价值	排序
西安	60.40	26
海口	59.69	27
乌鲁木齐	59.60	28
上海	58.71	29
杭州	58.12	30
南京	49.57	31

3.5.3　中国省会城市水素养综合评价的分类呈现

对于省会城市公民水素养综合评价结果，按照“精确计算、分档呈现”原则，即将得分相近的省会城市按照同一等级进行呈现，共分为 5 类地区，见表 3-15。

表 3-15　省会城市水素养综合评价的分类呈现

城市	综合评价值	等级
兰州	79.04	Ⅰ类
哈尔滨	78.69	
成都	78.23	
贵阳	75.82	
呼和浩特	74.72	Ⅱ类
福州	73.10	
沈阳	72.79	
石家庄	72.18	
太原	72.12	
天津	72.05	
长沙	71.71	
南昌	70.94	

续表

城市	综合评价值	等级
银川	69.76	Ⅲ类
济南	68.35	
长春	67.93	
合肥	67.72	
拉萨	67.62	
郑州	67.43	
西宁	67.10	
南宁	66.83	
北京	66.80	
重庆	64.10	Ⅳ类
武汉	63.43	
昆明	63.21	
广州	62.72	
西安	60.40	
海口	59.69	Ⅴ类
乌鲁木齐	59.60	
上海	58.71	
杭州	58.12	
南京	49.57	

第 4 章　评价结论与启示

4.1　评价结论

本书利用文献追踪和专家咨询，在水素养内涵分析的基础上，基于指标的科学性、动态性、统筹协调性等基本准则要求，明确指标的关联关系和层级关系，构建符合我国水素养现实的初步指标体系，并针对全国除港澳台之外的 31 个省会城市展开问卷调查，对调查结果进行初步评价。考虑到抽样人群的结构与实际总体人群的结构存在偏差及在日常生活中公民的实际生活用水量以及城市公民生活用水定额之间的差异，对问卷调查评价值进行了修正，最终获得省会城市公民水素养综合评价值及排序。主要研究结论如下：

(1)在对城市公民水素养问卷调查评价结果的基础上，通过基于抽样人群结构的校正和基于受调查城市生活节水效率值的调节，使评价结果更加接近城市公民水素养水平的实际情况。通过 Eviews 8.0 软件分析得出，受教育程度对公民水素养影响程度相对于其他个人基本特征较高，因此采用公民的受教育程度对抽样人群结构进行调整。发现基于问卷调查的水素养评价值与基于受教育程度调整后的水素养评价值差距不是很明显，表明本次问卷调查抽样样本具有较好的代表性，可以作为后续分析研究的数据基础。鉴于公民的实际生活用水量这一节水效果值能够更加客观地反映公民的水行为优劣程度，本书首次引入节水效率值这一变量对城市公民的水素养评价进行调节，结果表明，修正后水素养评价值与问卷调查评价值差异明显。

(2)除港澳台外的 31 个省会城市,基于问卷调查的水素养评价得分相对较高,均为 67.23～83.11,表明省会城市公民水素养水平比较高。但是从水素养评价因子看,其中水知识、水态度评价得分普遍较高,而水行为评价得分相对较低,特别是基于节水效率值调节的结果进一步验证了这一调查结果,有相当比例的城市公民实际生活用水量超过或者远超过生活用水配额,大大降低了水素养综合评价值。导致这一结果的原因既有“态度—行为缺口”一般行为规律的制约,也有城市公民对水资源和水生态重要性的认识存在较大的差异,还有不同区域由于富水程度不同而长期形成的生活方式,特别是用水习惯的影响,也会受到国家水价政策和用水管理体制和机制的影响,同时,也与所在城市经济发展水平、公民生活水平以及公民对生活质量追求不无关系。由于时间有限,我们将在后续的研究中继续探讨其内在逻辑和相互影响的关系。

(3)不同个人特征的公民水素养水平存在差异。其中,不同性别的公民水素养水平差距不大,男性水素养略高于女性水素养,但差异并不明显。女性水知识掌握程度略高于男性,水态度明显高于男性,而男性水行为显著超过女性,说明男性具有更强的水行为实施能力。不同年龄段的公民,其水知识、水态度和水行为存在差异。水知识水平 18—45 岁年龄段的人群较高,年轻的公民水知识掌握程度明显要高于年龄大的公民;水态度水平、水行为水平均与水知识水平年龄段分布相类似,18—35 岁的受调查者人群水知识、水态度、水行为指数均较高,因此,水素养水平要高于其他人群。从学历与水素养得分的情况来看,学历越高水素养越高。文化程度对水素养的三个维度均有影响:水知识指数整体而言随文化程度增高而增加;水态度指数随文化程度增高而增强,但本科(含大专)学历程度的水态度指数最高;水行为指数随文化程度增高而增强。职业对水素养的三个方面均有影响:水知识水平从高到低的职业分别为企业人员、国家公务人员(含军人、警察)、公用事业单位人员、学生、其他、自由职业者、务农人员;水态度指数是公用事业单位人员最高,其次是企业人员,务农人员最低;水行为方面,最高的是自由职业者,其次是国家公务人员(含军人、警察)以及公用事业单位人员。城镇和农村公民的水素养水平几乎不相上下,城镇公民的水知识明显高于农村公民,农村公民的水态度略高于城镇公民。另外,收入仅对水素养三个维度中的水态度这一维度有影响,收入水平高的公民,水态度水平略高于收入水平低的公民。

(4)总体来看,水素养综合评价值及其排序与我国水资源量分布状况具有一定的相关性。我国水资源分布属于南多北少,南方省会城市水资源比较丰富,北方水资源相对匮乏。公民生活用水配额也是南方城市较高而北方城市较低,大多数南方城市实际生活用水量高于生活用水定额;而大多数北方城市的实际生活用水量基本与生活用水定额持平。因此,北方部分城市的水素养综合评价值普遍高于南方城市。但也有个别北方城市在国家大型输水工程措施的保证下公民并不完全了解水资源严重短缺的现实,生活用水量依然偏高,导致水素养综合评价值整体较低。分地区来看,经济水平较高且水资源量较丰富的城市,如上海、杭州、南京等,其水素养综合评价值较低,由于其公民实际生活用水量与公民用水定额相差很大,实际用水量远远超过用水定额。在具体的调查过程中,有相当一部分受调查者表示不愿意为了节约用水而降低自己的生活质量,导致其日常的生活用水量较大。但部分水资源量较丰富的城市其水素养综合评价值也较高,如成都、贵阳、福州等,其公民实际生活用水量与用水配额能够基本持平,表明其在满足自身生活需求的过程中,愿意主动控制用水量。经济较发达但水资源量较少的城市如天津、沈阳等,其水素养综合评价值较高,这与实际走访调研的结果相符,其公民在生活用水方面,节约用水意识较强,能够充分认识到水资源紧缺的事实,在日常用水时会自觉规范自身的用水行为。

4.2 主要启示

(1)由于水素养理论与实践是一个全新的研究领域,目前有关公民水素养理论与评价方法的研究刚刚起步,研究团队还比较少,研究基础还比较薄弱,评价方法还有待完善,需要适时启动“公民水素养研究计划”,组织国内一大批专家学者和工作人员投入到水素养理论研究与实践中来,丰富和深化水素养基础理论、水素养水平提升的内在机理和实施对策的研究,为实施全民水素养行动计划奠定坚实的理论基础。同时,要研发《中国公民水素养基准》,并且适时颁布实施。《中国公民水素养基准》是中国公民应具备的基本水知识、水态度和水行为及其能力的标准。应该组织力量将《中国公民水素养基准》(研究稿)在部分省(市)试点测评,并广泛征求政府部门和社会各界意见,在形成广泛共识的基础上,适时与中央和国务院部委联合颁布实施,为公民提高自身水素养提供衡量尺度和指导。

(2)进一步完善公民水素养测评方法体系。本书试图建立和完善我国公民水素养评价指标体系和测评方法,并以中国大陆 31 个省会城市为样本验证了测评体系的科学性和可靠性。但是受测评条件的限制,仍有许多方面需要完善和改进,如在问卷调查环节采用配额抽样时,由于总样本数量有限,只能按照各省会城市总人口数量规模范围确定样本数额,再按照省会城市城区和郊区人口占比确定样本数额。未能根据调查总体样本按行政区域标志分类或分层,不可避免会出现人口结构的不一致,尽管对原始测评数据进行校正,但是这种校正的实际效果仍有待进一步检验。另外,由于问卷调查的主观性较强,引入了一个反映城市公民生活节水客观效果的生活节水效率值对水素养评价值进行调节,进一步强化客观指标在公民水素养评价中的重要性。但是,由于生活节水效率值仅仅反映水素养水平的一个主要侧面,特别是每个城市的经济社会发展水平不同以及生活用水定额制定时间不同，生活用水定额也存在较大的差距；同时，每个省会城市的公民生活用水统计口径和来源不同也会带来数据不统一情况的出现。这些问题也需要在后续研究中不断调整和完善。

（3）目前仅进行了31个省会城市公民的水素养水平评价，根据测评结果可知，不同城市公民水素养高低不同，测评结果相对较合理，也基本符合当地实际情况和社会普遍预期。要进一步扩大水素养评价范围，引起社会各界的高度关注以及各级政府的重视，从而推动公民水素养提升。可以针对不同省会城市公民的水素养综合值，展开针对性较强的主题宣传教育，倡导公民培养良好的节水意识，引导公民养成良好的用水行为，组织相关水利方面专家深入部分水素养综合指数较低的地区开展水素养相关讲座，传播水素养相关理论知识，增加公民对水素养的认知度，使其了解水科学知识，树立科学的水态度，进而规范自己的水行为，提高自身的水素养。

第 二 篇

中国省会城市公民水素养分类评价报告

第5章　省会城市（Ⅰ类地区）水素养评价

5.1　兰州市

5.1.1　基于问卷调查的兰州市公民水素养评价

1. 描述性统计

1)水知识调查

关于水资源分布知识，有98.21%的受调查者清楚我国水资源分布现状的整体情况，认为空间分布不均匀；有89.73%的受调查者认为大部分地区降水量分配不均匀；有95.98%的受调查者认为我国水资源总量丰富；但是关于人均占有量少的分布特征，有3.12%的受调查者错误地认为我国根本不缺水。

关于水价的看法，有88.84%的兰州市受调查者认同水资源作为商品，使用应当付费；有80%的受调查者能够正确认识水资源的商品属性，不认可水价越低越好或不认为水价越高越好；但也有20%的受调查者错误地认为水价越高越好，或者越低越好。

关于水资源管理知识，有92.41%的受调查者认为主要的水资源管理手段为法律法规、行政规定等；有86.61%的受调查者认为主要的水资源管理手段为节水技术、污水处理技术等；有84.82%的受调查者认为主要的水资源管理手段为宣传教育；但也有20.09%的受调查者对水价、水资源费、排污费、财政补贴等管理手段了解不多。

关于水污染知识，97.77%的兰州市受调查者认为水污染的主要致因是工业生产废水直接排放；97.32%的兰州市受调查者认为水污染的主要致因是农药、化肥的过度使用；96.43%的兰州市受调查者认为水污染的主要致因是轮船漏油或发生事故等；但仍有 41.52%的受调查者并不了解家庭生活污水直接排放也会造成水污染。

2)水态度调查

关于水情感调查，有 86.16%的兰州市受调查者非常喜欢或者比较喜欢与水相关的名胜古迹或风景区(如都江堰、三峡大坝、千岛湖等)，但也有 0.45%的受调查者明确表示不太喜欢或者不喜欢；有 63.84%的兰州市受调查者非常了解或者比较了解我国当前存在并需要解决的水问题(如水资源短缺、水生态损害、水环境污染等)，但也有 3.13%的受调查者表示不太了解这些问题，甚至有 0.45%的受调查者明确表示不了解我国当前存在哪些需要解决的水问题。

关于水责任调查，在问到"您是否愿意节约用水"时，99.11%的兰州市受调查者愿意节约用水，但也有 0.89%的人群明确表示不太愿意节约用水；而在问到"您是否愿意为节约用水而降低生活质量"时，表示非常愿意或者比较愿意的受调查者比例则降到85.72%，而有 3.13%的受调查者表示不太愿意，还有 2.23%的受调查者明确表示不愿意；在问到"您是否愿意采取一些行动(如在水边捡拾垃圾、不往水里乱扔垃圾)来保护水生态环境"时，有超过 99%的受调查者愿意采取行动保护水生态环境，但也有0.45%的受调查者明确表示不太愿意或者不愿意这么做。

关于水伦理调查，有 95.09%的兰州市受调查者反对"我们当代人不需要考虑缺水和水污染问题，后代人会有办法去解决"的观点，但仍有 2.23%的受调查者赞同这种观点；同样有 94.20%的受调查者赞同"谁用水谁付费，谁污染谁补偿"的观点，但也有2.68%的受调查者反对这一观点。

3)水行为调查

关于水生态和水环境管理行为,有36.61%的兰州市受调查者表示总是会主动接受各类节水、护水、爱水宣传教育活动,有44.64%的受调查者表示经常会主动接受各类宣传教育活动,但也有4.46%的受调查者表示很少主动接受各类宣传教育活动,甚至有0.45%的受调查者表示从不主动接受各类宣传教育活动;超过98%的受调查者表示有过主动向他人说明保护水资源的重要性或者鼓励他人实施水资源保护行为的经历,也有1.34%的受调查者表示从未有过类似的水行为;所有的受调查者有过主动学习各类节约用水等知识的行为,有5.80%的受调查者表示很少有过类似经历;有99.55%的受调查者曾经学习或了解过水灾害(如山洪暴发、城市内涝、泥石流等)避险的技巧方法,有0.45%的受调查者则表示从未学习过避险相关知识。

关于说服行为,有98.21%的兰州市受调查者有过劝告其他组织或个人停止污水排放等行为的经历,但也有1.79%的受调查者从未有过类似行为;有76.78%的受调查者比较经常地主动参与社区或环保组织开展的节水、护水、爱水宣传活动,但也有10.71%的受调查者很少主动参与这类活动。

关于消费行为,99.55%的兰州市受调查者有过利用淘米水洗菜或者浇花的行为,甚至有63.84%的受调查者总是会这样做;98.21%的受调查者有过收集洗衣机的脱水或手洗衣服时的漂洗水进行再利用的经历,有66.07%的人群总是会这样做;所有的受调查者会在洗漱时,随时关闭水龙头,有82.14%的人能够总是这样做;有98.66%的受调查者会在发现前期用水量较大之后,有意识地主动减少洗衣服、洗手或者洗澡次数等,从而减少用水量;但也有1.34%的受调查者从未有过这样的行为;有超过99%的受调查者会购买或使用家庭节水设备(如节水马桶、节水水龙头及节水灌溉设备等)。

关于法律行为,只有11.16%的兰州市受调查者总是在发现身边有人做出不文明水行为时,向有关部门举报,而接近10%的受调查者表示从未这样做过；仅有 10.27％的受调查者在发现企业直接排放未经处理的污水时，能够总是向有关部门举报，有超过 60％的受调查者有过这样的行为，但也有 28％的受调查者从未有过这样的行为；仅有 10.71％的受调查者会在发现水行政监督执法部门监管不到位时，能够总是向有关部门举报，而有 28.12％的受调查者从不会这样做。

2. 水素养评价因子得分

对兰州市公民水素养问卷调查结果进行统计分析，得到各评价因子得分的均值（为 1～5，得分越高，评价越好），如表 5-1 所示。

表 5-1　兰州市公民水素养评价因子得分情况

一级指标	二级指标	问卷测评要点	得分
水知识	水科学基础知识	水资源分布现状	4.86
		水资源商品属性	4.37
	水资源开发利用及管理知识	水资源管理手段	4.42
	水生态环境保护知识	水污染知识	4.39
水态度	水情感	受调查者对水风景区的喜爱程度	4.15
		受调查者对当前水问题的关注度	3.47
	水责任	受调查者节约用水的责任感	4.27
		受调查者为节约用水而降低生活质量的责任感	4.61
		受调查者采取行动保护水生态环境的责任感	4.17
	水伦理	受调查者对“将解决水问题的责任推给后代”观点的态度	4.36
		受调查者对水补偿原则的态度	4.19

续表

一级指标	二级指标	问卷测评要点	得分
水行为	水生态和水环境管理行为	受调查者主动接受水宣传的行为	4.07
		受调查者主动向他人说明保护水资源的重要性的行为	3.46
		受调查者学习节约用水等知识的行为	3.54
		受调查者学习避险知识的行为	3.54
	说服行为	受调查者参与制止水污染事件的行为	3.27
		受调查者主动参与社区、环保组织开展的宣传活动的行为	3.59
	消费行为	受调查者对淘米水等回收利用的行为	4.34
		受调查者对洗衣时的漂洗水等回收利用的行为	4.22
		受调查者用水习惯	4.71
		受调查者用水频率	3.36
		受调查者购买、使用家庭节水设备的行为	3.98
	法律行为	受调查者举报他人不规范水行为的行为	2.95
		受调查者举报企业不规范水行为的行为	2.58
		受调查者举报行政监督执法部门行为失职的行为	2.71

从兰州市公民水素养评价因子得分情况来看，水知识得分均在 4 分以上，这说明受调查者对水知识的了解程度较高；相对其他水知识题目，“水资源商品属性”得分偏低，这反映了受调查者对水资源商品属性的认识不够科学全面。

水态度中得分最高的题目是“受调查者为节约用水而降低生活质量的责任感”，水行为中得分最高的题目是“洗漱时，随时关闭水龙头”题项。这说明绝大多数的受调查者主观上具有明确的节水意识，而这种节水意识投射在水行为上的最突出表现就是在洗漱时能够做到随时关闭水龙头。其余水态度题目的得分也大多在 4 分以上，但受调查者对当前水问题的关注度得分偏低，只有 3.47 分。这一方面反映出公民对于我国水问题的关注度不高，另一方面也说明了在这方面的宣传存在问题。

水行为题目除“发现前期用水量较大，主动减少洗衣服、洗手或者洗澡次数”“洗漱时，随时关闭水龙头”“利用淘米水洗菜或者浇花”得分在 4 分以上，其他题目得分均在 4 分以下，尤其是 3 道法律行为的题目，得分甚至在 3 分以下。这说明绝大多数的受调查者在实际生活中缺乏规范的水行为，尤其是在面对他人或组织的不当水行为时，更是很少做出有效的阻止行动。

3. 水素养指数

依据前文所述水知识指数、水态度指数、水行为指数及水素养指数计算方法，得到兰州市公民水素养指数，如表 5-2 所示。

表 5-2　兰州市公民水素养指数

城市	水知识指数	水态度指数	水行为指数	水素养指数
兰州	89.24	85.32	74.34	78.09

基于受调查者个性特征的兰州市公民水素养指数，如表 5-3 所示。

表 5-3　基于个性特征的兰州市公民水素养指数

受调查者个性特征	水知识指数	水态度指数	水行为指数	水素养指数
男性	90.50	89.18	75.61	79.93
女性	91.14	86.89	73.76	78.20
6—17 岁	91.67	89.93	74.33	79.31
18—35 岁	91.80	85.54	73.78	77.99
36—45 岁	91.80	90.69	75.95	80.61
46—59 岁	89.59	92.65	77.91	82.18
60 岁以上	87.53	87.20	74.58	78.51
小学	88.73	87.06	74.81	78.75
初中	89.80	89.85	73.67	78.67
高中（含中专、技工、职高、技校）	89.80	90.78	77.65	81.62
本科（含大专）	92.24	87.05	74.53	78.87

续表

受调查者个性特征	水知识指数	水态度指数	水行为指数	水素养指数
硕士及以上	90.31	92.25	67.66	75.08
学生	91.69	87.70	73.83	78.48
务农人员	92.33	84.18	80.61	82.46
企业人员	90.34	89.51	71.43	77.09
国家公务人员(含军人、警察)	92.27	90.72	79.62	83.19
公用事业单位人员	90.34	90.57	76.99	81.17
自由职业者	88.30	86.94	74.20	78.26
其他	91.52	90.26	85.56	87.13
城镇	90.79	88.96	75.61	79.91
农村	90.53	86.34	72.72	77.31
0.5万元以下	90.00	86.34	73.19	77.59
0.5万～1万元	89.97	89.56	77.02	80.93
1万～2万元	91.31	90.70	74.43	79.51
2万～5万元	94.41	85.90	74.61	78.88
5万元以上	94.41	85.55	70.98	76.29

5.1.2 基于调整系数的兰州市公民水素养评价

1. 基于抽样人群结构的校正

按照受教育程度对兰州市问卷进行分类，计算得出兰州市在小学及以下、初中、高中(含中专、技工、职高、技校)、本科(含大专)、硕士及以上等受教育程度的水素养评价值分别为78.75、78.67、81.62、78.87、75.08。受调查者总人数为224，不同受教育程度人数分别为36、40、44、101、3。抽样调查中受教育程度的五类人群分别占比为16.07%、17.86%、19.64%、45.09%、1.34%，在兰州市实际总人口中，受教育程度的五类人群实际比例为42.10%、31.00%、16.19%、10.38%、0.33%。按照公式计算得出基于抽样人群校正的水素养得分为79.19。根据抽样人群结构校正后的水素养得分与问卷调查实际得分相差较小,这表明实际调查水素养得分比较符合抽样调查实际情况,具有一定的科学性。

2. 基于生活节水效率值的调节

兰州市常住公民实际生活用水量为76.19L/人·d,公民生活用水定额为110.00L/人·d,通过计算得出兰州市公民生活节水效率调整值为78.44,其节水效率值调整系数为0.31。公民用水量低于该地区的生活用水定额,这表明该地区公民节水意识较强,在日常生活用水时会约束自己的用水行为。

3. 水素养综合评价值

基于以上两种修正方式以及水素养综合评价值最终公式:

$$W = F_1\lambda_1 + F_2\lambda_2 = 79.19 \times 0.8 + 78.44 \times 0.2 = 79.04$$

式中:W 为水素养综合评价值;F_1 为修正后的水素养评价值;λ_1 为修正后的水素养评价值所占权重;F_2 为节水效率调整值;λ_2 为节水效率调整值所占权重。

5.2　哈尔滨市

5.2.1　基于调查结果的哈尔滨市公民水素养评价

1. 描述性统计

1)水知识调查

关于水资源分布知识,在哈尔滨市公民中94.36%的受调查者认为我国水资源总量丰富但人均占有量少,并且有96.39%的受调查者认为我国水资源空间分布不均匀;97.07%的受调查者认为大部分地区降水量分配不均匀;96.16%的受调查者认为我国水资源紧缺。

关于水价的看法，有 20.77%的哈尔滨市受调查者认同水资源作为商品，使用应当付费，但也有 88.26%的受调查者认为水资源是自然资源，使用应当免费；有 85.33%的受调查者能够正确认识水资源的商品属性，不认可水价越低越好，也有 95.49%的受调查者不认为水价越高越好。

关于水资源管理知识，哈尔滨市受调查者中 95.94%的受调查者了解主要的水资源管理手段（如法律法规、行政规定等）；96.16%的受调查者了解主要的水资源管理手段（如水价、水资源费、排污费、财政补贴等）；98.65%的受调查者了解主要的水资源管理手段，如节水技术、污水处理技术等；98.42%的受调查者了解主要的水资源管理手段（如宣传教育）。

关于水污染知识，98.87%的哈尔滨市受调查者认为水污染的主要致因是工业生产废水直接排放；95.03%的哈尔滨市受调查者认为水污染的主要致因是家庭生活污水直接排放；98.19%的哈尔滨市受调查者认为水污染的主要致因是农药、化肥的过度使用；99.10%的哈尔滨市受调查者认为水污染的主要致因是轮船漏油或发生事故等。

2）水态度调查

关于水情感调查，有 73.81%的哈尔滨市受调查者非常喜欢或者比较喜欢与水相关的名胜古迹或风景区（如都江堰、三峡大坝、千岛湖等），但也有 12.64%的受调查者明确表示不太喜欢或者不喜欢；有 59.6%的哈尔滨市受调查者非常了解或者比较了解我国当前存在并需要解决的水问题（如水资源短缺、水生态损害、水环境污染等），但也有 13.32%的受调查者表示不太了解这些问题，甚至有 3.16%的受调查者明确表示不了解我国当前存在哪些需要解决的水问题。

关于水责任调查，在问到“您是否愿意节约用水”时，有 95.71%的哈尔滨市受调查者愿意节约用水，只有 0.23%的受调查者明确表示不太愿意节约用水；在问到“您是否愿意为节约用水而降低生活质量”时，表示非常愿意或者比较愿意的受调查者比例则降到 87.13%，有 2.03%的受调查者表示不太愿意；在问到“您是否愿意采取一些行动（如在水边捡拾垃圾、不往水里乱扔垃圾）来保护水生态环境”时，有 93.68%的受调查者愿意采取行动保护水生态环境，只有 0.68%的受调查者明确表示不太愿意或者不愿意采取行动来保护水生态环境。

关于水伦理调查，有 97.29%的哈尔滨市受调查者反对“我们当代人不需要考虑缺水和水污染问题，后代人会有办法去解决”的观点，只有 0.68%左右的受调查者赞同这种观点；有超过 95%的受调查者赞同“谁用水谁付费，谁污染谁补偿”的观点，只有接近 3%的受调查者反对这一观点。

3）水行为调查

关于水生态和水环境管理行为，有 41.08%的哈尔滨市受调查者表示总是会主动接受各类节水、护水、爱水宣传教育活动，有 36.34%的受调查者表示经常会主动接受各类宣传教育活动，但也有 5.42%的受调查者表示很少主动接受各类宣传教育活动，甚至有 0.90%的受调查者表示从不主动接受各类宣传教育活动；96.61%的受调查者表示有过主动向他人说明保护水资源的重要性或者鼓励他人实施水资源保护行为的经历，也有 3.39%的受调查者表示从未有过类似的水行为；有 99.55%的受调查者有过主动学习各类节约用水等知识的行为，只有 0.45%的受调查者表示从未有过类似经历；有 93.45%的受调查者曾经学习或了解过水灾害（如山洪暴发、城市内涝、泥石流等）避险的技巧方法，有 6.55%的受调查者则表示从未学习过避险相关知识。

关于说服行为，有 97.74%的哈尔滨市受调查者有过劝告其他组织或个人停止污水排放等行为的经历，但也有 2.26%的受调查者从未有过类似行为；有超过 62.76%的受调查者比较经常主动参与社区或环保组织开展的节水、护水、爱水宣传活动，有超过 30%的受调查者参加过这类活动，但也有 7.67%的受调查者从未主动参与过这类活动。

关于消费行为，有99.82%的哈尔滨市受调查者有过利用淘米水洗菜或者浇花的行为，甚至有67.71%的受调查者总是或经常会这样做；98.42%的受调查者有过收集洗衣机的脱水或手洗衣服时的漂洗水进行再利用的经历，有超过70%的人群总是或经常会这样做；所有的受调查者都会在洗漱时，随时关闭水龙头，有76.75%的人能够总是或经常这样做；有97.29%的受调查者会在发现前期用水量较大之后，有意识地主动减少洗衣服、洗手或者洗澡次数等，从而减少用水量，但也有2.71%的受调查者从未有过这样的行为；有99.10%的受调查者会购买或使用家庭节水设备（如节水马桶、节水水龙头及节水灌溉设备等）。

关于法律行为，有49.66%的哈尔滨市受调查者在发现身边有人做出不文明水行为时，总是向有关部门举报，而0.90%的受调查者表示从未这样做过；仅有23.48%的受调查者在发现企业直接排放未经处理的污水时，能够总是向有关部门举报，但也有10.7%的受调查者从未有过这样的行为；仅有24.83%的受调查者会在发现水行政监督执法部门监管不到位时，能够总是向有关部门举报，有16.7%的受调查者从不会这样做。

2. 水素养评价因子得分

对哈尔滨市公民水素养问卷调查结果进行统计分析，得到各评价因子得分的均值（为1～5，得分越高，评价越好），见表5-4。

表5-4　哈尔滨市公民水素养评价因子得分情况

<table>
<tr><th>一级指标</th><th>二级指标</th><th>问卷测评要点</th><th>得分</th></tr>
<tr><td rowspan="4">水知识</td><td rowspan="2">水科学基础知识</td><td>水资源分布现状</td><td>4.84</td></tr>
<tr><td>水资源商品属性</td><td>3.90</td></tr>
<tr><td>水资源开发利用及管理知识</td><td>水资源管理手段</td><td>4.89</td></tr>
<tr><td>水生态环境保护知识</td><td>水污染知识</td><td>4.91</td></tr>
</table>

续表

一级指标	二级指标	问卷测评要点	得分
水态度	水情感	受调查者对水风景区的喜爱程度	3.97
		受调查者对当前水问题的关注度	3.63
	水责任	受调查者节约用水的责任感	4.67
		受调查者为节约用水而降低生活质量的责任感	4.49
		受调查者采取行动保护水生态环境的责任感	4.59
	水伦理	受调查者对“将解决水问题的责任推给后代”观点的态度	4.69
		受调查者对水补偿原则的态度	4.62
水行为	水生态和水环境管理行为	受调查者主动接受水宣传的行为	4.11
		受调查者主动向他人说明保护水资源的重要性的行为	3.99
		受调查者学习节约用水等知识的行为	4.00
		受调查者学习避险知识的行为	3.61
	说服行为	受调查者参与制止水污染事件的行为	4.02
		受调查者主动参与社区、环保组织开展的宣传活动的行为	3.68
	消费行为	受调查者对淘米水等回收利用的行为	4.28
		受调查者对洗衣时的漂洗水等回收利用的行为	4.21
		受调查者用水习惯	4.46
		受调查者用水频率	4.10
		受调查者购买、使用家庭节水设备的行为	4.22
	法律行为	受调查者举报他人不规范水行为的行为	3.58
		受调查者举报企业不规范水行为的行为	3.37
		受调查者举报行政监督执法部门行为失职的行为	3.28

从哈尔滨市公民水素养评价因子得分情况来看，“水污染知识”“水资源管理手段”“水资源分布现状”得分均在 4.90 分左右，这说明受调查者对水知识的了解程度较高；相对其他水知识题目，“水资源商品属性”得分偏低，这反映了受调查者对水资源商

品属性的认识不够科学全面。

水态度中得分最高的题目是“我们当代人不需要考虑缺水和水污染问题，后代人会有办法去解决”，水行为中得分最高的题目是“洗漱时，随时关闭水龙头”题项。这说明绝大多数的受调查者主观上具有明确的节水意识，而这种节水意识投射在水行为上的最突出表现就是在洗漱时能够做到随时关闭水龙头。其余水态度题目的得分也大多在 4 分以上，但受调查者对当前水问题的关注度得分偏低，只有 3.63 分。这一方面反映出社会经济发展带来的消费观念转变，另一方面反映出相关水问题的出现还未引起公民的重视。

水行为题目得分波动较大，尤其是 3 道法律行为的题目，得分均在 4 分以下。这说明绝大多数的受调查者在实际生活中缺乏规范的水行为，尤其是在面对他人或组织的不当水行为时，更是很少做出有效的阻止行动。

3. 水素养指数

依据前文所述水知识指数、水态度指数、水行为指数及水素养指数计算方法，得到哈尔滨市公民水素养指数，如表 5-5 所示。

表 5-5　哈尔滨市公民水素养指数

城市	水知识指数	水态度指数	水行为指数	水素养指数
哈尔滨	95.29	90.29	79.24	83.11

基于受调查者个性特征的哈尔滨市公民水素养指数，如表 5-6 所示。

表 5-6　基于个性特征的哈尔滨市公民水素养指数

受调查者个性特征	水知识指数	水态度指数	水行为指数	水素养指数
男性	95.09	89.60	79.98	83.46
女性	95.48	90.97	79.78	83.65
6—17 岁	97.28	86.82	67.88	74.69
18—35 岁	94.72	89.83	79.61	83.22

续表

受调查者个性特征	水知识指数	水态度指数	水行为指数	水素养指数
36—45岁	93.92	90.35	81.80	84.77
46—59岁	95.45	90.57	79.87	83.62
60岁以上	97.00	94.11	88.34	90.39
小学	95.44	91.99	82.31	85.62
初中	95.08	89.40	76.85	81.25
高中(含中专、技工、职高、技校)	94.51	89.52	80.06	83.44
本科(含大专)	95.44	89.98	79.30	83.10
硕士及以上	97.42	94.33	89.99	91.61
学生	96.20	86.63	70.00	76.01
务农人员	93.43	88.31	79.42	82.63
企业人员	93.76	90.77	74.31	79.67
国家公务人员(含军人、警察)	97.27	83.09	91.19	89.98
公用事业单位人员	96.82	91.35	86.46	88.47
自由职业者	94.25	91.24	80.74	84.26
其他	96.15	94.07	85.03	88.01
城镇	95.49	90.74	79.37	83.32
农村	94.99	89.64	80.61	83.89
0.5万元以下	90.84	86.76	73.93	78.27
0.5万～1万元	96.42	90.19	77.78	82.18
1万～2万元	96.31	90.49	82.99	85.84
2万～5万元	96.02	91.39	81.52	84.99
5万元以上	96.07	93.01	83.72	86.87

5.2.2 基于调整系数的哈尔滨市公民水素养评价

1. 基于抽样人群结构的校正

按照受教育程度对哈尔滨市问卷进行分类，计算得出哈尔滨市在小学及以下、初中、高中(含中专、技工、职高、技校)、本科(含大专)、硕士及以上等受教育程度的水素养评价值分别为 85.62、81.25、83.44、83.10、91.61。受调查者总人数为 443,不同受教育程度人数分别为 56、145、92、115、35。抽样调查中受教育程度的五类人群分别占比为 12.64%、32.73%、20.77%、25.96%、7.90%,在哈尔滨市实际总人口中,受教育程度的五类人群实际比例为 26.72%、43.70%、16.11%、13.06%、0.41%。按照公式计算得出基于抽样人群校正的水素养得分为 83.06。根据抽样人群结构校正后的水素养得分与问卷调查实际得分相差较小,这表明实际调查水素养得分比较符合抽样调查实际情况,具有一定的科学性。

2. 基于节水效率值的调节

哈尔滨市常住公民实际生活用水量为 156.74L/人·d,公民生活用水定额为 160.00L/人·d,通过计算得出哈尔滨市公民生活节水效率调整值为 61.22,其节水效率值调整系数为 0.02。公民实际用水量与该地区的生活用水定额相差无几。这表明该地区公民具有节水意识,在日常生活用水时会适当地约束自己的用水行为。

3. 水素养综合评价值

基于以上两种修正方式以及水素养综合评价值最终公式:

$$W = F_1\lambda_1 + F_2\lambda_2 = 83.06 \times 0.8 + 61.22 \times 0.2 = 78.69$$

式中:W 为水素养综合评价值;F_1 为修正后的水素养评价值;λ_1 为修正后的水素养评价值所占权重;F_2 为节水效率调整值;λ_2 为节水效率调整值所占权重。

5.3 成都市

5.3.1 基于调查结果的成都市公民水素养评价

1. 描述性统计

1)水知识调查

关于水资源分布知识,在成都市公民中 72.30%的受调查者认为我国水资源总量丰富但人均占有量少，并且有 91.41％的受调查者认为我国水资源空间分布不均匀；89.75％的受调查者认为大部分地区降水量分配不均匀；88.64％的受调查者认为我国水资源紧缺。

关于水价的看法，有 67.31％的成都市受调查者认同水资源作为商品，使用应当付费，有 58.45％的受调查者认为水资源是自然资源，使用应当免费；有 55.40％的受调查者能够正确认识水资源的商品属性，不认可水价越低越好，也有 63.16％的受调查者不认为水价越高越好。

关于水资源管理知识，成都市受调查者中 87.81％的受调查者了解主要的水资源管理手段（如法律法规、行政规定等）；89.75％的受调查者了解主要的水资源管理手段（如水价、水资源费、排污费、财政补贴等）；90.30％的受调查者了解主要的水资源管理手段（如节水技术、污水处理技术等）；89.20％的受调查者了解主要的水资源管理手段（如宣传教育）。

关于水污染知识，93.63％的成都市受调查者认为水污染的主要致因是工业生产废水直接排放；94.74％的成都市受调查者认为水污染的主要致因是家庭生活污水直接排放；89.20％的成都市受调查者认为水污染的主要致因是农药、化肥的过度使用；96.12％的成都市受调查者认为水污染的主要致因是轮船漏油或发生事故等。

2）水态度调查

关于水情感调查，有 81.24％的成都市受调查者非常喜欢或者比较喜欢与水相关的名胜古迹或风景区（如都江堰、三峡大坝、千岛湖等），但也有 2％的受调查者明确表示不太喜欢或者不喜欢；有 58％的成都市受调查者非常了解或者比较了解我国当前存在并需要解决的水问题（如水资源短缺、水生态损害、水环境污染等），但也有 6.09％的受调查者表示不太了解这些问题，甚至有 1.11％的受调查者明确表示不了解我国当前存在哪些需要解决的水问题。

关于水责任调查，在问到“您是否愿意节约用水”时，94.46％的成都市受调查者愿意节约用水，但也有 1.11％的人群明确表示不太愿意节约用水；而在问到“您是否愿意为节约用水而降低生活质量”时，表示非常愿意或者比较愿意的受调查者比例则降到65%，有11.36%的受调查者表示不太愿意，还有3.60%的受调查者明确表示不愿意；在问到“您是否愿意采取一些行动(如在水边捡拾垃圾、不往水里乱扔垃圾)来保护水生态环境”时，有99.17%的受调查者愿意采取行动保护水生态环境，但也有0.83%的受调查者明确表示不太愿意或者不愿意这么做。

关于水伦理调查，有93.08%的成都市受调查者反对“我们当代人不需要考虑缺水和水污染问题，后代人会有办法去解决”的观点，但仍有3.40%的受调查者赞同这种观点；同样有90%的受调查者赞同“谁用水谁付费，谁污染谁补偿”的观点，但也有4.15%的受调查者反对这一观点。

3)水行为调查

关于水生态和水环境管理行为，有30.75%的成都市受调查者表示总是会主动接受各类节水、护水、爱水宣传教育活动，有30.47%的受调查者表示经常会主动接受各类宣传教育活动，但也有9.97%的受调查者表示很少主动接受各类宣传教育活动，甚至有1.11%的受调查者表示从不主动接受各类宣传教育活动；97%的受调查者表示有过主动向他人说明保护水资源的重要性或者鼓励他人实施水资源保护行为的经历，也有2.22%的受调查者表示从未有过类似的水行为；有98.06%的受调查者有过主动学习各类节约用水等知识的行为，仍有1.94%的受调查者表示从未有过类似经历；有99%的受调查者曾经学习或了解过水灾害(如山洪暴发、城市内涝、泥石流等)避险的技巧方法，有不到1%的受调查者则表示从未学习过避险相关知识。

关于说服行为，有96.68%的成都市受调查者有过劝告其他组织或个人停止污水排放等行为的经历，但也有3.32%的受调查者从未有过类似行为；有56.51%的受调查者比较经常地主动参与社区或环保组织开展的节水、护水、爱水宣传活动，但也有3.32%的受调查者从未主动参与过这类活动。

关于消费行为,98.34%的成都市受调查者有过利用淘米水洗菜或者浇花的行为,甚至有32.69%的受调查者总是会这样做;超过92%的受调查者有过收集洗衣机的脱水或手洗衣服时的漂洗水进行再利用的经历,有接近24%的人群总是会这样做;超过97%的受调查者会在洗漱时,随时关闭水龙头,有接近52%的人能够总是这样做;有94%的受调查者会在发现前期用水量较大之后,有意识地主动减少洗衣服、洗手或者洗澡次数等,从而减少用水量,但也有3.88%的受调查者从未有过这样的行为;有超过98%的受调查者会购买或使用家庭节水设备(如节水马桶、节水水龙头及节水灌溉设备等)。

关于法律行为,有25.21%的成都市受调查者总是在发现身边有人做出不文明水行为时,向有关部门举报,而8%的受调查者表示从未这样做过;仅有18.01%的受调查者在发现企业直接排放未经处理的污水时,能够总是向有关部门举报,但也有8.03%的受调查者从未有过这样的行为;有25.48%的受调查者会在发现水行政监督执法部门监管不到位时,能够总是向有关部门举报,而有8.31%的受调查者从不会这样做。

2. 水素养评价因子得分

对成都市公民水素养问卷调查结果进行统计分析,得到各评价因子得分的均值(为1～5,得分越高,评价越好),如表5-7所示。

表5-7　成都市公民水素养评价因子得分情况

一级指标	二级指标	问卷测评要点	得分
水知识	水科学基础知识	水资源分布现状	4.42
		水资源商品属性	3.44
	水资源开发利用及管理知识	水资源管理手段	4.57
	水生态环境保护知识	水污染知识	4.74

续表

<table>
<tr><th>一级指标</th><th>二级指标</th><th>问卷测评要点</th><th>得分</th></tr>
<tr><td rowspan="7">水态度</td><td rowspan="2">水情感</td><td>受调查者对水风景区的喜爱程度</td><td>4.17</td></tr>
<tr><td>受调查者对当前水问题的关注度</td><td>3.69</td></tr>
<tr><td rowspan="3">水责任</td><td>受调查者节约用水的责任感</td><td>4.58</td></tr>
<tr><td>受调查者为节约用水而降低生活质量的责任感</td><td>3.75</td></tr>
<tr><td>受调查者采取行动保护水生态环境的责任感</td><td>4.36</td></tr>
<tr><td rowspan="2">水伦理</td><td>受调查者对“将解决水问题的责任推给后代”观点的态度</td><td>4.48</td></tr>
<tr><td>受调查者对水补偿原则的态度</td><td>4.36</td></tr>
<tr><td rowspan="14">水行为</td><td rowspan="4">水生态和水环境管理行为</td><td>受调查者主动接受水宣传的行为</td><td>3.80</td></tr>
<tr><td>受调查者主动向他人说明保护水资源的重要性的行为</td><td>3.62</td></tr>
<tr><td>受调查者学习节约用水等知识的行为</td><td>3.86</td></tr>
<tr><td>受调查者学习避险知识的行为</td><td>3.68</td></tr>
<tr><td rowspan="2">说服行为</td><td>受调查者参与制止水污染事件的行为</td><td>3.46</td></tr>
<tr><td>受调查者主动参与社区、环保组织开展的宣传活动的行为</td><td>3.55</td></tr>
<tr><td rowspan="5">消费行为</td><td>受调查者对淘米水等回收利用的行为</td><td>3.94</td></tr>
<tr><td>受调查者对洗衣时的漂洗水等回收利用的行为</td><td>3.55</td></tr>
<tr><td>受调查者用水习惯</td><td>4.35</td></tr>
<tr><td>受调查者用水频率</td><td>3.59</td></tr>
<tr><td>受调查者购买、使用家庭节水设备的行为</td><td>3.98</td></tr>
<tr><td rowspan="3">法律行为</td><td>受调查者举报他人不规范水行为的行为</td><td>3.35</td></tr>
<tr><td>受调查者举报企业不规范水行为的行为</td><td>3.35</td></tr>
<tr><td>受调查者举报行政监督执法部门行为失职的行为</td><td>3.45</td></tr>
</table>

从成都市公民水素养评价因子得分情况来看，“水污染知识”“水资源管理手段”得分均在4.50分以上，这说明受调查者对水知识的了解程度较高；相对其他水知识题目，“水资源商品属性”得分偏低，这反映了受调查者对水资源商品属性的认识不够科学全面。

水态度中得分最高的题目是“受调查者节约用水的责任感”，水行为中得分最高的题目是“洗漱时，随时关闭水龙头”题项。这说明绝大多数的受调查者主观上具有明确的节水意识，而这种节水意识投射在水行为上的最突出表现就是在洗漱时能够做到随时关闭水龙头。其余水态度题目的得分也大多在4分以上，但受调查者对当前水问题的关注度得分偏低，只有3.69分。这一方面反映出社会经济发展带来的消费观念的转变和公民对较高生活质量的追求，另一方面也说明水价在一定程度上还未起到调节作用。

水行为题目除“发现前期用水量较大，主动减少洗衣服、洗手或者洗澡次数”及“利用淘米水洗菜或者浇花等”得分在4分以上，其他题目得分均在4分以下，尤其是3道法律行为的题目，得分较低。这说明绝大多数的受调查者在实际生活中缺乏规范的水行为，尤其是在面对他人或组织的不当水行为时，更是很少做出有效的阻止行动。

3. 水素养指数

依据前文所述水知识指数、水态度指数、水行为指数及水素养指数计算方法，得到成都市公民水素养指数，如表5-8所示。

表5-8　成都市公民水素养指数

城市	水知识指数	水态度指数	水行为指数	水素养指数
成都	89.96	84.86	73.90	77.75

基于受调查者个性特征的成都市公民水素养指数，如表5-9所示。

表5-9　基于个性特征的成都市公民水素养指数

受调查者个性特征	水知识指数	水态度指数	水行为指数	水素养指数
男性	90.22	84.90	76.16	79.35
女性	89.72	84.83	71.79	76.27
6—17岁	79.09	84.00	75.07	77.38
18—35岁	92.74	84.54	70.62	75.67

续表

受调查者个性特征	水知识指数	水态度指数	水行为指数	水素养指数
36—45 岁	90.89	87.38	73.11	77.84
46—59 岁	73.75	75.91	67.21	69.70
60 岁以上	88.08	85.57	81.68	83.11
小学	86.67	84.28	78.40	80.43
初中	87.25	85.24	80.77	80.34
高中(含中专、技工、职高、技校)	86.58	85.31	71.25	75.71
本科(含大专)	92.90	85.18	71.04	76.11
硕士及以上	88.82	81.88	77.07	79.19
学生	91.20	83.87	73.01	77.04
务农人员	87.59	82.52	75.13	77.87
企业人员	91.79	86.76	74.76	78.93
国家公务人员(含军人、警察)	83.18	87.46	73.65	77.52
公用事业单位人员	90.60	84.99	70.14	75.24
自由职业者	88.73	85.79	76.48	79.63
其他	90.52	84.61	70.22	75.20
城镇	91.27	85.68	73.92	78.07
农村	86.43	82.66	73.84	76.91
0.5 万元以下	87.88	84.89	71.27	75.75
0.5 万～1 万元	93.79	84.02	68.66	74.30
1 万～2 万元	88.20	84.77	73.69	77.43
2 万～5 万元	89.89	84.86	73.81	77.68
5 万元以上	91.62	85.57	75.56	79.20

5.3.2　基于调整系数的成都市公民水素养评价

1. 基于抽样人群结构的校正

按照受教育程度对成都市问卷进行分类，计算得出成都市在小学及以下、初中、高中(含中专、技工、职高、技校)、本科(含大专)、硕士及以上等受教育程度的水素养评价值分别为 80.43、

82.33、75.71、76.11、79.19。受调查者总人数为361，不同受教育程度人数分别为52、51、58、178、22。抽样调查中受教育程度的五类人群分别占比为14.4%、14.13%、16.07%、49.31%、6.09%，在成都市实际总人口中，受教育程度的五类人群实际比例为41.06%、36.22%、13.73%、8.82%、0.18%。按照公式计算得出基于抽样人群校正的水素养得分为80.09。根据抽样人群结构校正后的水素养得分与问卷调查实际得分相差较小，这表明实际调查水素养得分比较符合抽样调查实际情况，具有一定的科学性。

2. 基于生活节水效率值的调节

成都市常住公民实际生活用水量为180.56L/人·d，公民生活用水定额为220.00L/人·d，通过计算得出成都市公民生活节水效率调整值为70.76，其节水效率值调整系数为0.18。公民用水量低于该地区的生活用水定额，这表明该地区公民节水意识较强，在日常生活用水时会约束自己的用水行为。

3. 水素养综合评价值

基于以上两种修正方式以及水素养综合评价值最终公式：

$$W = F_1\lambda_1 + F_2\lambda_2 = 80.09 \times 0.8 + 70.76 \times 0.2 = 78.23$$

式中：W 为水素养综合评价值；F_1 为修正后的水素养评价值；λ_1 为修正后的水素养评价值所占权重；F_2 为节水效率调整值；λ_2 为节水效率调整值所占权重。

5.4 贵阳市

5.4.1 基于调查结果的贵阳市公民水素养评价

1. 描述性统计

1）水知识调查

关于水资源分布知识，在贵阳市公民中79.84%的受调查者认为我国水资源总量丰富但人均占有量少，并且有90.53%的受调查者认为我国水资源空间分布不均匀；90.12%的受调查者认为大部分地区降水量分配不均匀；75.31%的受调查者认为我国水资源紧缺。

关于水价的看法，有59.26%的贵阳市受调查者认同水资源作为商品，使用应当付费，有53.91%的受调查者认为水资源是自然资源，使用应当免费；有49.38%的受调查者能够正确认识水资源的商品属性，不认可水价越低越好，也有76.54%的受调查者不认为水价越高越好。

关于水资源管理知识，贵阳市受调查者中82.72%的受调查者了解主要的水资源管理手段（如法律法规、行政规定等）；79.01%的受调查者了解主要的水资源管理手段（如水价、水资源费、排污费、财政补贴等）；93.42%的受调查者了解主要的水资源管理手段（如节水技术、污水处理技术等）；81.48%的受调查者了解主要的水资源管理手段（如宣传教育）。

关于水污染知识，96.30%的贵阳市受调查者认为水污染的主要致因是工业生产废水直接排放；84.36%的贵阳市受调查者认为水污染的主要致因是家庭生活污水直接排放；89.30%的贵阳市受调查者认为水污染的主要致因是农药、化肥的过度使用；85.60%的贵阳市受调查者认为水污染的主要致因是轮船漏油或发生事故等。

2）水态度调查

关于水情感调查，有85.57%的贵阳市受调查者非常喜欢或者比较喜欢与水相关的名胜古迹或风景区（如都江堰、三峡大坝、千岛湖等），但也有1.64%的受调查者明确表示不太喜欢或者不喜欢；有52.68%的贵阳市受调查者非常了解或者比较了解我国当前存在并需要解决的水问题（如水资源短缺、水生态损害、水环境污染等），但也有8.64%的受调查者表示不太了解这些问题，甚至有2.47%的受调查者明确表示不了解我国当前存在哪些需要解决的水问题。

关于水责任调查，在问到“您是否愿意节约用水”时，有100%的贵阳市受调查者愿意节约用水；而在问到“您是否愿意为节约用水而降低生活质量”时,表示非常愿意或者比较愿意的受调查者比例则降到70%,有6.58%的受调查者表示不太愿意,还有0.41%的受调查者明确表示不愿意;在问到“您是否愿意采取一些行动(如在水边捡拾垃圾、不往水里乱扔垃圾)来保护水生态环境”时,有超过87%的受调查者愿意采取行动保护水生态环境,但也有1.23%的受调查者明确表示不太愿意或者不愿意这么做。

关于水伦理调查,有94.65%的贵阳市受调查者反对“我们当代人不需要考虑缺水和水污染问题,后代人会有办法去解决”的观点;有88.89%的受调查者赞同“谁用水谁付费,谁污染谁补偿”的观点,但也有接近5%的受调查者反对这一观点。

3)水行为调查

关于水生态和水环境管理行为,有27.16%的贵阳市受调查者表示总是会主动接受各类节水、护水、爱水宣传教育活动,有33.33%的受调查者表示经常会主动接受各类宣传教育活动,但也有7.41%的受调查者表示很少主动接受各类宣传教育活动,甚至有1.65%的受调查者表示从不主动接受各类宣传教育活动;95.47%的受调查者表示有过主动向他人说明保护水资源的重要性或者鼓励他人实施水资源保护行为的经历,也有4.53%的受调查者表示从未有过类似的水行为;有99.18%的受调查者有过主动学习各类节约用水等知识的行为,仅有0.82%的受调查者表示从未有过类似经历;有96.30%的受调查者曾经学习或了解过水灾害(如山洪暴发、城市内涝、泥石流等)避险的技巧方法,有3.70%的受调查者则表示从未学习过避险相关知识。

关于说服行为,有94.65%的贵阳市受调查者有过劝告其他组织或个人停止污水排放等行为的经历,但也有5.35%的受调查者从未有过类似行为;有超过53%的受调查者比较经常地主动参与社区或环保组织开展的节水、护水、爱水宣传活动,有超过80%的受调查者参加过这类活动,但也有4.94%的受调查者从未主动参与过这类活动。

关于消费行为,98.77%的贵阳市受调查者有过利用淘米水洗菜或者浇花的行为，甚至有 29.22％的受调查者总是会这样做；超过 92％的受调查者有过收集洗衣机的脱水或手洗衣服时的漂洗水进行再利用的经历，有 26.34％的人群总是会这样做；超过 97％的受调查者会在洗漱时，随时关闭水龙头，有接近 46.91％的人能够总是这样做；有 94％的受调查者会在发现前期用水量较大之后，有意识地主动减少洗衣服、洗手或者洗澡次数等，从而减少用水量，但也有 5.35％的受调查者从未有过这样的行为；有超过 96％的受调查者会购买或使用家庭节水设备（如节水马桶、节水水龙头及节水灌溉设备等）。

关于法律行为，只有 14.81％的贵阳市受调查者总是在发现身边有人做出不文明水行为时，向有关部门举报，而 11.11％的受调查者表示从未这样做过；有 22.63％的受调查者在发现企业直接排放未经处理的污水时，能够总是向有关部门举报，而有超过 90％的受调查者有过这样的行为，但也有 9.05％的受调查者从未有过这样的行为；有 21.40％的受调查者会在发现水行政监督执法部门监管不到位时，能够总是向有关部门举报，而有 11.52％的受调查者从不会这样做。

2. 水素养评价因子得分

对贵阳市公民水素养问卷调查结果进行统计分析，得到各评价因子得分的均值（为 1～5，得分越高，评价越好），如表 5-10 所示。

表 5-10　贵阳市公民水素养评价因子得分情况

一级指标	二级指标	问卷测评要点	得分
水知识	水科学基础知识	水资源分布现状	4.36
		水资源商品属性	3.39
	水资源开发利用及管理知识	水资源管理手段	4.37
	水生态环境保护知识	水污染知识	4.56

续表

一级指标	二级指标	问卷测评要点	得分
水态度	水情感	受调查者对水风景区的喜爱程度	4.46
		受调查者对当前水问题的关注度	3.68
	水责任	受调查者节约用水的责任感	4.44
		受调查者为节约用水而降低生活质量的责任感	4.56
		受调查者采取行动保护水生态环境的责任感	4.00
	水伦理	受调查者对"将解决水问题的责任推给后代"观点的态度	4.61
		受调查者对水补偿原则的态度	4.30
水行为	水生态和水环境管理行为	受调查者主动接受水宣传的行为	3.77
		受调查者主动向他人说明保护水资源的重要性的行为	3.62
		受调查者学习节约用水等知识的行为	3.79
		受调查者学习避险知识的行为	3.54
	说服行为	受调查者参与制止水污染事件的行为	3.44
		受调查者主动参与社区、环保组织开展的宣传活动的行为	3.51
	消费行为	受调查者对淘米水等回收利用的行为	3.86
		受调查者对洗衣时的漂洗水等回收利用的行为	3.58
		受调查者用水习惯	4.30
		受调查者用水频率	3.57
		受调查者购买、使用家庭节水设备的行为	3.84
	法律行为	受调查者举报他人不规范水行为的行为	3.22
		受调查者举报企业不规范水行为的行为	3.36
		受调查者举报行政监督执法部门行为失职的行为	3.34

从贵阳市公民水素养评价因子得分情况来看,"水污染知识"得分在 4.50 分以上,这说明受调查者对水知识的了解程度较高;相对其他水知识题目,"水资源商品属性"得分偏低,这反映了受

调查者对水资源商品属性的认识不够科学全面。

水态度中得分最高的题目是“我们当代人不需要考虑缺水和水污染问题，后代人会有办法去解决”，水行为中得分最高的题目是“洗漱时，随时关闭水龙头”题项。这说明绝大多数的受调查者主观上具有明确的节水意识，而这种节水意识投射在水行为上的最突出表现就是在洗漱时能够做到随时关闭水龙头。其余水态度题目的得分也大多在4分以上，但受调查者对当前水问题的关注度得分偏低，只有3.68分。这一方面反映出社会经济发展带来的消费观念的转变和公民对较高生活质量的追求，另一方面也说明水价在一定程度上还未起到调节作用。

水行为题目除“受调查者用水习惯”得分在4分以上，其他题目得分均在4分以下，尤其是3道法律行为的题目，得分较低。这说明绝大多数的受调查者在实际生活中缺乏规范的水行为，尤其是在面对他人或组织的不当水行为时，更是很少做出有效的阻止行动。

3. 水素养指数

依据前文所述水知识指数、水态度指数、水行为指数及水素养指数计算方法，得到贵阳市公民水素养指数，如表5-11所示。

表5-11　贵阳市公民水素养指数

城市	水知识指数	水态度指数	水行为指数	水素养指数
贵阳	86.95	86.61	72.63	76.98

基于受调查者个性特征的贵阳市公民水素养指数，如表5-12所示。

表5-12　基于个性特征的贵阳市公民水素养指数

受调查者个性特征	水知识指数	水态度指数	水行为指数	水素养指数
男性	88.15	84.86	72.31	76.49
女性	85.75	88.38	72.96	77.48
6—17岁	94.77	84.94	84.43	85.49

续表

受调查者个性特征	水知识指数	水态度指数	水行为指数	水素养指数
18—35 岁	88.93	85.33	70.84	75.64
36—45 岁	83.04	90.45	76.99	80.47
46—59 岁	83.41	87.32	73.14	77.16
60 岁以上	76.03	87.80	78.14	80.05
小学	76.35	87.61	68.92	73.67
初中	82.69	89.29	73.71	77.92
高中（含中专、技工、职高、技校）	86.21	86.41	70.85	75.64
本科（含大专）	89.17	86.11	73.03	77.35
硕士及以上	81.51	86.42	83.22	83.76
学生	88.32	84.83	73.23	77.13
务农人员	85.64	85.76	70.63	75.29
企业人员	92.70	85.06	70.54	75.73
国家公务人员（含军人、警察）	82.82	85.08	75.44	78.21
公用事业单位人员	85.71	91.35	72.97	78.13
自由职业者	84.03	87.88	72.49	76.89
其他	82.81	88.47	72.95	77.23
城镇	87.22	87.85	74.10	78.29
农村	86.37	83.93	69.47	74.16
0.5 万元以下	87.08	84.29	70.39	74.94
0.5 万～1 万元	85.05	84.09	68.29	73.26
1 万～2 万元	88.64	88.72	73.98	78.53
2 万～5 万元	88.00	88.88	74.12	78.60
5 万元以上	84.61	90.64	80.43	83.04

5.4.2　基于调整系数的贵阳市公民水素养评价

1. 基于抽样人群结构的校正

按照受教育程度对贵阳市问卷进行分类，计算得出贵阳市在小学及以下、初中、高中（含中专、技工、职高、技校）、本科（含大专）、硕士及以上等受教育程度的水素养评价值分别为73.67、77.92、75.64、77.35、83.76。受调查者总人数为243，不同受教育程度人数分别为8、27、60、141、7。抽样调查中受教育程度的五类人群分别占比为3.29%、11.11%、24.69%、58.02%、2.88%，在贵阳市实际总人口中，受教育程度的五类人群实际比例为45.45%、36.62%、10.92%、6.93%、0.08%。按照公式计算得出基于抽样人群校正的水素养得分为75.73。根据抽样人群结构校正后的水素养得分与问卷调查实际得分相差较小，这表明实际调查水素养得分比较符合抽样调查实际情况，具有一定的科学性。

2. 基于生活节水效率值的调节

贵阳市常住公民实际生活用水量为116.88L/人·d，公民生活用水定额为160.00L/人·d，通过计算得出贵阳市公民生活节水效率调整值为76.17，其节水效率值调整系数为0.27。公民用水量低于该地区的生活用水定额，这表明该地区公民节水意识较强，在日常生活用水时会约束自己的用水行为。

3. 水素养综合评价值

基于以上两种修正方式以及水素养综合评价值最终公式：

$$W = F_1\lambda_1 + F_2\lambda_2 = 75.73 \times 0.8 + 76.17 \times 0.2 = 75.82$$

式中：W 为水素养综合评价值；F_1 为修正后的水素养评价值；λ_1 为修正后的水素养评价值所占权重；F_2 为节水效率调整值；λ_2 为节水效率调整值所占权重。

第 6 章　省会城市(Ⅱ类地区)水素养评价

6.1　呼和浩特市

6.1.1　基于调查结果的呼和浩特市公民水素养评价

1. 描述性统计

1)水知识调查

关于水资源分布知识,在呼和浩特市公民中 83.41%的受调查者认为我国水资源总量丰富但人均占有量少,并且有 91.00%的受调查者认为我国水资源空间分布不均匀;89.57%的受调查者认为大部分地区降水量分配不均匀;89.57%的受调查者认为我国水资源紧缺。

关于水价的看法,有 70.62%的呼和浩特市受调查者认同水资源作为商品,使用应当付费,有 69.67%的受调查者认为水资源是自然资源,使用应当免费;有 65.88%的受调查者能够正确认识水资源的商品属性,不认可水价越低越好,也有 90.05%的受调查者不认为水价越高越好。

关于水资源管理知识,呼和浩特市受调查者中 82.94%的受调查者了解主要的水资源管理手段(如法律法规、行政规定等);85.78%的受调查者了解主要的水资源管理手段(如水价、水资源费、排污费、财政补贴等);77.25%的受调查者了解主要的水资源管理手段(如节水技术、污水处理技术等);69.67%的受调查者了解主要的水资源管理手段(如宣传教育)。

关于水污染知识,95.73%的呼和浩特市受调查者认为水污染的主要致因是工业生产废水直接排放;85.78%的呼和浩特市受调查者认为水污染的主要致因是家庭生活污水直接排放;88.63%的呼和浩特市受调查者认为水污染的主要致因是农药、化肥的过度使用;84.83%的呼和浩特市受调查者认为水污染的主要致因是轮船漏油或发生事故等。

2)水态度调查

关于水情感调查,有68.24%的呼和浩特市受调查者非常喜欢或者比较喜欢与水相关的名胜古迹或风景区(如都江堰、三峡大坝、千岛湖等),但也有1.42%的受调查者明确表示不太喜欢或者不喜欢;有56.40%的呼和浩特市受调查者非常了解或者比较了解我国当前存在并需要解决的水问题(如水资源短缺、水生态损害、水环境污染等),但也有5.21%的受调查者表示不太了解这些问题,甚至有0.95%的受调查者明确表示不了解我国当前存在哪些需要解决的水问题。

关于水责任调查,在问到"您是否愿意节约用水"时,76.30%的呼和浩特市受调查者愿意节约用水,但也有1.42%的人群明确表示不太愿意节约用水;而在问到"您是否愿意为节约用水而降低生活质量"时,表示非常愿意或者比较愿意的受调查者比例则降到50.71%,而有8.53%的受调查者表示不太愿意,还有1.90%的受调查者明确表示不愿意;在问到"您是否愿意采取一些行动(如在水边捡拾垃圾、不往水里乱扔垃圾)来保护水生态环境"时,有77.25%的受调查者愿意采取行动保护水生态环境,但也有2.85%的受调查者明确表示不太愿意或者不愿意这么做。

关于水伦理调查,有73.93%的呼和浩特市受调查者反对"我们当代人不需要考虑缺水和水污染问题,后代人会有办法去解决"的观点,但仍有4.74%的受调查者赞同这种观点;同样有超过60%的受调查者赞同"谁用水谁付费,谁污染谁补偿"的观点,但也有接近13%的受调查者反对这一观点。

3)水行为调查

关于水生态和水环境管理行为,有67.77%的呼和浩特市受调查者表示常常会主动接受各类节水、护水、爱水宣传教育活动,但也有5.69%的受调查者表示很少主动接受各类宣传教育活动,甚至有0.47%的受调查者表示从不主动接受各类宣传教育活动;91.47%的受调查者表示有过主动向他人说明保护水资源的重要性或者鼓励他人实施水资源保护行为的经历,也有78.53%的受调查者表示很少或者从未有过类似的水行为;有92.41%的受调查者有过主动学习各类节约用水等知识的行为,仍有1.42%的受调查者表示从未有过类似经历;有83.89%的受调查者曾经学习或了解过水灾害(如山洪暴发、城市内涝、泥石流等)避险的技巧方法,有2.37%的受调查者则表示从未学习过避险相关知识。

关于说服行为,有83.40%的呼和浩特市受调查者有过劝告其他组织或个人停止污水排放等行为的经历,但也有16.59%的受调查者表示从未有过类似行为;有超过50%的受调查者比较经常地主动参与社区或环保组织开展的节水、护水、爱水宣传活动,但也有11.85%的受调查者表示很少或者从未主动参与这类活动。

关于消费行为,71.57%的呼和浩特市受调查者会利用淘米水洗菜或者浇花,甚至有45.30%的受调查者总是会这样做;92.41%的受调查者有过收集洗衣机的脱水或手洗衣服时的漂洗水进行再利用的经历;约98%的受调查者会在洗漱时,随时关闭水龙头,有接近80%的人能够总是这样做;有66.76%的受调查者会在发现前期用水量较大之后,有意识地主动减少洗衣服、洗手或者洗澡次数等,从而减少用水量,但也有7.11%的受调查者从未有过这样的行为;有超过90%的受调查者会购买或使用家庭节水设备(如节水马桶、节水水龙头及节水灌溉设备等)。

关于法律行为,只有10.90%的呼和浩特市受调查者在发现身边有人做出不文明水行为时，能够总是向有关部门举报，而20%左右的受调查者表示很少或从未这样做过；仅有12.32%的受调查者在发现企业直接排放未经处理的污水时，能够总是向有关部门举报，而有34.12%的受调查者很少或者从未有过这样的行为；仅有13.74%的受调查者会在发现水行政监督执法部门监管不到位时，能够总是向有关部门举报，而有16.11%的受调查者从不会这样做。

2.水素养评价因子得分

对呼和浩特市公民水素养问卷调查结果进行统计分析，得到各评价因子得分的均值(为1～5，得分越高，评价越好)，如表6-1所示。

表6-1 呼和浩特市公民水素养评价因子得分情况

一级指标	二级指标	问卷测评要点	得分
水知识	水科学基础知识	水资源分布现状	4.53
		水资源商品属性	3.96
	水资源开发利用及管理知识	水资源管理手段	4.16
	水生态环境保护知识	水污染知识	4.55
水态度	水情感	受调查者对水风景区的喜爱程度	3.96
		受调查者对当前水问题的关注度	3.57
	水责任	受调查者节约用水的责任感	4.10
		受调查者为节约用水而降低生活质量的责任感	3.55
		受调查者采取行动保护水生态环境的责任感	4.05
	水伦理	受调查者对“将解决水问题的责任推给后代”观点的态度	3.99
		受调查者对水补偿原则的态度	3.69

续表

一级指标	二级指标	问卷测评要点	得分
水行为	水生态和水环境管理行为	受调查者主动接受水宣传的行为	3.90
		受调查者主动向他人说明保护水资源的重要性的行为	3.58
		受调查者学习节约用水等知识的行为	3.80
		受调查者学习避险知识的行为	3.44
	说服行为	受调查者参与制止水污染事件的行为	3.44
		受调查者主动参与社区、环保组织开展的宣传活动的行为	3.54
	消费行为	受调查者对淘米水等回收利用的行为	3.91
		受调查者对洗衣时的漂洗水等回收利用的行为	3.89
		受调查者用水习惯	4.18
		受调查者用水频率	3.73
		受调查者购买、使用家庭节水设备的行为	3.89
	法律行为	受调查者举报他人不规范水行为的行为	3.34
		受调查者举报企业不规范水行为的行为	3.00
		受调查者举报行政监督执法部门行为失职的行为	2.86

从呼和浩特市公民水素养评价因子得分情况来看,“水污染知识”“水资源分布现状”得分均在4.50分以上,“水资源管理手段”得分4.16分,“水资源商品属性”得分相对略微偏低,但也接近4分,这说明受调查者对水知识的了解程度较高。

水态度中得分最高的题目是“您是否愿意节约用水”,得分4.10分,护水责任得分也比较接近,为4.05分;相比较而言,“为节约用水而降低生活质量的责任感”得分则比较低,只有3.55分,说明大部分受调查者有强烈的节水、护水的责任感,但不太愿意为节水放弃生活的舒适感;其余水态度题目的得分也大多在4分左右,但受调查者对当前水问题的关注度得分偏低,只有3.57分。

水行为中得分最高的题目是"洗漱时,随时关闭水龙头"题项,这说明绝大多数受调查者对于容易做到的节水行为有较好的习惯;其余水行为题目多数在4分以下,尤其是对他人不规范水行为的说服行为或者法律行为得分更低,其中,对行政监督执法部门失职行为的举报行为得分最低,仅有2.86分。

3. 水素养指数

依据前文所述水知识指数、水态度指数、水行为指数及水素养指数计算方法,得到呼和浩特市公民水素养指数,如表6-2所示。

表6-2 呼和浩特市公民水素养指数

城市	水知识指数	水态度指数	水行为指数	水素养指数
呼和浩特	81.84	77.41	73.03	75.00

基于受调查者个性特征的呼和浩特市公民水素养指数,如表6-3所示。

表6-3 基于个性特征的呼和浩特市公民水素养指数

受调查者个性特征	水知识指数	水态度指数	水行为指数	水素养指数
男性	87.13	80.46	75.06	77.34
女性	89.18	75.54	72.28	74.53
6—17岁	83.10	71.27	45.37	54.45
18—35岁	90.25	84.69	73.76	77.65
36—45岁	93.51	72.69	73.92	75.44
46—59岁	90.50	69.10	70.98	72.35
60岁以上	79.81	75.11	73.39	74.27
小学	77.96	72.33	75.09	74.75
初中	87.08	69.37	67.08	69.41
高中(含中专、技工、职高、技校)	79.75	78.57	77.92	78.23
本科(含大专)	91.18	79.80	73.69	76.61

续表

受调查者个性特征	水知识指数	水态度指数	水行为指数	水素养指数
硕士及以上	93.76	79.36	74.99	77.66
学生	89.25	81.01	73.48	76.75
务农人员	85.66	73.16	69.54	71.80
企业人员	93.05	77.60	74.88	77.13
国家公务人员(含军人、警察)	88.77	73.21	74.33	75.41
公用事业单位人员	84.34	73.73	75.20	75.72
自由职业者	90.60	77.99	68.37	72.49
其他	74.76	87.00	71.61	75.29
城镇	90.02	77.96	73.95	76.29
农村	85.59	76.44	72.26	74.39
0.5 万元以下	86.90	79.04	69.28	73.02
0.5 万～1 万元	87.75	75.32	73.91	75.48
1 万～2 万元	89.47	74.32	74.80	76.03
2 万～5 万元	89.64	84.35	73.30	77.20
5 万元以上	91.24	80.50	79.35	82.86

6.1.2　基于调整系数的呼和浩特市公民水素养评价

1. 基于抽样人群结构的校正

按照受教育程度对呼和浩特市问卷进行分类，计算得出呼和浩特市在小学及以下、初中、高中(含中专、技工、职高、技校)、本科(含大专)、硕士及以上等受教育程度的水素养评价值分别为 74.75、69.41、78.23、76.61、77.66。受调查者总人数为 211，不同受教育程度人数分别为 22、30、18、128、13。抽样调查中受教育程度的五类人群分别占比为 10.43%、14.22%、8.53%、60.66%、6.16%，在呼和浩特市实际总人口中，受教育程度的五类人群实际比例为 26.74%、37.93%、17.05%、17.95%、0.33%。按照公式计算得出基于抽样人群校正的水素养得分为 73.65。根据抽样人群结构校正后的水素养得分与问卷调查实际得分相差较小，这表明实际调查水素养得分比较符合抽样调查实际情况，具有一定的科学性。

2. 基于生活节水效率值的调节

呼和浩特市常住公民实际生活用水量为 92.23L/人・d，公民生活用水定额为 135.00L/人・d，通过计算得出呼和浩特市公民生活节水效率调整值为 79.01，其节水效率值调整系数为 0.32。公民用水量低于该地区的生活用水定额，这表明该地区公民节水意识较强，在日常生活用水时会约束自己的用水行为。

3. 水素养综合评价值

基于以上两种修正方式以及水素养综合评价值最终公式：

$$W = F_1\lambda_1 + F_2\lambda_2 = 73.65 \times 0.8 + 79.01 \times 0.2 = 74.72$$

式中：W 为水素养综合评价值；F_1 为修正后的水素养评价值；λ_1 为修正后的水素养评价值所占权重；F_2 为节水效率调整值；λ_2 为节水效率调整值所占权重。

6.2 福州市

6.2.1 基于调查结果的福州市公民水素养评价

1. 描述性统计

1)水知识调查

关于水资源分布知识，在福州市公民中 80.00%的受调查者认为我国水资源总量丰富但人均占有量少，并且有 90.77%的受调查者认为我国水资源空间分布不均匀；92.31%的受调查者认为大部分地区降水量分配不均匀；85.23%的受调查者认为我国水资源紧缺。

关于水价的看法,有77.54%的福州市受调查者认同水资源作为商品,使用应当付费,有72.92%的受调查者认为水资源是自然资源,使用应当免费;有52.62%的受调查者能够正确认识水资源的商品属性,不认可水价越低越好,也有86.77%的受调查者不认为水价越高越好。

关于水资源管理知识,福州市受调查者中90.46%的受调查者了解主要的水资源管理手段(如法律法规、行政规定等);90.46%的受调查者了解主要的水资源管理手段(如水价、水资源费、排污费、财政补贴等);96.31%的受调查者了解主要的水资源管理手段(如节水技术、污水处理技术等);93.54%的受调查者了解主要的水资源管理手段(如宣传教育)。

关于水污染知识,95.69%的福州市受调查者认为水污染的主要致因是工业生产废水直接排放;90.77%的福州市受调查者认为水污染的主要致因是家庭生活污水直接排放;95.38%的福州市受调查者认为水污染的主要致因是农药、化肥的过度使用;97.23%的福州市受调查者认为水污染的主要致因是轮船漏油或发生事故等。

2)水态度调查

关于水情感调查,有80.62%的福州市受调查者非常喜欢或者比较喜欢与水相关的名胜古迹或风景区(如都江堰、三峡大坝、千岛湖等),但也有1.54%的受调查者明确表示不太喜欢;有47.07%的福州市受调查者非常了解或者比较了解我国当前存在并需要解决的水问题(如水资源短缺、水生态损害、水环境污染等),但也有11.69%的受调查者表示不太了解这些问题,甚至有0.92%的受调查者明确表示不了解我国当前存在哪些需要解决的水问题。

关于水责任调查,在问到“您是否愿意节约用水”时,超过99%的福州市受调查者愿意节约用水,仅有0.31%的人群明确表示不愿意节约用水;而在问到“您是否愿意为节约用水而降低生活质量”时,表示非常愿意或者比较愿意的受调查者比例则降到

58.6%，而有14.4%的受调查者表示不太愿意，还有4.62%的受调查者明确表示不愿意；在问到“您是否愿意采取一些行动(如在水边捡拾垃圾、不往水里乱扔垃圾)来保护水生态环境”时，有超过99%的受调查者愿意采取行动保护水生态环境，仅有0.92%的受调查者明确表示不愿意这么做。

关于水伦理调查，有超过92%的福州市受调查者反对“我们当代人不需要考虑缺水和水污染问题，后代人会有办法去解决”的观点，但仍有0.62%的受调查者非常赞同这种观点；有超过93%的受调查者赞同“谁用水谁付费，谁污染谁补偿”的观点，但也有2.77%的受调查者比较反对这一观点。

3)水行为调查

关于水生态和水环境管理行为，有29.23%的福州市受调查者表示总是会主动接受各类节水、护水、爱水宣传教育活动，有25.85%的受调查者表示经常会主动接受各类宣传教育活动，但也有12.00%的受调查者表示很少主动接受各类宣传教育活动，甚至有1.23%的受调查者表示从不主动接受各类宣传教育活动；97.23%的受调查者表示有过主动向他人说明保护水资源的重要性或者鼓励他人实施水资源保护行为的经历，也有2.77%的受调查者表示从未有过类似的水行为；有98.46%的受调查者有过主动学习各类节约用水等知识的行为，仍有1.54%的受调查者表示从未有过类似经历；有98.15%的受调查者曾经学习或了解过水灾害(如山洪暴发、城市内涝、泥石流等)避险的技巧方法，有1.85%的受调查者则表示从未学习过避险相关知识。

关于说服行为，有接近97%的福州市受调查者有过劝告其他组织或个人停止污水排放等行为的经历，仅有2.77%的受调查者从未有过类似行为；有17.85%的受调查者经常主动参与社区或环保组织开展的节水、护水、爱水宣传活动，有超过97%的受调查者参加过这类活动，但也有2.38%的受调查者从未主动参与过这类活动。

关于消费行为，接近98%的福州市受调查者有过利用淘米水洗菜或者浇花的行为，有 27.69％的受调查者总是会这样做；超过 93％的受调查者有过收集洗衣机的脱水或手洗衣服时的漂洗水进行再利用的经历，有 18.77％的人群总是会这样做；有 37.1％的受调查者总是会在洗漱时，随时关闭水龙头；有 92.31％的受调查者会在发现前期用水量较大之后，有意识地主动减少洗衣服、洗手或者洗澡次数等，从而减少用水量，但也有 7.69％的受调查者从未有过这样的行为；有超过 98％的受调查者会购买或使用家庭节水设备（如节水马桶、节水水龙头及节水灌溉设备等）。

关于法律行为，仅有 14.77％的福州市受调查者总是在发现身边有人做出不文明水行为时，会向有关部门举报，有 11.08％的受调查者表示从不这样做；仅有 20.62％的受调查者在发现企业直接排放未经处理的污水时，能够总是向有关部门举报，而有接近 88％的受调查者有过这样的行为，但也有 12％的受调查者从未有过这样的行为；有 17.23％的受调查者会在发现水行政监督执法部门监管不到位时，能够总是向有关部门举报，而有 14.15％的受调查者从不会这样做。

2. 水素养评价因子得分

对福州市公民水素养问卷调查结果进行统计分析，得到各评价因子得分的均值（为 1～5，得分越高，评价越好），如表 6-4 所示。

表 6-4　福州市公民水素养评价因子得分情况

一级指标	二级指标	问卷测评要点	得分
水知识	水科学基础知识	水资源分布现状	4.49
		水资源商品属性	3.90
	水资源开发利用及管理知识	水资源管理手段	4.71
	水生态环境保护知识	水污染知识	4.79

续表

一级指标	二级指标	问卷测评要点	得分
水态度	水情感	受调查者对水风景区的喜爱程度	4.25
		受调查者对当前水问题的关注度	3.45
	水责任	受调查者节约用水的责任感	4.51
		受调查者为节约用水而降低生活质量的责任感	4.62
		受调查者采取行动保护水生态环境的责任感	3.45
	水伦理	受调查者对“将解决水问题的责任推给后代”观点的态度	4.57
		受调查者对水补偿原则的态度	4.53
水行为	水生态和水环境管理行为	受调查者主动接受水宣传的行为	3.70
		受调查者主动向他人说明保护水资源的重要性的行为	3.42
		受调查者学习节约用水等知识的行为	3.54
		受调查者学习避险知识的行为	3.49
	说服行为	受调查者参与制止水污染事件的行为	3.27
		受调查者主动参与社区、环保组织开展的宣传活动的行为	3.27
	消费行为	受调查者对淘米水等回收利用的行为	3.67
		受调查者对洗衣时的漂洗水等回收利用的行为	3.19
		受调查者用水习惯	4.51
		受调查者用水频率	3.22
		受调查者购买、使用家庭节水设备的行为	3.90
	法律行为	受调查者举报他人不规范水行为的行为	2.91
		受调查者举报企业不规范水行为的行为	3.02
		受调查者举报行政监督执法部门行为失职的行为	2.90

从福州市公民水素养评价因子得分情况来看，“水污染知识”“水资源管理手段”得分均在 4.70 分以上，“水资源分布现状”得分接近 4.50 分，这说明受调查者对水知识的了解程度较高；相对其他水知识题目，“水资源商品属性”得分偏低，这反映了受调查

者对水资源商品属性的认识不够科学全面。

水态度中得分最高的题目是“您是否愿意为节约用水而降低生活质量”；水行为中得分最高的题目是“利用淘米水洗菜或者浇花等”题项。这说明绝大多数的受调查者主观上具有明确的节水意识，而这种节水意识投射在水行为上的最突出表现就是养成良好的节水习惯，利用淘米水洗菜或者浇花等。其余水态度题目的得分也大多在 4 分左右，但受调查者对当前水问题的关注度得分偏低，只有 3.45 分；“是否愿意采取一些行为（如在水边捡拾垃圾、不往水里乱扔垃圾）来保护水生态环境”的责任感得分相对也很低，同样为 3.45 分。

水行为题目除受调查者用水习惯之外得分均在 4 分以下，尤其是 3 道法律行为的题目，得分甚至在 3 分以下。这说明绝大多数的受调查者在实际生活中缺乏规范的水行为，尤其是在面对他人或组织的不当水行为时，更是很少做出有效的阻止行动。

3. 水素养指数

依据前文所述水知识指数、水态度指数、水行为指数及水素养指数计算方法，得到福州市公民水素养指数，如表 6-5 所示。

表 6-5　福州市公民水素养指数

城市	水知识指数	水态度指数	水行为指数	水素养指数
福州	92.40	84.70	68.51	74.21

基于受调查者个性特征的福州市公民水素养指数，如表 6-6 所示。

表 6-6　基于个性特征的福州市公民水素养指数

受调查者个性特征	水知识指数	水态度指数	水行为指数	水素养指数
男性	92.36	84.45	70.01	75.20
女性	92.43	84.86	67.49	73.55
6—17 岁	87.43	86.82	75.54	79.08
18—35 岁	92.22	84.94	67.40	73.49

续表

受调查者个性特征	水知识指数	水态度指数	水行为指数	水素养指数
36—45 岁	92.84	83.94	69.94	75.08
46—59 岁	93.47	84.24	64.79	71.64
60 岁以上	92.86	83.09	65.28	71.67
小学	89.33	84.97	72.54	76.78
初中	85.40	82.59	61.86	68.52
高中(含中专、技工、职高、技校)	92.14	84.48	69.24	74.65
本科(含大专)	94.24	84.96	68.83	74.66
硕士及以上	95.72	87.56	70.70	76.65
学生	90.48	84.03	71.97	76.29
务农人员	89.40	82.45	66.89	72.33
企业人员	94.40	85.93	68.52	74.67
国家公务人员(含军人、警察)	94.77	86.78	69.45	75.54
公用事业单位人员	94.09	84.91	67.74	73.88
自由职业者	90.08	85.12	67.68	73.52
其他	92.54	83.78	66.32	72.51
城镇	94.57	85.13	68.45	74.47
农村	90.55	84.21	68.49	73.93
0.5 万元以下	94.18	84.91	70.36	75.70
0.5 万～1 万元	89.35	83.49	68.49	73.66
1 万～2 万元	94.27	85.43	67.88	74.11
2 万～5 万元	92.52	85.45	67.62	73.77
5 万元以上	90.90	83.46	68.70	73.94

6.2.2 基于调整系数的福州市公民水素养评价

1. 基于抽样人群结构的校正

按照受教育程度对福州市问卷进行分类，计算得出福州市在小学及以下、初中、高中(含中专、技工、职高、技校)、本科(含大专）、硕士及以上等受教育程度的水素养评价值分别为76.78、68.52、74.65、74.66、76.65。受调查者总人数为325，不同受教育程度人数分别为24、37、85、164、15。抽样调查中受教育程度的五类人群分别占比为7.38%、11.38%、26.15%、50.46%、4.63%，在福州市实际总人口中，受教育程度的五类人群实际比例为38.26%、34.82%、15.39%、11.18%、0.34%。按照公式计算得出基于抽样人群校正的水素养得分为73.37。根据抽样人群结构校正后的水素养得分与问卷调查实际得分相差较小，这表明实际调查水素养得分比较符合抽样调查实际情况，具有一定的科学性。

2. 基于生活节水效率值的调节

福州市常住公民实际生活用水量为143.93L/人·d，公民生活用水定额为180.00L/人·d，通过计算得出福州市公民生活节水效率调整值为72.02，其节水效率值调整系数为0.20。公民用水量低于该地区的生活用水定额，这表明该地区公民节水意识较强，在日常生活用水时会约束自己的用水行为。

3. 水素养综合评价值

基于以上两种修正方式以及水素养综合评价值最终公式：

$$W = F_1\lambda_1 + F_2\lambda_2 = 73.37 \times 0.8 + 72.02 \times 0.2 = 73.10$$

式中：W 为水素养综合评价值；F_1 为修正后的水素养评价值；λ_1 为修正后的水素养评价值所占权重；F_2 为节水效率调整值；λ_2 为节水效率调整值所占权重。

6.3　天津市

6.3.1　基于调查结果的天津市公民水素养评价

1. 描述性统计

1）水知识调查

关于水资源分布知识，在天津市公民中88.36%的受调查者认为我国水资源总量丰富但人均占有量少，并且有88.62%的受调查者认为我国水资源空间分布不均匀；83.07%的受调查者认为大部分地区降水量分配不均匀；86.77%的受调查者认为我国水资源紧缺。

关于水价的看法，有88.10%的天津市受调查者认同水资源作为商品，使用应当付费，有79.63%的受调查者认为水资源是自然资源，使用应当免费；只有64.02%的受调查者能够正确认识水资源的商品属性，不认可水价越低越好，也有92.33%的受调查者不认为水价越高越好。

关于水资源管理知识，天津市受调查者中94.44%的受调查者了解主要的水资源管理手段（如法律法规、行政规定等）；83.07%的受调查者了解主要的水资源管理手段（如水价、水资源费、排污费、财政补贴等）；78.04%的受调查者了解主要的水资源管理手段（如节水技术、污水处理技术等）；67.72%的受调查者了解主要的水资源管理手段（如宣传教育）。

关于水污染知识，97.62%的天津市受调查者认为水污染的主要致因是工业生产废水直接排放；65.61%的天津市受调查者认为水污染的主要致因是家庭生活污水直接排放；96.30%的天津市受调查者认为水污染的主要致因是农药、化肥的过度使用；95.24%的天津市受调查者认为水污染的主要致因是轮船漏油或发生事故等。

2）水态度调查

关于水情感调查，78.04%的天津市受调查者对与水相关的名胜古迹或风景区比较喜欢甚至非常喜欢，但也有2.12%的受调查者明确表示不太喜欢，有1.59%的受调查者明确表示不喜欢；超过50%的受调查者对我国当前存在并需要解决的水问题（如水资源短缺、水生态损害、水环境污染等）比较了解，但也有超过9%的受调查者表示不太了解甚至不了解这些水问题。

关于水责任调查，超过95%的天津市受调查者在被问到“您是否愿意节约用水”时，表示愿意节约用水，但也有0.5%的受调查者明确表示不愿意或者不太愿意节约用水；而在被问到“您是否愿意为节约用水而降低生活质量”时，则只有64.82%的受调查者表示非常愿意或者比较愿意，有接近9%的受调查者表示不太愿意或者不愿意；在问到“您是否愿意采取一些行动(如在水边捡拾垃圾、不往水里乱扔垃圾)来保护水生态环境”时，有88.36%的受调查者愿意采取行动保护水生态环境。

关于水伦理调查，有超过91%的天津市受调查者反对“我们当代人不需要考虑缺水和水污染问题，后代人会有办法去解决”的观点，但也有4%左右的受调查者赞同这种观点；同样有超过94%的受调查者赞同“谁用水谁付费，谁污染谁补偿”的观点，但也有接近3%的受调查者反对这一观点。

3)水行为调查

关于水生态和水环境管理行为，有超过73%的天津市受调查者表示有过不同程度的主动接受各类节水、护水、爱水宣传教育活动的经历，但也有5.03%的受调查者表示从不主动接受各类宣传教育活动；超过60%的受调查者表示有过主动向他人说明保护水资源的重要性或者鼓励他人实施水资源保护行为的经历，也有17.72%的受调查者表示从未有过类似的水行为；有73%左右的受调查者有过主动学习各类节约用水等知识的行为，有20.9%的受调查者表示很少学习各类节约用水知识，甚至有5.03%的受调查者表示从未有过类似经历；有超过60%的受调查者表示曾经学习或了解过水灾害(如山洪暴发、城市内涝、泥石流等)避险的技巧方法，有3.42%的受调查者则表示从未学习过避险相关知识。

关于说服行为，有接近70%的天津市受调查者有过劝告其他组织或个人停止污水排放等行为的经历，但也有17.20%的受调查者从未有过类似行为；有超过30%的受调查者会经常性地主动参与社区或环保组织开展的节水、护水、爱水宣传活动，有超过50%的受调查者参加过这类活动，但也有12.43%的受调查者从未主动参与过这类活动。

关于消费行为，接近90%的天津市受调查者会利用淘米水洗菜或者浇花的行为，也有5％的受调查者没有这样的用水习惯；超过95％的受调查者有过收集洗衣机的脱水或手洗衣服时的漂洗水进行再利用的经历，有44.97％的人群总是会这样做；超过95％的受调查者会在洗漱时，注意随时关闭水龙头，有61％左右的受调查者能够总是这样做；有45％的受调查者会在发现前期用水量较大之后，有意识地主动减少洗衣服、洗手或者洗澡次数等，从而减少用水量，但也有10.85％的受调查者从未有过这样的行为；有接近50％的受调查者会购买或使用家庭节水设备（如节水马桶、节水水龙头及节水灌溉设备等），有三分之一的受调查者并不会在意这些。

关于法律行为，只有26％左右的天津市受调查者能够在发现身边有人做出不文明水行为时，向有关部门举报，而23％的受调查者表示从未这样做过；仅有约40％的受调查者在发现企业直接排放未经处理的污水时，能够向有关部门举报，有23％的受调查者表示从未这样做过；仅有35％的受调查者会在发现水行政监督执法部门监管不到位时，能够向有关部门举报，而有23.54％的受调查者从不会这样做。

2. 水素养评价因子得分

对天津市公民水素养问卷调查结果进行统计分析，得到各评价因子得分的均值（为1～5，得分越高，评价越好），如表6-7所示。

表6-7　天津市公民水素养评价因子得分情况

一级指标	二级指标	问卷测评要点	得分
水知识	水科学基础知识	水资源分布现状	4.47
		水资源商品属性	4.24
	水资源开发利用及管理知识	水资源管理手段	4.23
	水生态环境保护知识	水污染知识	4.55

续表

一级指标	二级指标	问卷测评要点	得分
水态度	水情感	受调查者对水风景区的喜爱程度	4.12
		受调查者对当前水问题的关注度	3.60
	水责任	受调查者节约用水的责任感	4.61
		受调查者为节约用水而降低生活质量的责任感	3.80
		受调查者采取行动保护水生态环境的责任感	4.38
	水伦理	受调查者对“将解决水问题的责任推给后代”观点的态度	4.41
		受调查者对水补偿原则的态度	4.49
水行为	水生态和水环境管理行为	受调查者主动接受水宣传的行为	3.32
		受调查者主动向他人说明保护水资源的重要性的行为	2.97
		受调查者学习节约用水等知识的行为	3.38
		受调查者学习避险知识的行为	3.12
	说服行为	受调查者参与制止水污染事件的行为	3.04
		受调查者主动参与社区、环保组织开展的宣传活动的行为	2.67
	消费行为	受调查者对淘米水等回收利用的行为	4.07
		受调查者对洗衣时的漂洗水等回收利用的行为	3.91
		受调查者用水习惯	4.43
		受调查者用水频率	3.05
		受调查者购买、使用家庭节水设备的行为	3.22
	法律行为	受调查者举报他人不规范水行为的行为	2.94
		受调查者举报企业不规范水行为的行为	2.67
		受调查者举报行政监督执法部门行为失职的行为	2.65

从天津市公民水素养评价因子得分情况来看，“水污染知识”“水资源分布现状”得分均在4.50分左右，这反映了受调查者对这两方面水知识的比较了解；而“水资源商品属性”“水资源管理手段”得分稍低，这说明受调查者对这两方面的水知识了解稍有偏差。

得分最高的题目是水态度问题“您是否愿意节约用水”，这说明绝大多数的受调查者主观上具有明确的节水意识；同时，受调查者能够科学地认识对“谁用水谁付费，谁污染谁补偿”的原则，并支持不能将解决水问题的责任推给后代。除此之外，其他水态度问题得分都相对较高，只有为节约用水而降低生活质量的责任感和对当前水问题的关注度得分稍低，但也超过了 3.60 分，这反映出天津市受调查者的水态度得分整体较高。

水行为中得分最高的题目是“洗漱时，随时关闭水龙头”题项，得分为 4.43 分，这说明绝大多数的受调查者能够做到随手关闭水龙头的良好用水习惯，而这种节水意识投射在水行为上的最突出表现就是在洗漱时能够做到随时关闭水龙头；而其他消费行为得分相对偏低，主要原因在于其他消费行为往往需要受调查者额外支付经济、时间成本，或者带来生活的不便。得分在 3 分以下的题目都是水行为题目，包括主动参加各类宣传活动以及对其他组织或个人不当行为的法律行为，尤其缺乏对行政监督执法部门的监督。

3. 水素养指数

依据前文所述水知识指数、水态度指数、水行为指数及水素养指数计算方法，得到天津市公民水素养指数，如表 6-8 所示。

表 6-8　天津市公民水素养指数

城市	水知识指数	水态度指数	水行为指数	水素养指数
天津	89.17	85.13	68.69	74.14

基于受调查者个性特征的天津市公民水素养指数，如表 6-9 所示。

表 6-9　基于个性特征的天津市公民水素养指数

受调查者个性特征	水知识指数	水态度指数	水行为指数	水素养指数
男性	90.19	84.65	67.70	73.45
女性	88.35	85.51	69.48	74.69
6—17 岁	86.11	84.98	62.75	69.72

续表

受调查者个性特征	水知识指数	水态度指数	水行为指数	水素养指数
18—35岁	93.39	83.64	68.46	74.04
36—45岁	89.74	86.05	74.63	78.50
46—59岁	89.43	86.65	69.98	75.39
60岁以上	83.03	84.46	63.46	69.82
小学	81.26	81.36	56.22	63.98
初中	87.46	86.25	64.64	71.43
高中(含中专、技工、职高、技校)	89.24	82.98	70.26	74.77
本科(含大专)	92.68	86.97	74.52	78.89
硕士及以上	91.21	83.16	67.78	73.27
学生	91.60	86.66	66.89	73.45
务农人员	89.66	85.40	50.54	61.70
企业人员	87.82	84.63	75.38	78.53
国家公务人员(含军人、警察)	85.68	86.69	76.24	79.38
公用事业单位人员	89.81	87.51	78.20	81.28
自由职业者	88.49	82.56	71.04	75.14
其他	87.64	83.00	68.79	73.60
城镇	88.73	85.42	75.13	78.62
农村	90.39	84.29	50.52	61.51
0.5万元以下	85.77	83.22	65.56	71.25
0.5万～1万元	89.27	87.37	79.30	81.97
1万～2万元	90.76	86.98	69.45	75.21
2万～5万元	92.35	85.37	64.36	71.49
5万元以上	85.14	82.79	76.13	78.40

6.3.2　基于调整系数的天津市公民水素养评价

1. 基于抽样人群结构的校正

按照受教育程度对天津市问卷进行分类，计算得出天津市在小学及以下、初中、高中(含中专、技工、职高、技校)、本科(含大专）、硕士及以上等受教育程度的水素养评价值分别为 63.98、71.43、74.77、78.89、73.27。受调查者总人数为 378，不同受教育程度人数分别为 40、104、92、134、8。抽样调查中受教育程度的五类人群分别占比为 10.58%、27.51%、24.34%、35.45%、2.11%，在天津市实际总人口中，受教育程度的五类人群实际比例为 18.02%、33.62%、22.75%、24.34%、1.27%。按照公式计算得出基于抽样人群校正的水素养得分为 72.69。根据抽样人群结构校正后的水素养得分与问卷调查实际得分相差较小，这表明实际调查水素养得分比较符合抽样调查实际情况，具有一定的科学性。

2. 基于生活节水效率值的调节

天津市常住公民实际生活用水量为 98.22L/人·d，公民生活用水定额为 116.00L/人·d，通过计算得出天津市公民生活节水效率调整值为 69.49，其节水效率值调整系数为 0.16。公民用水量低于该地区的生活用水定额，这表明该地区公民节水意识较强，在日常生活用水时会约束自己的用水行为。

3. 水素养综合评价值

基于以上两种修正方式以及水素养综合评价值最终公式：

$$W = F_1\lambda_1 + F_2\lambda_2 = 72.69 \times 0.8 + 69.49 \times 0.2 = 72.05$$

式中：W 为水素养综合评价值；F_1 为修正后的水素养评价值；λ_1 为修正后的水素养评价值所占权重；F_2 为节水效率调整值；λ_2 为节水效率调整值所占权重。

6.4 石家庄市

6.4.1 基于调查结果的石家庄市公民水素养评价

1. 描述性统计

1）水知识调查

关于水资源分布知识，在石家庄市公民中 75.26%的受调查者认为我国水资源总量丰富但人均占有量少，并且有91.58%的受调查者认为我国水资源空间分布不均匀；91.07%的受调查者认为大部分地区降水量分配不均匀；92.60%的受调查者认为我国水资源紧缺。

关于水价的看法，有65.56%的石家庄市受调查者认同水资源作为商品，使用应当付费，有56.63%的受调查者认为水资源是自然资源，使用应当免费；有39.54%的受调查者能够正确认识水资源的商品属性，不认可水价越低越好，也有88.27%的受调查者不认为水价越高越好。

关于水资源管理知识，石家庄市受调查者中82.40%的受调查者了解主要的水资源管理手段（如法律法规、行政规定等）；85.20%的受调查者了解主要的水资源管理手段（如水价、水资源费、排污费、财政补贴等）；83.42%的受调查者了解主要的水资源管理手段（如节水技术、污水处理技术等）；83.42%的受调查者了解主要的水资源管理手段（如宣传教育）。

关于水污染知识，96.68%的石家庄市受调查者认为水污染的主要致因是工业生产废水直接排放；73.47%的石家庄市受调查者认为水污染的主要致因是家庭生活污水直接排放；90.05%的石家庄市受调查者认为水污染的主要致因是农药、化肥的过度使用；94.13%的石家庄市受调查者认为水污染的主要致因是轮船漏油或发生事故等。

2）水态度调查

关于水情感调查，有81.64%的石家庄市受调查者非常喜欢或者比较喜欢与水相关的名胜古迹或风景区（如都江堰、三峡大坝、千岛湖等），但也有4%左右的受调查者明确表示不太喜欢或者不喜欢；有不到50%的石家庄市受调查者非常了解或者比较了解我国当前存在并需要解决的水问题（如水资源短缺、水生态损害、水环境污染等），但也有9%左右的受调查者表示不太了解这些问题，甚至有1.02%的受调查者明确表示不了解我国当前存在哪些需要解决的水问题。

关于水责任调查，在问到“您是否愿意节约用水”时，超过

95%的石家庄市受调查者愿意节约用水，但也有0.52%的受调查者明确表示不太愿意或不愿意节约用水；而在问到“您是否愿意为节约用水而降低生活质量”时，表示非常愿意或者比较愿意的受调查者比例则降到42%左右，还不到一半，有22.96%的受调查者表示不太愿意，还有7.14%的受调查者明确表示不愿意；在问到“您是否愿意采取一些行动(如在水边捡拾垃圾、不往水里乱扔垃圾)来保护水生态环境”时，有接近80%的受调查者愿意采取行动保护水生态环境，但也有5%左右的受调查者明确表示不太愿意或者不愿意这么做。

关于水伦理调查，有超过95%的石家庄市受调查者反对“我们当代人不需要考虑缺水和水污染问题，后代人会有办法去解决”的观点，但仍有1%左右的受调查者赞同这种观点；同样有超过90%的受调查者赞同“谁用水谁付费，谁污染谁补偿”的观点，但也有接近6%的受调查者反对这一观点。

3)水行为调查

关于水生态和水环境管理行为，有超过50%的石家庄市受调查者表示会比较频繁地主动接受各类节水、护水、爱水宣传教育活动，但也有1.28%的受调查者表示从不主动接受各类宣传教育活动；超过75%的受调查者表示有过主动向他人说明保护水资源的重要性或者鼓励他人实施水资源保护行为的经历，也有6.63%的受调查者表示从未有过类似的水行为；有超过86%的受调查者有过主动学习各类节约用水等知识的行为，仍有1.28%的受调查者表示从未有过类似经历；有77.03%的受调查者曾经学习或了解过水灾害(如山洪暴发、城市内涝、泥石流等)避险的技巧方法，有2.81%的受调查者则表示从未学习过避险相关知识。

关于说服行为，有40%左右的石家庄市受调查者比较频繁地劝告其他组织或个人停止污水排放等行为，但也有30%左右的受调查者很少或从未有过类似行为；有35%左右的受调查者比较经常地主动参与社区或环保组织开展的节水、护水、爱水宣传活动，参加过这类活动的受调查者所占比例接近70%，但也有5.61%

的受调查者从未主动参与过这类活动。

关于消费行为,95%左右的石家庄市受调查者有过利用淘米水洗菜或者浇花的行为,甚至有42.60%的受调查者总是会这样做;接近85%的受调查者会常常收集洗衣机的脱水或手洗衣服时的漂洗水进行再利用,但也有2.81%的人群不会这样做;超过95%的受调查者会在洗漱时,随时关闭水龙头,有约78%的人能够总是这样做;有66.81%的受调查者会在发现前期用水量较大之后,有意识地主动减少洗衣服、洗手或者洗澡次数等,从而减少用水量,但也有7.91%的受调查者从未有过这样的行为;有超过85%的受调查者会购买或使用家庭节水设备(如节水马桶、节水水龙头及节水灌溉设备等)。

关于法律行为,只有10.16%的石家庄市受调查者总是会在发现身边有人做出不文明水行为时,向有关部门举报,而超过20%的受调查者表示从未这样做过;仅有15.31%的受调查者在发现企业直接排放未经处理的污水时,能够总是向有关部门举报,但也有超过25%的受调查者从未有过这样的行为;仅有15.56%的受调查者会在发现水行政监督执法部门监管不到位时,能够总是向有关部门举报,而有31.63%的受调查者从不会这样做。

2. 水素养评价因子得分

对石家庄市公民水素养问卷调查结果进行统计分析,得到各评价因子得分的均值(为1～5,得分越高,评价越好),如表6-10所示。

从石家庄市公民水素养评价因子得分情况来看,得分最高的是水态度题目“您是否愿意节约用水”,其次是水行为题目“洗漱时,随时关闭水龙头”,得分均在4.70分以上,这反映绝大多数的受调查者主观上具有明确的节水意识,在生活中也非常注意洗漱时随时关闭水龙头;此外,受调查者对“我们当代人不需要考虑缺水和水污染问题,后代人会有办法去解决”这一观点也持很明确的反对态度,得分4.65分。

水知识题目中,“水资源分布现状”和“水污染知识”得分均在

4.50 分以上，“水资源商品属性”得分相对较低，仅有 3.50 分，这反映了受调查者对水资源商品属性缺乏科学正确的认识。

石家庄市受调查者在水态度中得分整体较高，但“为节约用水而降低生活质量的责任感”得分和“您是否了解我国当前存在并需要解决的水问题(如水资源短缺、水生态损害、水环境污染等)”得分则相对较低，仅为 3.50 分左右。

水行为题目得分较高的是“利用淘米水洗菜或者浇花等”“购买或使用家庭节水设备”“收集洗衣机的脱水或手洗衣服时的漂洗水进行再利用”等生活消费行为，在 4 分左右；其他水行为题目得分均在 4 分以下，尤其是 3 道法律行为的题目，得分甚至在 3 分以下。这说明绝大多数的受调查者在实际生活中很少会通过法律手段去保护水资源和水环境。

表 6-10　石家庄市公民水素养评价因子得分情况

一级指标	二级指标	问卷测评要点	得分
水知识	水科学基础知识	水资源分布现状	4.51
		水资源商品属性	3.50
	水资源开发利用及管理知识	水资源管理手段	4.34
	水生态环境保护知识	水污染知识	4.54
水态度	水情感	受调查者对水风景区的喜爱程度	4.29
		受调查者对当前水问题的关注度	3.51
	水责任	受调查者节约用水的责任感	4.73
		受调查者为节约用水而降低生活质量的责任感	3.25
		受调查者采取行动保护水生态环境的责任感	4.23
	水伦理	受调查者对“将解决水问题的责任推给后代”观点的态度	4.65
		受调查者对水补偿原则的态度	4.43

续表

一级指标	二级指标	问卷测评要点	得分
水行为	水生态和水环境管理行为	受调查者主动接受水宣传的行为	3.62
		受调查者主动向他人说明保护水资源的重要性的行为	3.40
		受调查者学习节约用水等知识的行为	3.57
		受调查者学习避险知识的行为	3.38
	说服行为	受调查者参与制止水污染事件的行为	3.16
		受调查者主动参与社区、环保组织开展的宣传活动的行为	3.16
	消费行为	受调查者对淘米水等回收利用的行为	4.16
		受调查者对洗衣时的漂洗水等回收利用的行为	3.80
		受调查者用水习惯	4.72
		受调查者用水频率	3.24
		受调查者购买、使用家庭节水设备的行为	3.89
	法律行为	受调查者举报他人不规范水行为的行为	2.70
		受调查者举报企业不规范水行为的行为	2.75
		受调查者举报行政监督执法部门行为失职的行为	2.64

3. 水素养指数

依据前文所述水知识指数、水态度指数、水行为指数及水素养指数计算方法，得到石家庄市公民水素养指数，如表 6-11 所示。

表 6-11　石家庄市公民水素养指数

城市	水知识指数	水态度指数	水行为指数	水素养指数
石家庄	87.46	83.34	70.90	75.12

基于受调查者个性特征的石家庄市公民水素养指数，如表 6-12 所示。

表 6-12 基于个性特征的石家庄市公民水素养指数

受调查者个性特征	水知识指数	水态度指数	水行为指数	水素养指数
男性	87.43	74.01	70.29	72.66
女性	87.49	74.36	71.57	73.63
6—17 岁	81.53	69.53	64.86	67.40
18—35 岁	88.42	78.14	73.04	75.55
36—45 岁	90.80	76.93	78.39	79.20
46—59 岁	86.75	71.56	65.94	69.07
60 岁以上	80.95	67.24	59.82	63.36
小学	79.52	67.89	63.44	65.88
初中	86.92	72.92	71.00	72.88
高中(含中专、技工、职高、技校)	89.52	75.09	71.65	74.03
本科(含大专)	89.91	76.99	73.47	75.74
硕士及以上	71.42	65.01	67.73	67.48
学生	82.66	69.40	63.42	66.48
务农人员	84.57	69.91	67.22	69.39
企业人员	90.29	77.03	74.73	76.66
国家公务人员(含军人、警察)	86.39	75.91	72.23	74.32
公用事业单位人员	88.12	72.38	66.57	69.80
自由职业者	87.95	77.17	70.70	73.68
其他	85.51	76.45	70.02	72.84
城镇	88.99	76.52	74.32	76.14
农村	85.24	70.78	65.93	68.75
0.5 万元以下	86.70	72.67	70.31	72.33
0.5 万～1 万元	86.82	72.77	67.86	70.66
1 万～2 万元	88.76	74.01	69.41	72.18
2 万～5 万元	87.69	77.74	77.55	78.52
5 万元以上	89.26	79.60	75.00	77.31

6.4.2 基于调整系数的石家庄市公民水素养评价

1. 基于抽样人群结构的校正

按照受教育程度对石家庄市问卷进行分类，计算得出石家庄市在小学及以下、初中、高中（含中专、技工、职高、技校）、本科（含大专）、硕士及以上等受教育程度的水素养评价值分别为 67.72、74.91、76.04、77.77、69.43。受调查者总人数为 392，不同受教育程度人数分别为 59、63、125、139、6。抽样调查中受教育程度的五类人群分别占比为 15.05%、16.07%、31.89%、35.46%、1.53%，在石家庄市实际总人口中，受教育程度的五类人群实际比例为 30.28%、44.51%、14.90%、10.05%、0.26%。按照公式计算得出基于抽样人群校正的水素养得分为 73.18。根据抽样人群结构校正后的水素养得分与问卷调查实际得分相差较小，这表明实际调查水素养得分比较符合抽样调查实际情况，具有一定的科学性。

2. 基于生活节水效率值的调节

石家庄市常住公民实际生活用水量为 94.99L/人·d，公民生活用水定额为 110.00L/人·d，通过计算得出石家庄市公民生活节水效率调整值为 68.19，其节水效率值调整系数为 0.14。公民用水量低于该地区的生活用水定额，这表明该地区公民节水意识较强，在日常生活用水时会约束自己的用水行为。

3. 水素养综合评价值

基于以上两种修正方式以及水素养综合评价值最终公式：

$$W = F_1\lambda_1 + F_2\lambda_2 = 73.18 \times 0.8 + 68.19 \times 0.2 = 72.18$$

式中：W 为水素养综合评价值；F_1 为修正后的水素养评价值；λ_1 为修正后的水素养评价值所占权重；F_2 为节水效率调整值；λ_2 为节水效率调整值所占权重。

6.5 沈阳市

6.5.1 基于调查结果的沈阳市公民水素养评价

1. 描述性统计

1)水知识调查

关于水资源分布知识，在沈阳市公民中71.56%的受调查者认为我国水资源总量丰富但人均占有量少，并且有87.81%的受调查者认为我国水资源空间分布不均匀；91.25%的受调查者认为大部分地区降水量分配不均匀；92.19%的受调查者认为我国水资源紧缺。

关于水价的看法，有79.06%的沈阳市受调查者认同水资源作为商品，使用应当付费，有78.75%的受调查者认为水资源是自然资源，使用应当免费；有62.81%的受调查者能够正确认识水资源的商品属性，不认可水价越低越好，也有86.25%的受调查者不认为水价越高越好。

关于水资源管理知识，沈阳市受调查者中85.00%的受调查者了解主要的水资源管理手段(如法律法规、行政规定等)；85.56%的受调查者了解主要的水资源管理手段(如水价、水资源费、排污费、财政补贴等)；92.50%的受调查者了解主要的水资源管理手段(如节水技术、污水处理技术等)；90.31%的受调查者了解主要的水资源管理手段(如宣传教育)。

关于水污染知识，95.31%的沈阳市受调查者认为水污染的主要致因是工业生产废水直接排放；83.75%的沈阳市受调查者认为水污染的主要致因是家庭生活污水直接排放；94.69%的沈阳市受调查者认为水污染的主要致因是农药、化肥的过度使用；93.13%的沈阳市受调查者认为水污染的主要致因是轮船漏油或发生事故等。

2)水态度调查

关于水情感调查,有接近90%的沈阳市受调查者非常喜欢或者比较喜欢与水相关的名胜古迹或风景区(如都江堰、三峡大坝、千岛湖等),但也有1.56%的受调查者明确表示不太喜欢或者不喜欢;有超过50%的沈阳市受调查者非常了解或者比较了解我国当前存在并需要解决的水问题(如水资源短缺、水生态损害、水环境污染等),但也有9.38%的受调查者表示不太了解这些问题,甚至有2.19%的受调查者明确表示不了解我国当前存在哪些需要解决的水问题。

关于水责任调查,在问到“您是否愿意节约用水”时,77.81%的沈阳市受调查者表示非常愿意节约用水,但也有1.26%的人群明确表示不太愿意或不愿意节约用水;而在问到“您是否愿意为节约用水而降低生活质量”时,表示非常愿意或者比较愿意的受调查者比例则降到55.00%,有17.81%的受调查者表示不太愿意,还有5.00%的受调查者明确表示不愿意;在问到“您是否愿意采取一些行动(如在水边捡拾垃圾、不往水里乱扔垃圾)来保护水生态环境”时,有66.56%的受调查者非常愿意这么做,但也有2.21%的受调查者明确表示不太愿意或者不愿意这么做。

关于水伦理调查,有94.69%的沈阳市受调查者反对“我们当代人不需要考虑缺水和水污染问题,后代人会有办法去解决”的观点,但约2%的受调查者赞同这种观点;有94.67%的受调查者赞同“谁用水谁付费,谁污染谁补偿”的观点,但也有接近2%的受调查者反对这一观点。

3)水行为调查

关于水生态和水环境管理行为,有36.88%的沈阳市受调查者表示总是会主动接受各类节水、护水、爱水宣传教育活动,超过50%的受调查者有过参加活动经历,但也有9.69%的受调查者表示很少主动接受各类宣传教育活动,甚至有2.19%的受调查者表示从不主动接受各类宣传教育活动;78.44%的受调查者表示有过主动向他人说明保护水资源的重要性或者鼓励他人实施水资源保护行为的经历，也有 4.38%的受调查者表示从未有过类似的水行为；有 91.26%的受调查者有过主动学习各类节约用水等知识的行为，仍有 1.88%的受调查者表示从未有过类似经历；有接近 80%的受调查者曾经学习或了解过水灾害（如山洪暴发、城市内涝、泥石流等）避险的技巧方法，有 4.38%的受调查者则表示从未学习过避险相关知识。

关于说服行为，有接近 70%的沈阳市受调查者有过劝告其他组织或个人停止污水排放等行为的经历，但也有 30.32%的受调查者很少或者从未有过类似行为；有 46.25%的受调查者比较经常地主动参与社区或环保组织开展的节水、护水、爱水宣传活动，但也有 7.81%的受调查者从未主动参与过这类活动。

关于消费行为，接近 90%的沈阳市受调查者有过利用淘米水洗菜或者浇花的行为，甚至有 41.56%的受调查者总是会这样做；超过 70%的受调查者有过收集洗衣机的脱水或手洗衣服时的漂洗水进行再利用的经历，有 25.31%的人群总是会这样做；85.62%的受调查者会在洗漱时，随时关闭水龙头，有 64.06%的人能够总是这样做，但也有人从不这样做；有接近 80%的受调查者会在发现前期用水量较大之后，有意识地主动减少洗衣服、洗手或者洗澡次数等，但也有 20.63%的受调查者很少或从未有过这样的行为；有 82.82%的受调查者会购买或使用家庭节水设备（如节水马桶、节水水龙头及节水灌溉设备等）。

关于法律行为，只有 20.63%的沈阳市受调查者总是在发现身边有人做出不文明水行为时，向有关部门举报，而有 13.44%的受调查者表示从未这样做过；仅有 20.94%的受调查者在发现企业直接排放未经处理的污水时，能够总是向有关部门举报，但也有 13%的受调查者从未有过这样的行为；有 21.25%的受调查者会在发现水行政监督执法部门监管不到位时，能够总是向有关部门举报，而有 14.38%的受调查者从不会这样做。

2. 水素养评价因子得分

对沈阳市公民水素养问卷调查结果进行统计分析，得到各评价因子得分的均值（为 1～5，得分越高，评价越好），如表 6-13 所示。

从沈阳市公民水素养评价因子得分情况来看，得分最高的问题是"您是否愿意为节约用水而降低生活质量"，得分为 4.70 分；"您是否愿意节约用水"得分为 4.54 分，这反映了受调查者强烈的节水责任感；而"采取行动保护水资源环境"的护水责任和"对我国当前亟待解决的水问题"的关注度比较低，分数仅在 3.50 分左右。

水知识方面，"水污染知识""水资源管理手段""水资源分布现状""水资源商品属性"得分均在 4 分以上，这说明受调查者对水知识非常了解。

水行为中得分最高的题目是"洗漱时，随时关闭水龙头"题项。这说明绝大多数的受调查者在生活中能够做到容易完成的节水行为。其余水行为题目得分基本都在 4 分以下，尤其是法律行为，得分均在 3 分以下。这说明绝大多数的受调查者在实际生活中缺乏规范的水行为，尤其是在面对他人或组织的不当水行为时，更是很少做出有效的阻止行动。

表 6-13 沈阳市公民水素养评价因子得分情况

一级指标	二级指标	问卷测评要点	得分
水知识	水科学基础知识	水资源分布现状	4.42
		水资源商品属性	4.07
	水资源开发利用及管理知识	水资源管理手段	4.54
	水生态环境保护知识	水污染知识	4.67

续表

一级指标	二级指标	问卷测评要点	得分
水态度	水情感	受调查者对水风景区的喜爱程度	4.52
		受调查者对当前水问题的关注度	3.55
	水责任	受调查者节约用水的责任感	4.54
		受调查者为节约用水而降低生活质量的责任感	4.70
		受调查者采取行动保护水生态环境的责任感	3.53
	水伦理	受调查者对“将解决水问题的责任推给后代”观点的态度	4.63
		受调查者对水补偿原则的态度	4.55
水行为	水生态和水环境管理行为	受调查者主动接受水宣传的行为	3.82
		受调查者主动向他人说明保护水资源的重要性的行为	3.53
		受调查者学习节约用水等知识的行为	3.74
		受调查者学习避险知识的行为	3.52
	说服行为	受调查者参与制止水污染事件的行为	3.18
		受调查者主动参与社区、环保组织开展的宣传活动的行为	3.40
	消费行为	受调查者对淘米水等回收利用的行为	3.97
		受调查者对洗衣时的漂洗水等回收利用的行为	3.33
		受调查者用水习惯	4.47
		受调查者用水频率	3.47
		受调查者购买、使用家庭节水设备的行为	3.78
	法律行为	受调查者举报他人不规范水行为的行为	2.97
		受调查者举报企业不规范水行为的行为	3.00
		受调查者举报行政监督执法部门行为失职的行为	2.95

3. 水素养指数

依据前文所述水知识指数、水态度指数、水行为指数及水素养指数计算方法，得到沈阳市公民水素养指数，如表 6-14 所示。

表 6-14　沈阳市公民水素养指数

城市	水知识指数	水态度指数	水行为指数	水素养指数
沈阳	90.80	86.13	70.56	75.80

基于受调查者个性特征的沈阳市公民水素养指数，如表 6-15 所示。

表 6-15　基于个性特征的沈阳市公民水素养指数

受调查者个性特征	水知识指数	水态度指数	水行为指数	水素养指数
男性	88.88	85.99	70.53	75.57
女性	92.27	86.24	70.59	75.97
6—17 岁	85.87	87.45	76.48	79.73
18—35 岁	90.78	87.04	72.67	77.45
36—45 岁	91.13	85.91	67.20	73.46
46—59 岁	94.06	86.10	67.91	74.26
60 岁以上	90.78	79.67	69.42	73.60
小学	85.26	87.86	75.89	79.19
初中	86.32	84.09	71.13	75.34
高中（含中专、技工、职高、技校）	87.43	83.84	69.44	74.22
本科（含大专）	93.16	86.43	69.46	75.32
硕士及以上	94.72	88.71	71.08	77.08
学生	88.61	85.63	73.46	77.49
务农人员	79.80	79.98	66.22	70.46
企业人员	91.21	87.96	69.93	75.80
国家公务人员（含军人、警察）	93.67	88.50	73.58	78.66
公用事业单位人员	94.69	87.25	66.26	73.43
自由职业者	89.30	87.15	71.62	76.62
其他	92.35	82.43	69.99	74.74
城镇	91.71	87.11	71.11	76.48
农村	87.56	82.62	68.60	73.39

续表

受调查者个性特征	水知识指数	水态度指数	水行为指数	水素养指数
0.5万元以下	91.51	83.94	69.19	74.44
0.5万～1万元	91.62	87.43	68.24	74.55
1万～2万元	92.50	85.25	70.39	75.65
2万～5万元	86.93	87.12	74.15	78.14
5万元以上	88.73	88.61	75.29	79.42

6.5.2 基于调整系数的沈阳市公民水素养评价

1. 基于抽样人群结构的校正

按照受教育程度对沈阳市问卷进行分类，计算得出沈阳市在小学及以下、初中、高中（含中专、技工、职高、技校）、本科（含大专）、硕士及以上等受教育程度的水素养评价值分别为79.29、75.34、74.22、75.32、77.08。受调查者总人数为320，不同受教育程度人数分别为38、44、34、183、21。抽样调查中受教育程度的五类人群分别占比为11.88%、13.75%、10.63%、57.19%、6.56%，在沈阳市实际总人口中，受教育程度的五类人群实际比例为21.69%、43.83%、16.47%、17.02%、1.00%。按照公式计算得出基于抽样人群校正的水素养得分为76.01。根据抽样人群结构校正后的水素养得分与问卷调查实际得分相差较小，这表明实际调查水素养得分比较符合抽样调查实际情况，具有一定的科学性。

2. 基于生活节水效率值的调节

沈阳市常住公民实际生活用水量为125.24L/人·d，公民生活用水定额为125.00L/人·d，通过计算得出沈阳市公民生活节水效率调整值为59.89，其节水效率值调整系数为0.00。公民用水量略高于该地区的生活用水定额，这表明该地区公民节水意识一般，在日常生活用水时偶尔会约束自己的用水行为。

3. 水素养综合评价值

基于以上两种修正方式以及水素养综合评价值最终公式：

$$W = F_1\lambda_1 + F_2\lambda_2 = 76.01 \times 0.8 + 59.89 \times 0.2 = 72.79$$

式中：W 为水素养综合评价值；F_1 为修正后的水素养评价值；λ_1 为修正后的水素养评价值所占权重；F_2 为节水效率调整值；λ_2 为节水效率调整值所占权重。

6.6 长沙市

6.6.1 基于调查结果的长沙市公民水素养评价

1. 描述性统计

1)水知识调查

关于水资源分布知识，在长沙市公民中81.08%的受调查者认为我国水资源总量丰富但人均占有量少，并且有92.57%的受调查者认为我国水资源空间分布不均匀；92.91%的受调查者认为大部分地区降水量分配不均匀；88.18%的受调查者认为我国水资源紧缺。

关于水价的看法，有66.22%的长沙市受调查者认同水资源作为商品，使用应当付费，有75.00%的受调查者认为水资源是自然资源，使用应当免费；有53.72%的受调查者能够正确认识水资源的商品属性，不认可水价越低越好，也有93.24%的受调查者不认为水价越高越好。

关于水资源管理知识，长沙市受调查者中89.19%的受调查者了解主要的水资源管理手段(如法律法规、行政规定等)；90.54%的受调查者了解主要的水资源管理手段(如水价、水资源费、排污费、财政补贴等)；89.86%的受调查者了解主要的水资源管理手段(如节水技术、污水处理技术等)；92.57%的受调查者了解主要的水资源管理手段(如宣传教育)。

关于水污染知识,97.30%的长沙市受调查者认为水污染的主要致因是工业生产废水直接排放;86.49%的长沙市受调查者认为水污染的主要致因是家庭生活污水直接排放;94.93%的长沙市受调查者认为水污染的主要致因是农药、化肥的过度使用;95.95%的长沙市受调查者认为水污染的主要致因是轮船漏油或发生事故等。

2)水态度调查

关于水情感调查,有81.76%的长沙市受调查者非常喜欢或者比较喜欢与水相关的名胜古迹或风景区(如都江堰、三峡大坝、千岛湖等),但也有2.36%的受调查者明确表示不太喜欢或者不喜欢;只有40.9%的长沙市受调查者非常了解或者比较了解我国当前存在并需要解决的水问题(如水资源短缺、水生态损害、水环境污染等),但也有12.84%的受调查者表示不太了解这些问题,甚至有1.01%的受调查者明确表示不了解我国当前存在哪些需要解决的水问题。

关于水责任调查,在问到"您是否愿意节约用水"时,超过90%的长沙市受调查者愿意节约用水,但也有0.34%的人群明确表示不太愿意节约用水;而在问到"您是否愿意为节约用水而降低生活质量"时,表示非常愿意或者比较愿意的受调查者比例则降到49.66%,还不到一半,有18.58%的受调查者表示不太愿意,还有3.72%的受调查者明确表示不愿意;在问到"您是否愿意采取一些行动(如在水边捡拾垃圾、不往水里乱扔垃圾)来保护水生态环境"时,有超过88%的受调查者愿意采取行动保护水生态环境,仅有0.68%的受调查者明确表示不太愿意这么做。

关于水伦理调查,有超过80%的长沙市受调查者反对"我们当代人不需要考虑缺水和水污染问题,后代人会有办法去解决"的观点,但仍有4%左右的受调查者赞同这种观点;同样有超过90%的受调查者赞同"谁用水谁付费,谁污染谁补偿"的观点,但也有接近3%的受调查者反对这一观点。

3)水行为调查

关于水生态和水环境管理行为,有19.93%的长沙市受调查者表示总是会主动接受各类节水、护水、爱水宣传教育活动,有29.73%的受调查者表示经常会主动接受各类宣传教育活动,但也有13.85%的受调查者表示很少主动接受各类宣传教育活动,甚至有3.38%的受调查者表示从不主动接受各类宣传教育活动;93.24%的受调查者表示有过主动向他人说明保护水资源的重要性或者鼓励他人实施水资源保护行为的经历,也有6.76%的受调查者表示从未有过类似的水行为;有96.62%的受调查者有过主动学习各类节约用水等知识的行为,仍有3.38%的受调查者表示从未有过类似经历;有96.96%的受调查者曾经学习或了解过水灾害(如山洪暴发、城市内涝、泥石流等)避险的技巧方法,有3.04%的受调查者则表示从未学习过避险相关知识。

关于说服行为,有接近94.59%的长沙市受调查者有过劝告其他组织或个人停止污水排放等行为的经历,仅有5.41%的受调查者从未有过类似行为;有超过40%的受调查者比较经常地主动参与社区或环保组织开展的节水、护水、爱水宣传活动,有超过50%的受调查者参加过这类活动,但也有8.78%的受调查者从未主动参与过这类活动。

关于消费行为,接近97%的长沙市受调查者有过利用淘米水洗菜或者浇花的行为,甚至有38.85%的受调查者总是会这样做;90%左右的受调查者有过收集洗衣机的脱水或手洗衣服时的漂洗水进行再利用的经历,有22.3%的人群总是会这样做;超过90%的受调查者会在洗漱时,随时关闭水龙头,有接近60%的人能够总是这样做;有81.22%的受调查者会在发现前期用水量较大之后,有意识地主动减少洗衣服、洗手或者洗澡次数等,从而减少用水量,但也有8.78%的受调查者从未有过这样的行为;有超过95%的受调查者会购买或使用家庭节水设备(如节水马桶、节水水龙头及节水灌溉设备等)。

关于法律行为,只有12.16%的长沙市受调查者总是在发现身边有人做出不文明水行为时，向有关部门举报，而有 9.12%的受调查者表示从未这样做过；仅有 12.16%的受调查者在发现企业直接排放未经处理的污水时，能够总是向有关部门举报，而有超过 70%的受调查者有过这样的行为，但也有 12%的受调查者从未有过这样的行为；仅有 12.54%的受调查者会在发现水行政监督执法部门监管不到位时，能够总是向有关部门举报，而有 14.24%的受调查者从不会这样做。

2. 水素养评价因子得分

对长沙市公民水素养问卷调查结果进行统计分析，得到各评价因子得分的均值（为 1～5，得分越高，评价越好），如表 6-16 所示。

表 6-16　长沙市公民水素养评价因子得分情况

<table>
<tr><th>一级指标</th><th>二级指标</th><th>问卷测评要点</th><th>得分</th></tr>
<tr><td rowspan="4">水知识</td><td rowspan="2">水科学基础知识</td><td>水资源分布现状</td><td>4.55</td></tr>
<tr><td>水资源商品属性</td><td>3.88</td></tr>
<tr><td>水资源开发利用及管理知识</td><td>水资源管理手段</td><td>4.62</td></tr>
<tr><td>水生态环境保护知识</td><td>水污染知识</td><td>4.75</td></tr>
<tr><td rowspan="7">水态度</td><td rowspan="2">水情感</td><td>受调查者对水风景区的喜爱程度</td><td>4.23</td></tr>
<tr><td>受调查者对当前水问题的关注度</td><td>3.39</td></tr>
<tr><td rowspan="3">水责任</td><td>受调查者节约用水的责任感</td><td>4.41</td></tr>
<tr><td>受调查者为节约用水而降低生活质量的责任感</td><td>4.54</td></tr>
<tr><td>受调查者采取行动保护水生态环境的责任感</td><td>3.41</td></tr>
<tr><td rowspan="2">水伦理</td><td>受调查者对“将解决水问题的责任推给后代”观点的态度</td><td>4.38</td></tr>
<tr><td>受调查者对水补偿原则的态度</td><td>4.31</td></tr>
</table>

续表

一级指标	二级指标	问卷测评要点	得分
水行为	水生态和水环境管理行为	受调查者主动接受水宣传的行为	3.53
		受调查者主动向他人说明保护水资源的重要性的行为	3.17
		受调查者学习节约用水等知识的行为	3.41
		受调查者学习避险知识的行为	3.30
	说服行为	受调查者参与制止水污染事件的行为	2.98
		受调查者主动参与社区、环保组织开展的宣传活动的行为	3.08
	消费行为	受调查者对淘米水等回收利用的行为	3.94
		受调查者对洗衣时的漂洗水等回收利用的行为	3.21
		受调查者用水习惯	4.32
		受调查者用水频率	3.05
		受调查者购买、使用家庭节水设备的行为	3.64
	法律行为	受调查者举报他人不规范水行为的行为	2.85
		受调查者举报企业不规范水行为的行为	2.79
		受调查者举报行政监督执法部门行为失职的行为	2.74

从长沙市公民水素养评价因子得分情况来看，“水污染知识”“水资源管理手段”“水资源分布现状”得分均在 4.50 分以上，这说明受调查者对水知识的了解程度较高；相对其他水知识题目，“水资源商品属性”得分偏低，这反映了受调查者对水资源商品属性的认识不够科学全面。

水态度中得分最高的题目是“您是否愿意节约用水而降低生活质量”，水行为中得分最高的题目是“洗漱时，随时关闭水龙头”题项。这说明绝大多数的受调查者主观上具有明确的节水意识，而这种节水意识投射在水行为上的最突出表现就是在洗漱时能够做到随时关闭水龙头。其余水态度题目的得分也大多在 4 分以上，但受调查者对当前水问题的关注度得分偏低，只有 3.39 分，水行为题目除“洗漱时，随时关闭水龙头”得分在 4 分以上，其他题目得分均在 4 分以下，尤其是 3 道法律行为的题目，得分甚至在 3 分以下。这说明绝大多数的受调查者在实际生活中缺乏规范的水行为，尤其是在面对他人或组织的不当水行为时，更是很少做出有效的阻止行动。

3. 水素养指数

依据前文所述水知识指数、水态度指数、水行为指数及水素养指数计算方法，得到长沙市公民水素养指数，如表 6-17 所示。

表 6-17　长沙市公民水素养指数

城市	水知识指数	水态度指数	水行为指数	水素养指数
长沙	91.77	82.67	67.20	72.81

基于受调查者个性特征的长沙市公民水素养指数，如表 6-18 所示。

表 6-18　基于个性特征的长沙市公民水素养指数

受调查者个性特征	水知识指数	水态度指数	水行为指数	水素养指数
男性	93.55	82.74	67.94	73.50
女性	90.84	82.63	66.81	72.45
6—17 岁	90.87	85.87	75.12	78.90
18—35 岁	88.94	81.48	68.24	73.01
36—45 岁	92.25	81.39	63.56	70.06
46—59 岁	94.51	84.94	68.06	74.15
60 岁以上	96.15	79.11	56.40	64.97
小学	83.13	82.64	70.17	74.07
初中	88.16	79.85	66.51	71.39
高中（含中专、技工、职高、技校）	94.23	84.63	68.48	74.35
本科（含大专）	92.92	83.90	67.24	73.04
硕士及以上	91.80	83.76	63.83	70.72
学生	92.66	85.28	74.51	78.51
务农人员	93.52	80.34	65.65	71.39
企业人员	93.04	83.53	67.38	73.24

续表

受调查者个性特征	水知识指数	水态度指数	水行为指数	水素养指数
国家公务人员（含军人、警察）	96.15	83.48	63.26	70.67
公用事业单位人员	91.38	82.01	64.38	70.69
自由职业者	79.76	74.96	61.25	65.93
其他	92.68	84.00	66.05	72.39
城镇	92.24	83.28	67.65	73.30
农村	89.93	80.32	65.43	70.91
0.5 万元以下	89.29	81.10	67.65	72.55
0.5 万～1 万元	92.89	82.71	63.63	70.46
1 万～2 万元	92.27	82.39	68.58	73.75
2 万～5 万元	92.57	83.87	66.62	72.75
5 万元以上	92.33	84.77	72.38	76.90

6.6.2　基于调整系数的长沙市公民水素养评价

1. 基于抽样人群结构的校正

按照受教育程度对长沙市问卷进行分类，计算得出长沙市在小学及以下、初中、高中（含中专、技工、职高、技校）、本科（含大专）、硕士及以上等受教育程度的水素养评价值分别为 74.07、71.39、74.35、73.04、70.72。受调查者总人数为 296，不同受教育程度人数分别为 7、70、61、141、17。抽样调查中受教育程度的五类人群分别占比为 2.36%、23.65%、20.61%、47.64%、5.74%，在长沙市实际总人口中，受教育程度的五类人群实际比例为 28.81%、38.42%、21.12%、11.30%、0.34%。按照公式计算得出基于抽样人群校正的水素养得分为 73.01。根据抽样人群结构校正后的水素养得分与问卷调查实际得分相差较小，这表明实际调查水素养得分比较符合抽样调查实际情况，具有一定的科学性。

2. 基于生活节水效率值的调节

长沙市常住公民实际生活用水量为 142.67L/人・d，公民生活用水定额为 160.00L/人·d，通过计算得出长沙市公民生活节水效率调整值为 66.50，其节水效率值调整系数为 0.11。公民用水量低于该地区的生活用水定额，这表明该地区公民节水意识较好，在日常生活用水时会约束自己的用水行为。

3. 水素养综合评价值

基于以上两种修正方式以及水素养综合评价值最终公式：

$$W = F_1\lambda_1 + F_2\lambda_2 = 73.01 \times 0.8 + 66.50 \times 0.2 = 71.71$$

式中：W 为水素养综合评价值；F_1 为修正后的水素养评价值；λ_1 为修正后的水素养评价值所占权重；F_2 为节水效率调整值；λ_2 为节水效率调整值所占权重。

6.7 南昌市

6.7.1 基于调查结果的南昌市公民水素养评价

1. 描述性统计

1)水知识调查

关于水资源分布知识，在南昌市公民中 92.12%的受调查者认为我国水资源总量丰富但人均占有量少，并且有 95.55%的受调查者认为我国水资源空间分布不均匀；90.41%的受调查者认为大部分地区降水量分配不均匀；91.44%的受调查者认为我国水资源紧缺。

关于水价的看法，有 86.64%的南昌市受调查者认同水资源作为商品，使用应当付费，有 80.14%的受调查者认为水资源是自然资源，使用应当免费；有 77.40%的受调查者能够正确认识水资源的商品属性，不认可水价越低越好，也有 96.23%的受调查者不认为水价越高越好。

关于水资源管理知识，南昌市受调查者中 92.47%的受调查者了解主要的水资源管理手段（如法律法规、行政规定等）；

95.55%的受调查者了解主要的水资源管理手段(如水价、水资源费、排污费、财政补贴等);92.47%的受调查者了解主要的水资源管理手段(如节水技术、污水处理技术等);86.64%的受调查者了解主要的水资源管理手段(如宣传教育)。

关于水污染知识,96.92%的南昌市受调查者认为水污染的主要致因是工业生产废水直接排放;89.38%的南昌市受调查者认为水污染的主要致因是家庭生活污水直接排放;95.21%的南昌市受调查者认为水污染的主要致因是农药、化肥的过度使用;96.58%的南昌市受调查者认为水污染的主要致因是轮船漏油或发生事故等。

2)水态度调查

关于水情感调查,有84.25%的南昌市受调查者非常喜欢或者比较喜欢与水相关的名胜古迹或风景区(如都江堰、三峡大坝、千岛湖等),但也有2.73%的受调查者明确表示不太喜欢或不喜欢;有41.44%的南昌市受调查者非常了解或者比较了解我国当前存在并需要解决的水问题(如水资源短缺、水生态损害、水环境污染等),但也有16.78%的受调查者表示不太了解这些问题,甚至有4.11%的受调查者明确表示不了解我国当前存在哪些需要解决的水问题。

关于水责任调查,在问到“您是否愿意节约用水”时,超过99%的南昌市受调查者愿意节约用水,仅有0.34%的人群明确表示不愿意节约用水;而在问到“您是否愿意为节约用水而降低生活质量”时,表示非常愿意或者比较愿意的受调查者比例则降到69.52%,有17.47%的受调查者表示不太愿意,还有13.01%的受调查者明确表示不愿意;在问到“您是否愿意采取一些行动(如在水边捡拾垃圾、不往水里乱扔垃圾)来保护水生态环境”时,有超过99%的受调查者愿意采取行动保护水生态环境,仅有0.68%的受调查者明确表示不愿意这么做。

关于水伦理调查,有超过92%的南昌市受调查者反对“我们当代人不需要考虑缺水和水污染问题,后代人会有办法去解决”

的观点，但仍有1.03%的受调查者非常赞同这种观点；有超过89%的受调查者赞同“谁用水谁付费，谁污染谁补偿”的观点，但也有接近4.11%的受调查者表示反对这一观点。

3）水行为调查

关于水生态和水环境管理行为，有24.66%的南昌市受调查者表示总是会主动接受各类节水、护水、爱水宣传教育活动，有35.96%的受调查者表示经常会主动接受各类宣传教育活动，但也有15.75%的受调查者表示很少主动接受各类宣传教育活动，甚至有0.68%的受调查者表示从不主动接受各类宣传教育活动；97.6%的受调查者表示有过主动向他人说明保护水资源的重要性或者鼓励他人实施水资源保护行为的经历，也有2.4%的受调查者表示从未有过类似的水行为；有98.63%的受调查者有过主动学习各类节约用水等知识的行为，仍有1.37%的受调查者表示从未有过类似经历；有94.83%的受调查者曾经学习或了解过水灾害（如山洪暴发、城市内涝、泥石流等）避险的技巧方法，有5.17%的受调查者则表示从未学习过避险相关知识。

关于说服行为，有接近98%的南昌市受调查者有过劝告其他组织或个人停止污水排放等行为的经历，仅有1.71%的受调查者从未有过类似行为；有25.68%的受调查者经常主动参与社区或环保组织开展的节水、护水、爱水宣传活动，有超过95%的受调查者参加过这类活动，但也有4.11%的受调查者从未主动参与过这类活动。

关于消费行为，接近99%的南昌市受调查者有过利用淘米水洗菜或者浇花的行为，有37.67%的受调查者总是会这样做；超过98%的受调查者有过收集洗衣机的脱水或手洗衣服时的漂洗水进行再利用的经历，有35.27%的人群总是会这样做；有54.45%的受调查者总是会在洗漱时，随时关闭水龙头；有96.58%的受调查者会在发现前期用水量较大之后，有意识地主动减少洗衣服、洗手或者洗澡次数等，从而减少用水量，但也有3.42%的受调查者从未有过这样的行为；有超过99%的受调查者会购买或使用家庭节水设备(如节水马桶、节水水龙头及节水灌溉设备等)。

关于法律行为,仅有 12.33%的南昌市受调查者总是在发现身边有人做出不文明水行为时,会向有关部门举报,有 11.30%的受调查者表示从不这样做;仅有 12.33%的受调查者在发现企业直接排放未经处理的污水时,能够总是向有关部门举报,而有接近 82%的受调查者有过这样的行为,但也有 18%的受调查者从未有过这样的行为;有 10.96%的受调查者会在发现水行政监督执法部门监管不到位时,能够总是向有关部门举报,而有 32.88%的受调查者从不会这样做。

2. 水素养评价因子得分

对南昌市公民水素养问卷调查结果进行统计分析,得到各评价因子得分的均值(为 1～5,得分越高,评价越好),如表 6-19 所示。

表 6-19　南昌市公民水素养评价因子得分情况

一级指标	二级指标	问卷测评要点	得分
水知识	水科学基础知识	水资源分布现状	4.70
		水资源商品属性	4.40
	水资源开发利用及管理知识	水资源管理手段	4.67
	水生态环境保护知识	水污染知识	4.78
水态度	水情感	受调查者对水风景区的喜爱程度	4.35
		受调查者对当前水问题的关注度	3.30
	水责任	受调查者节约用水的责任感	4.25
		受调查者为节约用水而降低生活质量的责任感	4.52
		受调查者采取行动保护水生态环境的责任感	3.19
	水伦理	受调查者对“将解决水问题的责任推给后代”观点的态度	4.55
		受调查者对水补偿原则的态度	4.52

续表

一级指标	二级指标	问卷测评要点	得分
水行为	水生态和水环境管理行为	受调查者主动接受水宣传的行为	3.68
		受调查者主动向他人说明保护水资源的重要性的行为	3.27
		受调查者学习节约用水等知识的行为	3.59
		受调查者学习避险知识的行为	3.07
	说服行为	受调查者参与制止水污染事件的行为	3.34
		受调查者主动参与社区、环保组织开展的宣传活动的行为	3.38
	消费行为	受调查者对淘米水等回收利用的行为	4.05
		受调查者对洗衣时的漂洗水等回收利用的行为	3.88
		受调查者用水习惯	4.30
		受调查者用水频率	3.48
		受调查者购买、使用家庭节水设备的行为	3.49
	法律行为	受调查者举报他人不规范水行为的行为	2.83
		受调查者举报企业不规范水行为的行为	2.61
		受调查者举报行政监督执法部门行为失职的行为	2.47

从南昌市公民水素养评价因子得分情况来看，“水污染知识”“水资源管理手段”“水资源分布现状”得分均在 4.60 分以上，这说明受调查者对水知识的了解程度较高；相对其他水知识题目，“水资源商品属性”得分略微偏低，这反映了受调查者对水资源商品属性的认识有待进一步提高。

水态度中得分最高的题目是“我们当代人不需要考虑缺水和水污染问题，后代人会有办法去解决”，水行为中得分最高的题目是“洗漱时，随时关闭水龙头”题项。这说明绝大多数的受调查者主观上具有明确的节水、护水意识，有强烈的水伦理观，而这种水态度投射在水行为上的最突出表现就是在洗漱时能够做到随时关闭水龙头。其余水态度题目的得分也大多在 4 分左右，但受调查者对当前水问题的关注度得分偏低，只有 3.30 分，而对“是否愿意采取一些行为(如在水边捡拾垃圾、不往水里乱扔垃圾)来保护水生态环境”的责任感得分相对更低，仅为 3.19 分。

水行为题目除受调查者用水习惯之外得分均在 4 分以下，尤其是 3 道法律行为的题目，得分甚至在 3 分以下。这说明绝大多数的受调查者在实际生活中缺乏规范的水行为，尤其是在面对他人或组织的不当水行为时，更是很少做出有效的阻止行动。

3. 水素养指数

依据前文所述水知识指数、水态度指数、水行为指数及水素养指数计算方法，得到南昌市公民水素养指数，如表 6-20 所示。

表 6-20　南昌市公民水素养指数

城市	水知识指数	水态度指数	水行为指数	水素养指数
南昌	94.15	81.88	69.74	74.61

基于受调查者个性特征的南昌市公民水素养指数，如表 6-21 所示。

表 6-21　基于个性特征的南昌市公民水素养指数

受调查者个性特征	水知识指数	水态度指数	水行为指数	水素养指数
男性	95.11	73.49	70.16	73.17
女性	93.37	71.78	69.39	72.10
6—17 岁	91.74	69.65	70.77	72.44
18—35 岁	93.48	74.07	69.73	72.84
36—45 岁	92.45	72.88	70.70	73.16
46—59 岁	96.65	72.93	67.45	71.31
60 岁以上	97.46	72.12	71.36	73.91
小学	93.43	67.56	68.65	70.68
初中	95.06	71.31	64.93	69.07
高中(含中专、技工、职高、技校)	93.82	73.75	70.48	73.32

续表

受调查者个性特征	水知识指数	水态度指数	水行为指数	水素养指数
本科(含大专)	95.63	72.82	72.07	74.39
硕士及以上	87.50	74.99	73.83	75.33
学生	93.04	70.74	71.99	73.64
务农人员	94.89	73.94	65.26	69.85
企业人员	95.31	73.70	68.70	72.22
国家公务人员(含军人、警察)	97.15	73.83	73.12	75.47
公用事业单位人员	92.79	76.09	72.74	75.30
自由职业者	89.17	71.56	68.69	71.19
其他	96.26	72.08	67.43	71.08
城镇	93.58	73.39	70.79	73.44
农村	94.95	71.38	68.26	71.38
0.5万元以下	88.12	74.06	76.00	76.69
0.5万～1万元	95.31	70.88	67.89	71.05
1万～2万元	95.40	74.18	66.88	71.08
2万～5万元	95.54	72.34	71.09	73.60
5万元以上	91.20	70.54	74.24	74.98

6.7.2 基于调整系数的南昌市公民水素养评价

1. 基于抽样人群结构的校正

按照受教育程度对南昌市问卷进行分类，计算得出南昌市在小学及以下、初中、高中(含中专、技工、职高、技校)、本科(含大专)、硕士及以上等受教育程度的水素养评价值分别为70.68、69.07、73.32、74.39、75.33。受调查者总人数为292，不同受教育程度人数分别为24、63、113、74、18。抽样调查中受教育程度的五类人群分别占比为8.22%、21.58%、38.70%、25.34%、6.16%，在南昌市实际总人口中，受教育程度的五类人群实际比例为35.89%、38.15%、16.98%、8.78%、0.20%。按照公式计算得出基于抽样人群校正的水素养得分为70.84。根据抽样人群结构校正后的水素养得分与问卷调查实际得分相差较小，这表明实际调查水素养得分比较符合抽样调查实际情况，具有一定的科学性。

2. 基于生活节水效率值的调节

南昌市常住公民实际生活用水量为150.02L/人·d，公民生活用水定额为185.00L/人·d，通过计算得出南昌市公民生活节水效率调整值为71.35，其节水效率值调整系数为0.19。公民用水量低于该地区的生活用水定额，这表明该地区公民节水意识较好，在日常生活用水时会约束自己的用水行为。

3. 水素养综合评价值

基于以上两种修正方式以及水素养综合评价值最终公式：

$$W = F_1\lambda_1 + F_2\lambda_2 = 70.84 \times 0.8 + 71.35 \times 0.2 = 70.94$$

式中：W 为水素养综合评价值；F_1 为修正后的水素养评价值；λ_1 为修正后的水素养评价值所占权重；F_2 为节水效率调整值；λ_2 为节水效率调整值所占权重。

6.8　太原市

6.8.1　基于调查结果的太原市公民水素养评价

1. 描述性统计

1)水知识调查

关于水资源分布知识，在太原市公民中68.97%的受调查者认为我国水资源总量丰富但人均占有量少，并且有79.80%的受调查者认为我国水资源空间分布不均匀；87.68%的受调查者认为大部分地区降水量分配不均匀；87.19%的受调查者认为我国水资源紧缺。

关于水价的看法，有74.38%的太原市受调查者认同水资源作为商品，使用应当付费，有62.07%的受调查者认为水资源是自然资源，使用应当免费；只有43.84%的受调查者能够正确认识水资源的商品属性，不认可水价越低越好，也有86.70%的受调查者不认为水价越高越好。

关于水资源管理知识，太原市受调查者中74.88%的受调查者了解主要的水资源管理手段如法律法规、行政规定等；82.27%的受调查者了解主要的水资源管理手段如水价、水资源费、排污费、财政补贴等；92.61%的受调查者了解主要的水资源管理手段如节水技术、污水处理技术等；86.70%的受调查者了解主要的水资源管理手段如宣传教育。

关于水污染知识，93.60%的太原市受调查者认为水污染的主要致因是工业生产废水直接排放；80.79%的太原市受调查者认为水污染的主要致因是家庭生活污水直接排放；89.16%的太原市受调查者认为水污染的主要致因是农药、化肥的过度使用；93.60%的太原市受调查者认为水污染的主要致因是轮船漏油或发生事故等。

2)水态度调查

关于水情感调查，有81.28%的太原市受调查者非常喜欢或者比较喜欢与水相关的名胜古迹或风景区(如都江堰、三峡大坝、千岛湖等)，但也有0.49%的受调查者明确表示不喜欢；有58.97%的太原市受调查者非常了解或者比较了解我国当前存在并需要解决的水问题(如水资源短缺、水生态损害、水环境污染等)，但也有7.52%的受调查者表示不太了解这些问题，甚至有0.85%的受调查者明确表示不了解我国当前存在哪些需要解决的水问题。

关于水责任调查，在问到“您是否愿意节约用水”时，约88%的太原市受调查者明确表示愿意节约用水，但也有约1%的人群明确表示不太愿意节约用水；而在问到“您是否愿意为节约用水而降低生活质量”时，表示非常愿意或者比较愿意的受调查者的比例有60%左右,而2.46%的受调查者明确表示不愿意;在问到“您是否愿意采取一些行动(如在水边捡拾垃圾、不往水里乱扔垃圾)来保护水生态环境”时,有超过85%的受调查者愿意采取行动保护水生态环境。

关于水伦理调查,有接近90%的太原市受调查者反对“我们当代人不需要考虑缺水和水污染问题,后代人会有办法去解决”的观点,但仍有5%左右的受调查者赞同这种观点;有80%左右的受调查者赞同“谁用水谁付费,谁污染谁补偿”的观点,但也有接近10%的受调查者反对这一观点。

3)水行为调查

关于水生态和水环境管理行为,有27.59%的太原市受调查者表示总是会主动接受各类节水、护水、爱水宣传教育活动,有34.48%的受调查者表示经常会主动接受各类宣传教育活动,仅有0.99%的受调查者表示从不主动接受各类宣传教育活动;88%左右的受调查者表示有过主动向他人说明保护水资源的重要性或者鼓励他人实施水资源保护行为的经历;有88%左右的受调查者有过较多的主动学习各类节约用水等知识的行为,仍有1.97%的受调查者表示从未有过类似经历;有80.79%的受调查者曾经较多地学习或了解过水灾害(如山洪暴发、城市内涝、泥石流等)避险的技巧方法,有3.45%的受调查者则表示从未学习过任何避险相关知识。

关于说服行为,有81.28%的太原市受调查者有过劝告其他组织或个人停止污水排放等行为的经历,但也有14.29%的受调查者则表示很少有过类似行为,有4.43%的受调查者则表示从未有过这样的行为;有超过50%的受调查者比较经常地主动参与社区或环保组织开展的节水、护水、爱水宣传活动,有85%左右的受调查者参加过这类活动,但也有73.45%的受调查者从未主动参与过这类活动。

关于消费行为,72.91%的太原市受调查者会常常利用淘米水洗菜或者浇花,甚至有33.50%的受调查者总是会这样做;超过

60%的受调查者常常会收集洗衣机的脱水或手洗衣服时的漂洗水进行再利用的经历，有 27.59 的受调查者总是会这样做；81.28%的受调查者会注意在洗漱时，随时关闭水龙头，而有5.91%左右的受调查者很少这样做；有 56.16%的受调查者会比较留意前期用水量，在发现用水量较大时，会有意识地主动减少洗衣服、洗手或者洗澡次数等；但也有 9.85%的受调查者从未有过这样的行为；有 67.48%的受调查者会购买或使用家庭节水设备（如节水马桶、节水水龙头及节水灌溉设备等），也有 6.40%的受调查者很少这样做。

关于法律行为，只有 42.86%的太原市受调查者在发现身边有人做出不文明水行为时，常常会向有关部门举报，而有 5.42%的受调查者表示从未这样做过；仅有 22.66%的受调查者在发现企业直接排放未经处理的污水时，能够总是向有关部门举报，而有超过 75%的受调查者有过这样的行为；有 46.80%的受调查者会在发现水行政监督执法部门监管不到位时，能够向有关部门举报，而有 9.36%的受调查者从不会这样做。

2. 水素养评价因子得分

对太原市公民水素养问卷调查结果进行统计分析，得到各评价因子得分的均值（为 1～5，得分越高，评价越好），如表 6-22 所示。

表 6-22　太原市公民水素养评价因子得分情况

一级指标	二级指标	问卷测评要点	得分
水知识	水科学基础知识	水资源分布现状	4.24
		水资源商品属性	3.67
	水资源开发利用及管理知识	水资源管理手段	4.36
	水生态环境保护知识	水污染知识	4.57

续表

一级指标	二级指标	问卷测评要点	得分
水态度	水情感	受调查者对水风景区的喜爱程度	4.30
		受调查者对当前水问题的关注度	3.48
	水责任	受调查者节约用水的责任感	4.38
		受调查者为节约用水而降低生活质量的责任感	4.51
		受调查者采取行动保护水生态环境的责任感	3.66
	水伦理	受调查者对“将解决水问题的责任推给后代”观点的态度	4.40
		受调查者对水补偿原则的态度	4.06
水行为	水生态和水环境管理行为	受调查者主动接受水宣传的行为	3.81
		受调查者主动向他人说明保护水资源的重要性的行为	3.66
		受调查者学习节约用水等知识的行为	3.67
		受调查者学习避险知识的行为	3.41
	说服行为	受调查者参与制止水污染事件的行为	3.47
		受调查者主动参与社区、环保组织开展的宣传活动的行为	3.53
	消费行为	受调查者对淘米水等回收利用的行为	3.98
		受调查者对洗衣时的漂洗水等回收利用的行为	3.78
		受调查者用水习惯	4.28
		受调查者用水频率	3.66
		受调查者购买、使用家庭节水设备的行为	3.96
	法律行为	受调查者举报他人不规范水行为的行为	3.28
		受调查者举报企业不规范水行为的行为	3.41
		受调查者举报行政监督执法部门行为失职的行为	3.35

从太原市公民水素养评价因子得分情况来看,“水污染知识”“水资源管理手段”“水资源分布现状”题目得分较高,尤其是“水污染知识”得分为4.57分,这说明受调查者对水污染致因非常了解;相对其他水知识题目,“水资源商品属性”得分相对较低,仅有

3.67 分，这反映了受调查者对水资源商品属性认识的科学性不足。

水态度中得分最高的题目是“您是否愿意为节约用水而降低生活质量”，得分超过 4.50 分，“您是否愿意节约用水”得分 4.38 分；水行为中得分最高的题目是“洗漱时，随时关闭水龙头”题项，得分为 4.28 分，除“发现前期用水量较大，主动减少洗衣服、洗手或者洗澡次数”外，其他消费行为题目得分也多在 3.90 分左右。这反映出大多数受调查者具有强烈的节水责任感，并愿意为节水降低生活的舒适度，同时，受调查者也具有良好的节约用水习惯。其他水态度题目得分整体情况较好。

与其他城市相比，太原市受调查者在 3 道法律行为题目的得分较高，均超过了 3 分，且说服行为得分也较高。这说明大多数的受调查者在实际生活中会主动劝说他人或者采取更直接的手段做出有效的阻止行动。其他水行为题目得分整体情况较好。

3. 水素养指数

依据前文所述水知识指数、水态度指数、水行为指数及水素养指数计算方法，得到太原市公民水素养指数，如表 6-23 所示。

表 6-23　太原市公民水素养指数

城市	水知识指数	水态度指数	水行为指数	水素养指数
太原	87.57	83.17	74.01	77.24

基于受调查者个性特征的太原市公民水素养指数，如表 6-24 所示。

表 6-24　基于个性特征的太原市公民水素养指数

受调查者个性特征	水知识指数	水态度指数	水行为指数	水素养指数
男性	87.09	82.46	75.33	77.96
女性	87.90	83.63	73.13	76.77
6—17 岁	83.59	74.40	65.08	68.80
18—35 岁	89.23	83.53	73.98	77.45

续表

受调查者个性特征	水知识指数	水态度指数	水行为指数	水素养指数
36—45 岁	86.93	85.55	75.69	78.86
46—59 岁	90.47	86.00	76.34	79.73
60 岁以上	78.84	79.31	74.82	76.17
小学	78.03	76.70	67.56	70.51
初中	85.76	80.00	71.92	74.94
高中(含中专、技工、职高、技校)	86.43	84.70	78.10	80.29
本科(含大专)	89.30	84.47	73.17	77.10
硕士及以上	94.08	87.81	83.18	85.19
学生	90.27	80.47	72.07	75.56
务农人员	79.39	78.95	71.72	74.00
企业人员	89.90	86.01	76.11	79.53
国家公务人员(含军人、警察)	86.16	82.15	79.79	80.89
公用事业单位人员	87.71	86.33	71.22	76.00
自由职业者	87.08	83.62	71.66	75.69
其他	87.01	83.73	81.23	82.30
城镇	87.66	83.11	73.54	76.91
农村	87.31	83.32	75.41	79.22
0.5 万元以下	86.10	83.13	72.15	75.82
0.5 万～1 万元	88.82	84.43	74.64	78.06
1 万～2 万元	86.94	81.252	73.14	76.16
2 万～5 万元	74.85	84.05	89.86	78.22
5 万元以上	89.09	82.32	84.25	84.27

6.8.2　基于调整系数的太原市公民水素养评价

1. 基于抽样人群结构的校正

按照受教育程度对太原市问卷进行分类，计算得出太原市在小学及以下、初中、高中(含中专、技工、职高、技校)、本科(含大专)、硕士及以上等受教育程度的水素养评价值分别为70.51、74.94、80.29、77.10、85.18。受调查者总人数为203,不同受教育程度人数分别为9、53、38、93、10。抽样调查中受教育程度的五类人群分别占比为4.43%、26.11%、18.72%、45.81%、4.93%,在太原市实际总人口中,受教育程度的五类人群实际比例为22.47%、43.63%、20.33%、12.94%、0.63%。

按照公式计算得出基于抽样人群校正的水素养得分为75.39。根据抽样人群结构校正后的水素养得分与问卷调查实际得分相差较小,这表明实际调查水素养得分比较符合抽样调查实际情况,具有一定的科学性。

2. 基于生活节水效率值的调节

太原市常住公民实际生活用水量为121.85L/人·d,公民生活用水定额为120.00L/人·d,通过计算得出太原市公民生活节水效率调整值为59.08,其节水效率值调整系数为-0.02。公民用水量略高于该地区的生活用水定额,这表明该地区公民节水意识一般,在日常生活用水时会偶尔约束自己的用水行为。

3. 水素养综合评价值

基于以上两种修正方式以及水素养综合评价值最终公式:

$$W = F_1\lambda_1 + F_2\lambda_2 = 75.39 \times 0.8 + 59.08 \times 0.2 = 72.13$$

式中:W 为水素养综合评价值;F_1 为修正后的水素养评价值;λ_1 为修正后的水素养评价值所占权重;F_2 为节水效率调整值;λ_2 为节水效率调整值所占权重。

第7章 省会城市(Ⅲ类地区)水素养评价

7.1 银川市

7.1.1 基于调查结果的银川市公民水素养评价

1. 描述性统计

1)水知识调查

关于水资源分布知识,银川市有78.89%的受调查者清楚我国水资源分布现状的整体情况,如空间分布不均匀、大部分地区降水量分配不均匀、水资源紧张;有86.43%的受调查者清楚我国水资源总量丰富,但人均占有量少的分布特征。

关于对水价的看法,有75.38%的银川市受调查者认同水资源作为商品,使用应当付费,但也有近22.61%的受调查者认为水资源是自然资源,使用应当免费;53.27%的受调查者能够正确认识水资源的商品属性,不认可水价越低越好,但也有46.73%的受调查者错误地认为水价越低越好;有92.46%的受调查者不认为水价越高越好。

关于水资源管理知识,银川市90.45%的受调查者了解主要的水资源管理手段(如法律法规、行政规定等),有91.46%的受调查者了解水价、水资源费、排污费、财政补贴等和节水技术、污水处理技术等是水资源管理手段;但也有34.17%的受调查者对宣传教育手段了解不多。

关于水污染知识，95.98%的银川市受调查者能认识到水污染的主要致因是工业生产废水；有92.96%的银川市受调查者能认识到农药、化肥的过度使用和轮船漏油或发生事故等是水污染的主要致因；但仍有24.62%的受调查者并不了解家庭生活污水直接排放也会造成水污染。

2)水态度调查

关于水情感调查，有89.95%的银川市受调查者非常喜欢或者比较喜欢与水相关的名胜古迹或风景区(如都江堰、三峡大坝、千岛湖等)，但也有1.01%的受调查者明确表示不太喜欢或者不喜欢；有36.18%的银川市受调查者非常了解或者比较了解我国当前存在并需要解决的水问题(如水资源短缺、水生态损害、水环境污染等)，但也有10.05%的受调查者表示不太了解这些问题，甚至有1.01%的受调查者明确表示不了解我国当前存在哪些需要解决的水问题。

关于水责任调查，在问到"您是否愿意节约用水"时，所有的银川市受调查者都愿意节约用水；而在问到"您是否愿意为节约用水而降低生活质量"时，比例则降到55.78%，而有11.56%的受调查者表示不太愿意，还有4.02%的受调查者明确表示不愿意；在问到"您是否愿意采取一些行动(如在水边捡拾垃圾、不往水里乱扔垃圾)来保护水生态环境"时，有99%的受调查者愿意采取行动保护水生态环境，但也有1%的受调查者明确表示不太愿意或者不愿意这么做。

关于水伦理调查，有95.98%的银川市受调查者反对"我们当代人不需要考虑缺水和水污染问题，后代人会有办法去解决"的观点，但仍有4.02%的受调查者赞同这种观点；同样有94.97%的受调查者赞同"谁用水谁付费，谁污染谁补偿"的观点，但也有3.02%的受调查者反对这一观点。

3)水行为调查

关于水生态和水环境管理行为，有19.10%的银川市受调查者表示总是会主动接受各类节水、护水、爱水宣传教育活动，有

37.19%的受调查者表示经常会主动接受各类宣传教育活动,但也有8.54%的受调查者表示很少主动接受各类宣传教育活动,甚至有1.51%的受调查者表示从不主动接受各类宣传教育活动;98.49%的受调查者表示有过主动向他人说明保护水资源的重要性或者鼓励他人实施水资源保护行为的经历,也有1.51%的受调查者表示从未有过类似的水行为;有98.49%的受调查者有过主动学习各类节约用水等知识的行为,仍有1.51%的受调查者表示从未有过类似经历;有96.98%的受调查者曾经学习或了解过水灾害(如山洪暴发、城市内涝、泥石流等)避险的技巧方法,有3.02%的受调查者则表示从未学习过避险相关知识。

关于说服行为,有94.97%的银川市受调查者有过劝告其他组织或个人停止污水排放等行为的经历,但也有5.03%的受调查者从未有过类似行为;有33.67%的受调查者比较经常地主动参与社区或环保组织开展的节水、护水、爱水宣传活动,有61.81%的受调查者参加过这类活动,但也有4.52%的受调查者从未主动参与过这类活动。

关于消费行为,98.49%的银川市受调查者有过利用淘米水洗菜或者浇花的行为,甚至有56.78%的受调查者总是会这样做;94.47%的受调查者有过收集洗衣机的脱水或手洗衣服时的漂洗水进行再利用的经历,有49.25%的人群总是会这样做;98.99%的受调查者会在洗漱时,随时关闭水龙头,有75.88%的人能够总是这样做;有94.97%的受调查者会在发现前期用水量较大之后,有意识地主动减少洗衣服、洗手或者洗澡次数等,从而减少用水量,但也有5.03%的受调查者从未有过这样的行为;有97.49%的受调查者会购买或使用家庭节水设备(如节水马桶、节水水龙头及节水灌溉设备等)。

关于法律行为,只有11.56%的银川市受调查者总是在发现身边有人做出不文明水行为时,向有关部门举报,而3.52%的受调查者表示从未这样做过;仅有14.07%的受调查者在发现企业直接排放未经处理的污水时,能够总是向有关部门举报,但也有

12.56%的受调查者从未有过这样的行为;仅有13.07%的受调查者会在发现水行政监督执法部门监管不到位时,能够总是向有关部门举报,而有13.57%的受调查者从不会这样做。

2.水素养评价因子得分

对银川市公民水素养问卷调查结果进行统计分析,得到各评价因子得分的均值(为1～5,得分越高,评价越好),如表7-1所示。

从银川市公民水素养评价因子得分情况来看,"水污染知识""水资源管理手段""水资源分布现状"得分均在4.30分以上,这说明受调查者对水知识的了解程度较高;相对其他水知识题目,"水资源商品属性"得分偏低,这反映了受调查者对水资源商品属性的认识不够科学全面。

表7-1 银川市公民水素养评价因子得分情况

一级指标	二级指标	问卷测评要点	得分
水知识	水科学基础知识	水资源分布现状	4.49
		水资源商品属性	3.98
	水资源开发利用及管理知识	水资源管理手段	4.39
	水生态环境保护知识	水污染知识	4.57
水态度	水情感	受调查者对水风景区的喜爱程度	4.63
		受调查者对当前水问题的关注度	3.28
	水责任	受调查者节约用水的责任感	4.56
		受调查者为节约用水而降低生活质量的责任感	4.80
		受调查者采取行动保护水生态环境的责任感	3.65
	水伦理	受调查者对"将解决水问题的责任推给后代"观点的态度	4.76
		受调查者对水补偿原则的态度	4.68

续表

一级指标	二级指标	问卷测评要点	得分
水行为	水生态和水环境管理行为	受调查者主动接受水宣传的行为	3.64
		受调查者主动向他人说明保护水资源的重要性的行为	3.40
		受调查者学习节约用水等知识的行为	3.75
		受调查者学习避险知识的行为	3.13
	说服行为	受调查者参与制止水污染事件的行为	3.19
		受调查者主动参与社区、环保组织开展的宣传活动的行为	3.08
	消费行为	受调查者对淘米水等回收利用的行为	4.36
		受调查者对洗衣时的漂洗水等回收利用的行为	3.97
		受调查者用水习惯	4.70
		受调查者用水频率	3.56
		受调查者购买、使用家庭节水设备的行为	4.15
	法律行为	受调查者举报他人不规范水行为的行为	3.02
		受调查者举报企业不规范水行为的行为	2.86
		受调查者举报行政监督执法部门行为失职的行为	2.77

水态度中得分最高的题目是“您是否愿意为节约用水而降低生活质量”，水行为中得分最高的题目是“洗漱时，随时关闭水龙头”题项。这说明绝大多数的受调查者主观上具有明确的节水意识，而这种节水意识投射在水行为上的最突出表现就是在洗漱时能够做到随时关闭水龙头。其余水态度题目的得分也大多在 3.50 分以上，但受调查者对当前水问题的关注度得分偏低，只有 3.28 分。这一方面反映出公民对于我国水问题的关注度不高，另一方面说明了在这方面的宣传存在问题。

水行为题目除“发现前期用水量较大，主动减少洗衣服、洗手或者洗澡次数”及“购买家庭节水设备”得分在 4 分以上，其他题目得分均在 4 分以下，尤其是 3 道法律行为的题目，得分甚至在

3分或3分以下。这说明绝大多数的受调查者在实际生活中缺乏规范的水行为，尤其是在面对他人或组织的不当水行为时，更是很少做出有效的阻止行动。

3. 水素养指数

依据前文所述水知识指数、水态度指数、水行为指数及水素养指数计算方法，得到银川市公民水素养指数，如表7-2所示。

表7-2 银川市公民水素养指数

城市	水知识指数	水态度指数	水行为指数	水素养指数
银川	89.22	87.47	74.09	78.38

基于受调查者个性特征的银川市公民水素养指数，如表7-3所示。

表7-3 基于个性特征的银川市公民水素养指数

受调查者个性特征	水知识指数	水态度指数	水行为指数	水素养指数
男性	88.24	77.58	74.61	76.50
女性	89.93	77.97	73.71	76.12
6—17岁	90.89	84.20	75.39	78.72
18—35岁	88.90	75.28	73.61	75.37
36—45岁	91.48	75.11	71.57	74.16
46—59岁	89.35	78.78	72.25	74.80
60岁以上	86.34	80.12	78.42	79.51
小学	86.45	79.52	76.86	78.32
初中	90.55	81.12	75.54	78.13
高中（含中专、技工、职高、技校）	87.32	78.48	72.22	74.96
本科（含大专）	90.26	75.97	73.26	75.40
硕士及以上	88.09	77.19	76.46	77.68

续表

受调查者个性特征	水知识指数	水态度指数	水行为指数	水素养指数
学生	90.24	81.52	76.21	78.65
务农人员	86.86	79.53	77.04	78.48
企业人员	91.96	77.96	70.28	73.94
国家公务人员(含军人、警察)	85.97	72.30	75.74	77.23
公用事业单位人员	89.29	74.51	73.16	74.93
自由职业者	87.22	74.07	72.10	73.91
其他	94.85	75.29	70.52	73.78
城镇	90.06	77.75	73.47	75.92
农村	86.38	77.98	76.21	77.53
0.5万元以下	88.88	75.90	74.16	75.89
0.5万～1万元	92.28	76.49	74.94	76.86
1万～2万元	90.87	76.82	70.76	73.92
2万～5万元	87.64	78.93	72.53	75.30
5万元以上	87.71	79.96	76.30	78.14

7.1.2　基于调整系数的银川市公民水素养评价

1. 基于抽样人群结构的校正

按照受教育程度对银川市问卷进行分类，计算得出银川市在小学及以下、初中、高中(含中专、技工、职高、技校)、本科(含大专)、硕士及以上等受教育程度的水素养评价值分别为78.32、78.13、74.96、75.40、77.68。受调查者总人数为199，不同受教育程度人数分别为29、34、32、99、5。抽样调查中受教育程度的五类人群分别占比为14.57%、17.09%、16.08%、49.75%、2.51%，在银川市实际总人口中，受教育程度的五类人群实际比例为33.47%、34.95%、16.20%、14.99%、0.38%。按照公式计算得出基于抽样人群校正的水素养得分为77.27。根据抽样人群结构校正后的水素养得分与问卷调查实际得分相差较小，这表明实际调查水素养得分比较符合抽样调查实际情况，具有一定的科学性。

2. 基于生活节水效率值的调节

银川市常住公民实际生活用水量为147.15L/人·d，公民生活用水定额为110.00L/人·d，通过计算得出银川市公民生活节水效率调整值为39.74，其节水效率值调整系数为−0.34。公民用水量高于该地区的生活用水定额，这表明该地区公民节水意识不强，在日常生活用水时不太会约束自己的用水行为。

3. 水素养综合评价值

基于以上两种修正方式以及水素养综合评价值最终公式：

$$W = F_1\lambda_1 + F_2\lambda_2 = 77.27 \times 0.8 + 39.74 \times 0.2 = 69.76$$

式中：W 为水素养综合评价值；F_1 为修正后的水素养评价值；λ_1 为修正后的水素养评价值所占权重；F_2 为节水效率调整值；λ_2 为节水效率调整值所占权重。

7.2 济南市

7.2.1 基于调查结果的济南市公民水素养评价

1. 描述性统计

1)水知识调查

关于水资源分布知识，济南市有78.21%和79.40%的受调查者清楚我国水资源分布现状的整体情况，如空间分布不均匀、大部分地区降水量分配不均匀；有70.51%的受调查者清楚我国水资源总量丰富，但人均占有量少的分布特征；但仍有17.01%的受调查者认为我国根本不缺水。

关于对水价的看法，有73.43%的济南市受调查者认同水资源作为商品，使用应当付费，但也有34.03%的受调查者认为水资源是自然资源，使用应当免费；54.63%的受调查者能够正确认识水资源的商品属性，不认可水价越低越好，有83.88%的受调查者不认为水价越高越好；有16.12%的受调查者错误地认为水价越高越好，45.37%的受调查者错误地认为水价越低越好。

关于水资源管理知识，济南市受调查者对我国水资源管理手段的认知状况一般，85.37%和83.88%的受调查者了解水资源管理手段(包括宣传教育和节水技术、污水处理技术)。有23.88%的受调查者对法律法规、行政规定手段了解不多，有11.19%的受调查者对水价、水资源费、排污费、财政补贴，节水技术、污水处理技术等了解不多。

关于水污染知识，84.78%的济南市受调查者能认识到水污染的主要致因是工业生产废水直接排放；71.04%和65.37%的受调查者了解农药、化肥的过度使用和轮船漏油或发生事故会造成水污染；有21.19%的受调查者并不了解家庭生活污水直接排放也会造成水污染。

2)水态度调查

关于水情感调查，有81.7%的济南市受调查者非常喜欢或者比较喜欢与水相关的名胜古迹或风景区(如都江堰、三峡大坝、千岛湖等)，但也有6.1%的受调查者明确表示不太喜欢或不喜欢；有55.94%的济南市受调查者非常了解或者比较了解我国当前存在并需要解决的水问题(如水资源短缺、水生态损害、水环境污染等)，但也有9.49%的受调查者表示不太了解这些问题，甚至有5.08%的受调查者明确表示不了解我国当前存在哪些需要解决的水问题。

关于水责任调查，在问到“您是否愿意节约用水”时，济南受调查者均表示愿意节约用水，仅有0.34%的人群表示不太愿意节约用水；而在问到“您是否愿意为节约用水而降低生活质量”时，比例则降到 50.84%，有 21.36%的受调查者表示不太愿意，还有 5.42%的受调查者明确表示不愿意；在问到“您是否愿意采取一些行动（如在水边捡拾垃圾、不往水里乱扔垃圾）来保护水生态环境”时，有 99.32%的受调查者愿意采取行动保护水生态环境，仅有 0.68%的受调查者明确表示不愿意这么做。

关于水伦理调查，济南市受调查者均表示反对“我们当代人不需要考虑缺水和水污染问题，后代人会有办法去解决”的观点；有 99.32%的受调查者赞同“谁用水谁付费，谁污染谁补偿”的观点，但也有 0.68%的受调查者表示反对这一观点。

3)水行为调查

关于水生态和水环境管理行为，有 24.66%的济南市受调查者表示总是会主动接受各类节水、护水、爱水宣传教育活动，有 30.17%的受调查者表示经常会主动接受各类宣传教育活动，但也有 13.90%的受调查者表示很少主动接受各类宣传教育活动，甚至有 3.05%的受调查者表示从不主动接受各类宣传教育活动；97.29%的受调查者表示有过主动向他人说明保护水资源的重要性或者鼓励他人实施水资源保护行为的经历，也有 2.71%的受调查者表示从未有过类似的水行为；有 96.61%的受调查者有过主动学习各类节约用水等知识的行为，仍有 3.39%的受调查者表示从未有过类似经历；有 96.27%的受调查者曾经学习或了解过水灾害（如山洪暴发、城市内涝、泥石流等）避险的技巧方法，有 3.73%的受调查者则表示从未学习过避险相关知识。

关于说服行为，有 93.90%的济南市受调查者有过劝告其他组织或个人停止污水排放等行为的经历，仅有 6.10%的受调查者从未有过类似行为；有 17.29%的受调查者经常主动参与社区或环保组织开展的节水、护水、爱水宣传活动，有 89.15%的受调查者参加过这类活动，但也有 10.85%的受调查者从未主动参与过这类活动。

关于消费行为，98.98%的济南市受调查者有过利用淘米水洗菜或者浇花的行为，有 39.32%的受调查者总是会这样做；

98.64%的受调查者有过收集洗衣机的脱水或手洗衣服时的漂洗水进行再利用的经历，有36.27%的人群总是会这样做；有53.22%的受调查者总是会在洗漱时，随时关闭水龙头；有96.27%的受调查者会在发现前期用水量较大之后，有意识地主动减少洗衣服、洗手或者洗澡次数等，从而减少用水量，但也有3.73%的受调查者从未有过这样的行为；有98.98%的受调查者会购买或使用家庭节水设备（如节水马桶、节水水龙头及节水灌溉设备等）。

关于法律行为，有18.9%的济南市受调查者总是在发现身边有人做出不文明水行为时，会向有关部门举报，仅有6.78%的受调查者表示从不这样做；仅有23.05%的受调查者在发现企业直接排放未经处理的污水时，能够总是向有关部门举报，而有90.17%的受调查者有过这样的行为，但也有9.83%的受调查者从未有过这样的行为；有22.71%的受调查者会在发现水行政监督执法部门监管不到位时，能够总是向有关部门举报，而有12.54%的受调查者从不会这样做。

2. 水素养评价因子得分

对济南市公民水素养问卷调查结果进行统计分析，得到各评价因子得分的均值（为1～5，得分越高，评价越好），如表7-4所示。

表7-4　济南市公民水素养评价因子得分情况

一级指标	二级指标	问卷测评要点	得分
水知识	水科学基础知识	水资源分布现状	4.53
		水资源商品属性	4.16
	水资源开发利用及管理知识	水资源管理手段	4.68
	水生态环境保护知识	水污染知识	4.41

续表

一级指标	二级指标	问卷测评要点	得分
水态度	水情感	受调查者对水风景区的喜爱程度	4.27
		受调查者对当前水问题的关注度	3.54
	水责任	受调查者节约用水的责任感	4.53
		受调查者为节约用水而降低生活质量的责任感	4.70
		受调查者采取行动保护水生态环境的责任感	3.51
	水伦理	受调查者对“将解决水问题的责任推给后代”观点的态度	4.62
		受调查者对水补偿原则的态度	4.61
水行为	水生态和水环境管理行为	受调查者主动接受水宣传的行为	3.66
		受调查者主动向他人说明保护水资源的重要性的行为	3.52
		受调查者学习节约用水等知识的行为	3.64
		受调查者学习避险知识的行为	3.49
	说服行为	受调查者参与制止水污染事件的行为	3.28
		受调查者主动参与社区、环保组织开展的宣传活动的行为	3.06
	消费行为	受调查者对淘米水等回收利用的行为	4.03
		受调查者对洗衣时的漂洗水等回收利用的行为	3.92
		受调查者用水习惯	4.38
		受调查者用水频率	3.49
		受调查者购买、使用家庭节水设备的行为	4.03
	法律行为	受调查者举报他人不规范水行为的行为	3.18
		受调查者举报企业不规范水行为的行为	3.17
		受调查者举报行政监督执法部门行为失职的行为	3.13

从济南市公民水素养评价因子得分情况来看，“水污染知识”“水资源管理手段”“水资源分布现状”得分均在4.40分以上，这说明受调查者对水知识的了解程度较高；相对其他水知识题目，“水资源商品属性”得分略微偏低，这反映了受调查者对水资源商

品属性的认识有待进一步提高。

水态度中得分最高的题目是“您是否愿意为节约用水而降低生活质量”，水行为中得分最高的题目是“洗漱时，随时关闭水龙头”题项。这说明绝大多数的受调查者主观上具有明确的节水、护水意识，有强烈的水伦理观，而这种水态度投射在水行为上的最突出表现就是洗漱时能够做到随时关闭水龙头。其余水态度题目的得分也大多在 4 分左右，但受调查者对当前水问题的关注度得分偏低，只有 3.54 分，而对“是否愿意采取一些行为（如在水边捡拾垃圾、不往水里乱扔垃圾）来保护水生态环境”的责任感得分相对更低，仅为 3.51 分。

水行为题目除受调查者用水习惯、节水设备之外得分均在 4 分以下，尤其是 3 道法律行为的题目，得分更低。这说明绝大多数的受调查者在实际生活中缺乏规范的水行为，尤其是在面对他人或组织的不当水行为时，更是很少做出有效的阻止行动。

3. 水素养指数

依据前文所述水知识指数、水态度指数、水行为指数及水素养指数计算方法，得到济南市公民水素养指数，如表 7-5 所示。

表 7-5　济南市公民水素养指数

城市	水知识指数	水态度指数	水行为指数	水素养指数
济南	88.57	85.87	72.58	76.94

基于受调查者个性特征的济南市公民水素养指数，如表 7-6 所示。

表 7-6　基于个性特征的济南市公民水素养指数

受调查者个性特征	水知识指数	水态度指数	水行为指数	水素养指数
男性	87.18	88.62	71.55	76.69
女性	89.32	84.39	73.14	77.07
6—17 岁	66.76	79.06	42.34	52.56
18—35 岁	91.12	89.44	76.04	80.33

续表

受调查者个性特征	水知识指数	水态度指数	水行为指数	水素养指数
36—45 岁	88.94	87.33	71.76	76.72
46—59 岁	86.96	83.81	77.70	79.88
60 岁以上	91.13	78.94	64.26	69.91
小学	78.86	78.71	49.95	58.85
初中	83.45	72.73	58.17	63.65
高中(含中专、技工、职高、技校)	88.34	83.19	72.17	76.05
本科(含大专)	90.12	89.22	76.10	80.23
硕士及以上	90.13	94.44	79.49	83.72
学生	83.87	87.11	69.85	74.88
务农人员	82.15	70.65	53.03	59.53
企业人员	88.98	85.84	75.34	78.87
国家公务人员(含军人、警察)	85.82	96.12	80.51	84.39
公用事业单位人员	91.44	90.56	77.04	81.30
自由职业者	89.22	80.97	67.07	72.12
其他	91.10	84.14	70.83	75.58
城镇	80.95	83.65	66.70	71.69
农村	86.38	78.91	61.50	67.56
0.5 万元以下	83.59	78.91	67.21	71.26
0.5 万～1 万元	91.55	85.44	74.85	78.68
1 万～2 万元	89.67	89.68	73.11	78.23
2 万～5 万元	88.99	90.11	72.28	77.69
5 万元以上	90.69	90.27	78.60	82.25

7.2.2 基于调整系数的济南市公民水素养评价

1. 基于抽样人群结构的校正

按照受教育程度对济南市问卷进行分类，计算得出济南市在小学及以下、初中、高中(含中专、技工、职高、技校)、本科(含大专)、硕士及以上等受教育程度的水素养评价值分别为 58.85、63.65、76.05、80.23、83.72。受调查者总人数为 295，不同受教育程度人数分别为 11、25、93、147、19。抽样调查中受教育程度的五类人群分别占比为 3.73%、8.47%、31.53%、49.83%、6.44%,在济南市实际总人口中,受教育程度的五类人群实际比例为 31.02%、39.86%、16.84%、11.83%、0.45%。按照公式计算得出基于抽样人群校正的水素养得分为 66.31。根据抽样人群结构校正后的水素养得分与问卷调查实际得分相差较小,这表明实际调查水素养得分比较符合抽样调查实际情况,具有一定的科学性。

2. 基于生活节水效率值的调节

济南市常住公民实际生活用水量为 86.97L/人·d,公民生活用水定额为 120.00L/人·d,通过计算得出济南市公民生活节水效率调整值为 76.51,其节水效率值调整系数为 0.28。公民用水量少于该地区的生活用水定额,这表明该地区公民节水意识较强,在日常生活用水时会约束自己的用水行为。

3. 水素养综合评价值

基于以上两种修正方式以及水素养综合评价值最终公式:

$$W = F_1\lambda_1 + F_2\lambda_2 = 66.31 \times 0.8 + 76.51 \times 0.2 = 68.35$$

式中:W 为水素养综合评价值;F_1 为修正后的水素养评价值;λ_1 为修正后的水素养评价值所占权重;F_2 为节水效率调整值;λ_2 为节水效率调整值所占权重。

7.3　长春市

7.3.1　基于调查结果的长春市公民水素养评价

1. 描述性统计

1)水知识调查

关于水资源分布知识,长春市有 80.73%的受调查者清楚我国水资源总量丰富但人均占有量少,81.06%的受调查者清楚大部分地区降水量分配不均匀;有 85.38%的受调查者清楚空间分布不均匀的分布特征;并且 94.68%的受调查者认为我国水资源紧缺。

关于对水价的看法，有 82.06％的长春市受调查者认同水资源作为商品，使用应当付费，但也有 52.49％的受调查者认为水资源是自然资源，使用应当免费；只有 54.82％的受调查者能够正确认识水资源的商品属性，不认可水价越低越好，也有 89.37％的受调查者不认为水价越高越好；对于水价的认识水价越高越好的问题正确率要高于水价越低越好，可见受调查者对于水价的认识程度还有待于加强。

关于水资源管理知识，89.37％和 90.37％的长春市受调查者了解我国水资源管理手段，如法律法规、行政规定等和水价、水资源费、排污费、财政补贴，以及节水技术、污水处理技术等；但 20.27％以上的受调查者对于宣传教育了解状况相对较弱；也有 10.63％左右的受调查者对法律法规、行政规定手段了解不多。

关于水污染知识，98.01％的长春市受调查者能认识到水污染的主要致因是工业生产废水；95.35％的长春市受调查者能认识到农药、化肥的过度使用和轮船漏油或发生事故等是水污染的主要致因；但仍有 10.30％的受调查者并不了解家庭生活污水直接排放也会造成水污染。

2）水态度调查

关于水情感调查，有 77.40％的长春市受调查者非常喜欢或者比较喜欢与水相关的名胜古迹或风景区（如都江堰、三峡大坝、千岛湖等），但也有 2.99％的受调查者明确表示不太喜欢或者不喜欢；有 39.20％的长春市受调查者非常了解或者比较了解我国当前存在并需要解决的水问题（如水资源短缺、水生态损害、水环境污染等），但也有 13.29％的受调查者表示不太了解这些问题，甚至有 1.33％的受调查者明确表示不了解我国当前存在哪些需要解决的水问题。

关于水责任调查，在问到"您是否愿意节约用水"时，有 71.09％的长春市受调查者愿意节约用水，但也有 3.32％的人群明确表示不太愿意节约用水；而在问到"您是否愿意为节约用水而降低生活质量"时，比例则降到 35.55％，只有三分之一的受调查者愿意为节约用水而降低生活质量，而有27.24%的受调查者表示不太愿意，还有4.98%的受调查者明确表示不愿意；在问到“您是否愿意采取一些行动(如在水边捡拾垃圾、不往水里乱扔垃圾)来保护水生态环境”时，有68.44%的受调查者愿意采取行动保护水生态环境，但也有9.63%的受调查者明确表示不太愿意或者不愿意采取行动来保护水生态环境。

关于水伦理调查，有76.74%的长春市受调查者反对“我们当代人不需要考虑缺水和水污染问题，后代人会有办法去解决”的观点，但仍有2.33%的受调查者赞同这种观点；有76.41%的受调查者赞同“谁用水谁付费，谁污染谁补偿”的观点，但也有5.65%的受调查者反对这一观点。

3)水行为调查

关于水生态和水环境管理行为，有25.25%的长春市受调查者表示总是会主动接受各类节水、护水、爱水宣传教育活动，有27.57%的受调查者表示经常会主动接受各类宣传教育活动，但也有22.59%的受调查者表示很少主动接受各类宣传教育活动，甚至有1%的受调查者表示从不主动接受各类宣传教育活动；93.36%的受调查者表示有过主动向他人说明保护水资源的重要性或者鼓励他人实施水资源保护行为的经历，也有6.64%的受调查者表示从未有过类似的水行为；有98.34%的受调查者有过主动学习各类节约用水等知识的行为，仍有1.66%的受调查者表示从未有过类似经历；有94.35%的受调查者曾经学习或了解过水灾害(如山洪暴发、城市内涝、泥石流等)避险的技巧方法，有5.65%的受调查者则表示从未学习过避险相关知识。

关于说服行为，有94.35%的长春市受调查者有过劝告其他组织或个人停止污水排放等行为的经历，但也有5.65%的受调查者从未有过类似行为；有29.24%的受调查者比较经常主动参与社区或环保组织开展的节水、护水、爱水宣传活动，有62.79%的受调查者参加过这类活动，但也有7.97%的受调查者从未主动参与过这类活动。

关于消费行为，有97.67%的长春市受调查者有过利用淘米水洗菜或者浇花的行为，甚至有 57.14％的受调查者总是或经常会这样做；94.02％的受调查者有过收集洗衣机的脱水或手洗衣服时的漂洗水进行再利用的经历，有 59.80％的人群总是或经常会这样做；97.34％的受调查者会在洗漱时，随时关闭水龙头，有 72.09％的人能够总是或经常这样做；有 93.36％的受调查者会在发现前期用水量较大之后，有意识地主动减少洗衣服、洗手或者洗澡次数等，从而减少用水量，但也有 6.64％的受调查者从未有过这样的行为；有 97.01％的受调查者会购买或使用家庭节水设备（如节水马桶、节水水龙头及节水灌溉设备等）。

关于法律行为，只有 9.3％的长春市受调查者总是在发现身边有人做出不文明水行为时，向有关部门举报，而 13.95％的受调查者表示从未这样做过；仅有 12％的受调查者在发现企业直接排放未经处理的污水时，能够总是向有关部门举报，而有 71.33％的受调查者有过这样的行为，但也有 16.67％的受调查者从未有过这样的行为；仅有 11.67％的受调查者会在发现水行政监督执法部门监管不到位时，能够总是向有关部门举报，而有 37.33％的受调查者从不会这样做。

2. 水素养评价因子得分

对长春市公民水素养问卷调查结果进行统计分析，得到各评价因子得分的均值（为 1～5，得分越高，评价越好），如表 7-7 所示。

表 7-7　长春市公民水素养评价因子得分情况

一级指标	二级指标	问卷测评要点	得分
水知识	水科学基础知识	水资源分布现状	4.42
		水资源商品属性	3.69
	水资源开发利用及管理知识	水资源管理手段	4.46
	水生态环境保护知识	水污染知识	4.87

续表

一级指标	二级指标	问卷测评要点	得分
水态度	水情感	受调查者对水风景区的喜爱程度	4.17
		受调查者对当前水问题的关注度	3.31
	水责任	受调查者节约用水的责任感	4.19
		受调查者为节约用水而降低生活质量的责任感	3.14
		受调查者采取行动保护水生态环境的责任感	4.03
	水伦理	受调查者对“将解决水问题的责任推给后代”观点的态度	4.23
		受调查者对水补偿原则的态度	4.17
水行为	水生态和水环境管理行为	受调查者主动接受水宣传的行为	4.17
		受调查者主动向他人说明保护水资源的重要性的行为	3.10
		受调查者学习节约用水等知识的行为	3.12
		受调查者学习避险知识的行为	3.16
	说服行为	受调查者参与制止水污染事件的行为	2.95
		受调查者主动参与社区、环保组织开展的宣传活动的行为	2.91
	消费行为	受调查者对淘米水等回收利用的行为	3.67
		受调查者对洗衣时的漂洗水等回收利用的行为	3.45
		受调查者用水习惯	4.04
		受调查者用水频率	3.15
		受调查者购买、使用家庭节水设备的行为	3.55
	法律行为	受调查者举报他人不规范水行为的行为	2.63
		受调查者举报企业不规范水行为的行为	2.54
		受调查者举报行政监督执法部门行为失职的行为	2.25

从长春市公民水素养评价因子得分情况来看，“水污染知识”“水资源管理手段”“水资源分布现状”得分均在4.50分左右，这说明受调查者对水知识的了解程度较高；相对其他水知识题目，“水资源商品属性”得分偏低，仅有3.69分，这反映了受调查者对

水资源商品属性的认识不够科学全面。

水态度中得分最高的题目是“我们当代人不需要考虑缺水和不污染问题，后代人会有办法去解决”，水行为中题目“洗漱时，随时关闭水龙头”选项得分也相对较高。这说明绝大多数的受调查者主观上具有明确的节水意识，而这种节水意识投射在水行为上的最突出表现就是在洗漱时能够做到随时关闭水龙头。其余水态度题目的得分也大多在 4 分以上，但受调查者对当前水问题的关注度得分偏低，只有 3.31 分，而“为节约用水而降低生活质量”的责任感得分相对更低，仅有 3.14 分。这一方面反映出社会经济发展带来的消费观念的转变和公民对较高生活质量的追求，另一方面也说明水价在一定程度上还未起到调节作用。

水行为题目除“受调查者主动接受水宣传的行为”及“受调查者用水习惯”得分在 4 分以上，其他题目得分均在 4 分以下，尤其是 3 道法律行为的题目，得分甚至在 3 分以下。这说明绝大多数的受调查者在实际生活中缺乏规范的水行为，尤其是在面对他人或组织不当的水行为时，更是很少做出有效的阻止行动。

3. 水素养指数

依据前文所述水知识指数、水态度指数、水行为指数及水素养指数计算方法，得到长春市公民水素养指数，如表 7-8 所示。

表 7-8　长春市公民水素养指数

城市	水知识指数	水态度指数	水行为指数	水素养指数
长春	90.91	77.48	64.73	69.90

基于受调查者个性特征的长春市公民水素养指数，如表 7-9 所示。

表 7-9　基于个性特征的长春市公民水素养指数

受调查者个性特征	水知识指数	水态度指数	水行为指数	水素养指数
男性	90.67	71.97	62.53	67.16

续表

受调查者个性特征	水知识指数	水态度指数	水行为指数	水素养指数
女性	91.09	81.44	66.32	71.87
6—17 岁	90.57	78.47	69.19	73.16
18—35 岁	90.09	70.54	61.81	66.29
36—45 岁	92.79	79.57	63.39	69.60
46—59 岁	90.31	82.38	67.33	72.70
60 岁以上	89.83	77.87	65.72	70.57
小学	86.54	60.45	52.90	57.62
初中	80.66	75.50	63.44	67.64
高中（含中专、技工、职高、技校）	91.45	78.17	70.12	73.82
本科（含大专）	92.93	80.10	64.50	70.49
硕士及以上	94.62	78.27	65.32	70.82
学生	91.37	73.48	64.11	68.64
务农人员	85.96	64.75	56.15	60.74
企业人员	89.43	75.00	63.26	68.21
国家公务人员（含军人、警察）	94.01	83.91	74.57	78.38
公用事业单位人员	94.25	84.48	66.94	73.25
自由职业者	87.41	74.20	63.06	67.71
其他	90.57	87.22	69.72	75.44
城镇	92.27	80.69	66.46	71.92
农村	85.34	64.29	57.64	61.62
0.5 万元以下	89.38	77.29	64.38	69.48
0.5 万～1 万元	89.71	75.76	63.95	68.87
1 万～2 万元	92.23	74.87	60.55	66.56
2 万～5 万元	91.66	78.50	65.37	70.63
5 万元以上	94.84	85.36	72.07	77.05

7.3.2 基于调整系数的长春市公民水素养评价

1. 基于抽样人群结构的校正

按照受教育程度对长春市问卷进行分类，计算得出长春市在小学及以下、初中、高中（含中专、技工、职高、技校）、本科（含大专）、硕士及以上等受教育程度的水素养评价值分别为57.62、67.64、73.82、70.49、70.82。受调查者总人数为301，不同受教育程度人数分别为23、36、60、145、37。抽样调查中受教育程度的五类人群分别占比为7.64%、11.96%、19.93%、48.17%、12.29%，在长春市实际总人口中，受教育程度的五类人群实际比例为26.45%、42.69%、16.71%、13.55%、0.60%。按照公式计算得出基于抽样人群校正的水素养得分为66.43。根据抽样人群结构校正后的水素养得分与问卷调查实际得分相差较小，这表明实际调查水素养得分比较符合抽样调查实际情况，具有一定的科学性。

2. 基于生活节水效率值的调节

长春市常住公民实际生活用水量为103.67L/人·d，公民生活用水定额为135.00L/人·d，通过计算得出长春市公民生活节水效率调整值为73.92，其节水效率值调整系数为0.23。公民用水量少于该地区的生活用水定额，这表明该地区公民节水意识较强，在日常生活用水时会约束自己的用水行为。

3. 水素养综合评价值

基于以上两种修正方式以及水素养综合评价值最终公式：

$$W = F_1\lambda_1 + F_2\lambda_2 = 66.43 \times 0.8 + 73.92 \times 0.2 = 67.93$$

式中：W 为水素养综合评价值；F_1 为修正后的水素养评价值；λ_1 为修正后的水素养评价值所占权重；F_2 为节水效率调整值；λ_2 为节水效率调整值所占权重。

7.4　合肥市

7.4.1　基于调查结果的合肥市公民水素养评价

1. 描述性统计

1)水知识调查

关于水资源分布知识,合肥市有 90.15%和 84.47%的受调查者清楚我国水资源空间分布不均匀和大部分地区降水量分配不均匀;有 92.80%的受调查者清楚我国水资源总量丰富,但人均占有量少的分布特征;但也有 38.64%的受调查者认为我国根本不缺水。

关于对水价的看法,有 75.38%的合肥市受调查者认同水资源作为商品,使用应当付费,但也有 62.88%的受调查者认为水资源是自然资源,使用应当免费;有 53.03%的受调查者能够正确认识水资源的商品属性,不认可水价越低越好,也有 78.41%的受调查者不认为水价越高越好;但也有 21.59%的受调查者错误地认为水价越高越好,46.97%的受调查者错误地认为水价越低越好。

关于水资源管理知识,合肥市有 86.74%、80.68%和 75.76%的受调查者分别了解主要的水资源管理手段(包括法律法规、行政规定和水价、水资源费、排污费、财政补贴及节水技术、污水处理技术);但也有 36.36%的受调查者对宣传教育手段了解不多。

关于水污染知识,有 95.83%的合肥市受调查者能认识到水污染的主要致因是工业生产废水;85.61%的合肥市受调查者认识到家庭生活污水的直接排放也会造成水污染;89.77%的合肥市受调查者能认识到农药、化肥的过度使用也会造成水污染;87.88%的合肥市受调查者能认识到轮船漏油或发生事故等也会造成水污染。

2)水态度调查

关于水情感调查,有 59.06%的合肥市受调查者非常喜欢或者比较喜欢与水相关的名胜古迹或风景区(如都江堰、三峡大坝、千岛湖等),但也有4.17%的受调查者明确表示不太喜欢或者不喜欢;有39.2%的合肥市受调查者非常了解或者比较了解我国当前存在并需要解决的水问题(如水资源短缺、水生态损害、水环境污染等),但也有13.29%的受调查者表示不太了解这些问题,甚至有1.33%的受调查者明确表示不了解我国当前存在哪些需要解决的水问题。

关于水责任调查,在问到"您是否愿意节约用水"时,超过92%的合肥市受调查者愿意节约用水,但也有1.14%的人群明确表示不愿意节约用水;而在问到"您是否愿意为节约用水而降低生活质量"时,比例则降到56.06%,而有11.74%的受调查者表示不太愿意,还有2.65%的受调查者明确表示不愿意;在问到"您是否愿意采取一些行动(如在水边捡拾垃圾、不往水里乱扔垃圾)来保护水生态环境"时,有超过89%的受调查者愿意采取行动保护水生态环境,但也有10.23%的受调查者明确表示不太愿意或者不愿意这么做。

关于水伦理调查,有76.14%的合肥市受调查者反对"我们当代人不需要考虑缺水和水污染问题,后代人会有办法去解决"的观点,但仍有1.14%的受调查者非常赞同这种观点;有74.24%的受调查者赞同"谁用水谁付费,谁污染谁补偿"的观点,但有10.23%的受调查者比较反对或非常反对这一观点。

3)水行为调查

关于水生态和水环境管理行为,有20.08%的合肥市受调查者表示总是会主动接受各类节水、护水、爱水宣传教育活动,有24.24%的受调查者表示经常会主动接受各类宣传教育活动,但也有19.32%的受调查者表示很少主动接受各类宣传教育活动,甚至有7.95%的受调查者表示从不主动接受各类宣传教育活动;88.26%的受调查者表示有过主动向他人说明保护水资源的重要性或者鼓励他人实施水资源保护行为的经历,也有11.74%的受调查者表示从未有过类似的水行为;有96.97%的受调查者有过主动学习各类节约用水等知识的行为，仍有3.03%的受调查者表示从未有过类似经历；有88.26%的受调查者曾经学习或了解过水灾害（如山洪暴发、城市内涝、泥石流等）避险的技巧方法，有11.74%的受调查者则表示从未学习过避险相关知识。

关于说服行为，有93.96%的合肥市受调查者有过劝告其他组织或个人停止污水排放等行为的经历，仅有6.04%的受调查者从未有过类似行为；有22.73%的受调查者经常主动参与社区或环保组织开展的节水、护水、爱水宣传活动，有超过87.88%的受调查者参加过这类活动，但也有12.12%的受调查者从未主动参与过这类活动。

关于消费行为，95.08%的合肥市受调查者有过利用淘米水洗菜或者浇花的行为，有23.86%的受调查者总是会这样做；92.05%的受调查者有过收集洗衣机的脱水或手洗衣服时的漂洗水进行再利用的经历，有17.05%的人群总是会这样做；95.45%的受调查者会在洗漱时，随时关闭水龙头，有37.1%的人能够总是这样做；有91.29%的受调查者会在发现前期用水量较大之后，有意识地主动减少洗衣服、洗手或者洗澡次数等，从而减少用水量，但也有8.71%的受调查者从未有过这样的行为；有92.42%的受调查者会购买或使用家庭节水设备（如节水马桶、节水水龙头及节水灌溉设备等）。

关于公民法律行为，只有12.88%的合肥市受调查者总是在发现身边有人做出不文明水行为时，向有关部门举报，而17.05%的受调查者表示从未这样做过；仅有13.64%的受调查者在发现企业直接排放未经处理的污水时，能够总是向有关部门举报，而有64.77%的受调查者有过这样的行为，但也有21.59%的受调查者从未有过这样的行为；仅有12.12%的受调查者会在发现水行政监督执法部门监管不到位时，能够总是向有关部门举报，而有26.52%的受调查者从不会这样做。

2. 水素养评价因子得分

对合肥市公民水素养问卷调查结果进行统计分析，得到各评价因子得分的均值（为 1～5，得分越高，评价越好），如表 7-10 所示。

从合肥市公民水素养评价因子得分情况来看，“水污染知识”“水资源管理手段”“水资源分布现状”得分均在 4 分以上，这说明受调查者对水知识的了解程度较高；相对其他水知识题目，“水资源商品属性”得分偏低，这反映了受调查者对水资源商品属性的认识不够科学全面。

表 7-10　合肥市公民水素养评价因子得分情况

一级指标	二级指标	问卷测评要点	得分
水知识	水科学基础知识	水资源分布现状	4.29
		水资源商品属性	3.70
	水资源开发利用及管理知识	水资源管理手段	4.07
	水生态环境保护知识	水污染知识	4.59
水态度	水情感	受调查者对水风景区的喜爱程度	3.64
		受调查者对当前水问题的关注度	3.63
	水责任	受调查者节约用水的责任感	3.84
		受调查者为节约用水而降低生活质量的责任感	3.97
		受调查者采取行动保护水生态环境的责任感	3.57
	水伦理	受调查者对“将解决水问题的责任推给后代”观点的态度	4.01
		受调查者对水补偿原则的态度	3.92
水行为	水生态和水环境管理行为	受调查者主动接受水宣传的行为	3.29
		受调查者主动向他人说明保护水资源的重要性的行为	3.22
		受调查者学习节约用水等知识的行为	3.78
		受调查者学习避险知识的行为	3.09

续表

一级指标	二级指标	问卷测评要点	得分
水行为	说服行为	受调查者参与制止水污染事件的行为	3.45
		受调查者主动参与社区、环保组织开展的宣传活动的行为	3.03
	消费行为	受调查者对淘米水等回收利用的行为	3.60
		受调查者对洗衣时的漂洗水等回收利用的行为	3.22
		受调查者用水习惯	3.69
		受调查者用水频率	3.33
		受调查者购买、使用家庭节水设备的行为	3.39
	法律行为	受调查者举报他人不规范水行为的行为	2.84
		受调查者举报企业不规范水行为的行为	2.88
		受调查者举报行政监督执法部门行为失职的行为	2.73

水态度中得分最高的题目是"我们当代人不需要考虑缺水和水污染问题,后代人会有办法去解决",水行为中得分最高的题目是"主动学习节约用水等知识",这说明绝大多数的受调查者主观上具有节水、护水的水伦理观,而这种水伦理观投射在水行为上的最突出表现就是主动学习节约用水的知识与技能。其余水态度题目的得分也大多在 4 分左右,但受调查者水情感得分偏低,而"是否愿意采取一些行为(如在水边捡拾垃圾、不往水里乱扔垃圾)来保护水生态环境"的责任感得分相对更低,仅有 3.57 分。

水行为题目得分均在 4 分以下,尤其是 3 道法律行为的题目,得分甚至在 3 分以下。这说明绝大多数的受调查者在实际生活中缺乏规范的水行为,尤其是在面对他人或组织的不当水行为时,更是很少做出有效的阻止行动。

3. 水素养指数

依据前文所述水知识指数、水态度指数、水行为指数及水素养指数计算方法,得到合肥市公民水素养指数,如表 7-11 所示。

表 7-11　合肥市公民水素养指数

城市	水知识指数	水态度指数	水行为指数	水素养指数
合肥	87.26	76.43	65.53	69.89

基于受调查者个性特征的合肥市公民水素养指数，如表 7-12 所示。

表 7-12　基于个性特征的合肥市公民水素养指数

受调查者个性特征	水知识指数	水态度指数	水行为指数	水素养指数
男性	88.19	76.52	65.06	69.67
女性	86.33	76.34	66.00	70.11
6—17 岁	85.47	78.34	63.22	68.54
18—35 岁	91.50	82.35	68.46	73.59
36—45 岁	86.78	71.78	64.44	68.08
46—59 岁	84.61	74.79	64.67	68.70
60 岁以上	83.67	68.20	64.07	66.76
小学	84.74	66.07	63.64	66.10
初中	85.69	72.25	60.36	65.26
高中（含中专、技工、职高、技校）	85.30	76.39	64.87	69.24
本科（含大专）	90.83	82.09	70.70	75.02
硕士及以上	85.34	77.23	66.10	70.28
学生	93.01	79.86	64.28	70.30
务农人员	84.19	72.59	65.84	68.99
企业人员	85.52	74.94	64.07	68.40
国家公务人员（含军人、警察）	91.13	80.06	71.64	75.25
公用事业单位人员	85.37	77.50	66.91	70.90
自由职业者	87.34	75.40	64.03	68.64
其他	84.21	78.97	66.43	70.78
城镇	86.38	76.33	64.97	69.40
农村	89.45	76.67	66.91	71.09

续表

受调查者个性特征	水知识指数	水态度指数	水行为指数	水素养指数
0.5 万元以下	90.36	77.81	67.40	71.77
0.5 万～1 万元	88.36	75.35	63.48	68.34
1 万～2 万元	83.43	73.23	61.53	66.08
2 万～5 万元	89.38	81.14	69.09	73.57
5 万元以上	92.25	80.50	75.60	78.19

7.4.2　基于调整系数的合肥市公民水素养评价

1. 基于抽样人群结构的校正

按照受教育程度对合肥市问卷进行分类，计算得出合肥市在小学及以下、初中、高中(含中专、技工、职高、技校)、本科(含大专)、硕士及以上等受教育程度的水素养评价值分别为 66.10、65.26、69.24、75.02、70.28。受调查者总人数为 264，不同受教育程度人数分别为 19、77、63、90、15。抽样调查中受教育程度的五类人群分别占比为 7.20%、29.17%、23.86%、34.09%、5.68%，在合肥市实际总人口中，受教育程度的五类人群实际比例为 34.54%、43.17%、12.92%、9.14%、0.23%。按照公式计算得出基于抽样人群校正的水素养得分为 66.96。根据抽样人群结构校正后的水素养得分与问卷调查实际得分相差较小，这表明实际调查水素养得分比较符合抽样调查实际情况，具有一定的科学性。

2. 基于生活节水效率值的调节

合肥市常住公民实际生活用水量为 147.69L/人・d，公民生活用水定额为 180.00L/人・d，通过计算得出合肥市公民生活节水效率调整值为 70.77，其节水效率值调整系数为 0.18。公民用水量少于该地区的生活用水定额，这表明该地区公民节水意识较强，在日常生活用水时会约束自己的用水行为。

3. 水素养综合评价值

基于以上两种修正方式以及水素养综合评价值最终公式：

$$W = F_1\lambda_1 + F_2\lambda_2 = 66.96 \times 0.8 + 70.77 \times 0.2 = 67.72$$

式中：W 为水素养综合评价值；F_1 为修正后的水素养评价值；λ_1 为修正后的水素养评价值所占权重；F_2 为节水效率调整值；λ_2 为节水效率调整值所占权重。

7.5 拉萨市

7.5.1 基于调查结果的拉萨市公民水素养评价

1. 描述性统计

1)水知识调查

关于水资源分布知识，拉萨市分别有 91.30%和 91.93%的受调查者清楚我国水资源空间分布不均匀和大部分地区降水量分配不均匀；有 88.20%的受调查者清楚我国水资源总量丰富，但人均占有量少的分布特征；但仍有 16.77%的受调查者认为我国根本不缺水。

关于对水价的看法，有 64.60%的拉萨市受调查者认同水资源作为商品，使用应当付费，但也有 31.06%的受调查者认为水资源是自然资源，使用应当免费；60.87%的受调查者能够正确认识水资源的商品属性，不认可水价越低越好，也有 73.29%的受调查者不认为水价越高越好。

关于水资源管理知识，拉萨市有 95.65%的受调查者正确认识到我国水资源管理手段有节水技术、污水处理技术等；93.17%的受调查者了解法律法规、行政规定等和宣传教育是我国水资源管理手段；但仍有 10.56%的受调查者不了解水价、水资源费、排污费、财政补贴等是我国水资源管理手段。

关于水污染知识，98.14%的拉萨市受调查者能认识到水污染的主要致因是工业生产废水；95.03%的拉萨市受调查者能认识到家庭生活污水的直接排放、轮船漏油或发生事故等能引起水污染;91.93%的拉萨市受调查者能认识到农药、化肥的过度使用能引起水污染。

2)水态度调查

关于水情感调查,有 73.92%的拉萨市受调查者非常喜欢或者比较喜欢与水相关的名胜古迹或风景区(如都江堰、三峡大坝、千岛湖等),但也有 0.82%的受调查者明确表示不太喜欢;有 57.15%的拉萨市受调查者非常了解或者比较了解我国当前存在并需要解决的水问题(如水资源短缺、水生态损害、水环境污染等),但也有 9.32%的受调查者表示不太了解这些问题,甚至有 0.62%的受调查者明确表示不了解我国当前存在哪些需要解决的水问题。

关于水责任调查,在问到"您是否愿意节约用水"时,99.18%的拉萨市受调查者愿意节约用水,但也有 0.82%的人群明确表示不太愿意节约用水;而在问到"您是否愿意为节约用水而降低生活质量"时,比例则降到 50%,而有 7.38%的受调查者表示不太愿意,还有 1.23%的受调查者明确表示不愿意;在问到"您是否愿意采取一些行动(如在水边捡拾垃圾、不往水里乱扔垃圾)来保护水生态环境"时,有 99.18%的受调查者愿意采取行动保护水生态环境,但也有 0.82%的受调查者明确表示不太愿意这么做。

关于水伦理调查,有 91.30%的拉萨市受调查者反对"我们当代人不需要考虑缺水和水污染问题,后代人会有办法去解决"的观点,也有 3.11%的受调查者赞同这种观点;有 90.75%的受调查者赞同"谁用水谁付费,谁污染谁补偿"的观点,但也有 8.08%的受调查者反对这一观点。

3)水行为调查

关于水生态和水环境管理行为,有 21.12%的拉萨市受调查者表示总是会主动接受各类节水、护水、爱水宣传教育活动,有 13.66%的受调查者表示经常会主动接受各类宣传教育活动,但也有 27.33%的受调查者表示很少主动接受各类宣传教育活动,甚至有 1.86％的受调查者表示从不主动接受各类宣传教育活动；95.03％的受调查者表示有过主动向他人说明保护水资源的重要性或者鼓励他人实施水资源保护行为的经历，也有 4.97％的受调查者表示从未有过类似的水行为；有 98.14％的受调查者有过主动学习各类节约用水等知识的行为，仍有 1.86％的受调查者表示从未有过类似经历；有 93.17％的受调查者曾经学习或了解过水灾害（如山洪暴发、城市内涝、泥石流等）避险的技巧方法，有 6.83％的受调查者则表示从未学习过避险相关知识。

关于说服行为，有 96.27％的拉萨市受调查者有过劝告其他组织或个人停止污水排放等行为的经历，但也有 3.73％的受调查者从未有过类似行为；有 32.82％的受调查者比较经常地主动参与社区或环保组织开展的节水、护水、爱水宣传活动，但也有 7.45％的受调查者从未主动参与过这类活动。

关于消费行为，95.65％的拉萨市受调查者有过利用淘米水洗菜或者浇花的行为，甚至有 22.36％的受调查者总是会这样做；93.79％的受调查者有过收集洗衣机的脱水或手洗衣服时的漂洗水进行再利用的经历，有 22.98％的人群总是会这样做；98.76％的受调查者会在洗漱时，随时关闭水龙头，有 45％的人能够总是这样做；有 94.41％的受调查者会在发现前期用水量较大之后，有意识地主动减少洗衣服、洗手或者洗澡次数等，从而减少用水量，但也有 5.59％的受调查者从未有过这样的行为；有 97.52％的受调查者会购买或使用家庭节水设备（如节水马桶、节水水龙头及节水灌溉设备等）。

关于法律行为，只有 19.88％的拉萨市受调查者总是在发现身边有人做出不文明水行为时，向有关部门举报，而 14.91％的受调查者表示从未这样做过；仅有 9.94％的受调查者在发现企业直接排放未经处理的污水时，能够总是向有关部门举报，而有超过 83％的受调查者有过这样的行为，但也有 16.77％的受调查者从未有过这样的行为；仅有 12.42％的受调查者会在发现水行政监督执法部门监管不到位时，能够总是向有关部门举报，而有

19.25%的受调查者从不会这样做。

2. 水素养评价因子得分

对拉萨市公民水素养问卷调查结果进行统计分析，得到各评价因子得分的均值（为 1～5，得分越高，评价越好），如表 7-13 所示。

从拉萨市公民水素养评价因子得分情况来看，“水污染知识”“水资源管理手段”“水资源分布现状”得分均在 4.50 分以上，这说明受调查者对水知识的了解程度较高；相对其他水知识题目，“水资源商品属性”得分偏低，这反映了受调查者对水资源商品属性的认识不够科学全面。

表 7-13　拉萨市公民水素养评价因子得分情况

一级指标	二级指标	问卷测评要点	得分
水知识	水科学基础知识	水资源分布现状	4.55
		水资源商品属性	3.68
	水资源开发利用及管理知识	水资源管理手段	4.71
	水生态环境保护知识	水污染知识	4.80
水态度	水情感	受调查者对水风景区的喜爱程度	4.10
		受调查者对当前水问题的关注度	3.61
	水责任	受调查者节约用水的责任感	4.38
		受调查者为节约用水而降低生活质量的责任感	3.60
		受调查者采取行动保护水生态环境的责任感	4.30
	水伦理	受调查者对“将解决水问题的责任推给后代”观点的态度	4.49
		受调查者对水补偿原则的态度	4.23

续表

一级指标	二级指标	问卷测评要点	得分
水行为	水生态和水环境管理行为	受调查者主动接受水宣传的行为	3.25
		受调查者主动向他人说明保护水资源的重要性的行为	3.22
		受调查者学习节约用水等知识的行为	3.35
		受调查者学习避险知识的行为	3.02
	说服行为	受调查者参与制止水污染事件的行为	3.13
		受调查者主动参与社区、环保组织开展的宣传活动的行为	3.01
	消费行为	受调查者对淘米水等回收利用的行为	3.39
		受调查者对洗衣时的漂洗水等回收利用的行为	3.31
		受调查者用水习惯	4.04
		受调查者用水频率	3.30
		受调查者购买、使用家庭节水设备的行为	3.68
	法律行为	受调查者举报他人不规范水行为的行为	2.91
		受调查者举报企业不规范水行为的行为	2.71
		受调查者举报行政监督执法部门行为失职的行为	2.65

水态度中得分最高的题目是“我们当代人不需要考虑缺水和水污染问题，后代人会有办法去解决”，水行为中得分最高的题目是“洗漱时，随时关闭水龙头”题项。这说明绝大多数的受调查者主观上具有明确的节水意识，而这种节水意识投射在水行为上的最突出表现就是在洗漱时能够做到随时关闭水龙头。其余水态度题目的得分也大多在 4 分以上，但受调查者对当前水问题的关注度得分偏低，只有 3.61 分，“为节约用水而降低生活质量”的责任感得分同样偏低，仅有 3.60 分。这一方面反映出社会经济发展带来的消费观念的转变和公民对较高生活质量的追求，另一方面也说明水价在一定程度上还未起到调节作用。

水行为题目除“受调查者用水习惯”得分在 4 分以上，其他题目得分均在 4 分以下，尤其是 3 道法律行为的题目，得分甚至在

3 分以下。这说明绝大多数的受调查者在实际生活中缺乏规范的水行为,尤其是在面对他人或组织的不当水行为时,更是很少做出有效的阻止行动。

3. 水素养指数

依据前文所述水知识指数、水态度指数、水行为指数及水素养指数计算方法,得到拉萨市公民水素养指数,如表 7-14 所示。

表 7-14　拉萨市公民水素养指数

城市	水知识指数	水态度指数	水行为指数	水素养指数
拉萨	92.09	82.73	65.40	71.61

基于受调查者个性特征的拉萨市公民水素养指数,如表 7-15 所示。

表 7-15　基于个性特征的拉萨市公民水素养指数

受调查者个性特征	水知识指数	水态度指数	水行为指数	水素养指数
男性	91.67	82.73	65.40	71.61
女性	92.69	74.87	65.56	70.07
6—17 岁	93.59	71.10	60.57	65.88
18—35 岁	91.26	77.32	65.48	70.41
36—45 岁	92.06	69.57	62.11	66.47
46—59 岁	94.55	73.85	65.87	70.23
60 岁以上	80.08	75.28	57.76	63.61
小学	89.46	71.60	64.63	68.41
初中	91.72	74.01	72.08	74.30
高中(含中专、技工、职高、技校)	93.10	71.07	61.74	66.64
本科(含大专)	92.04	75.54	63.90	69.00
硕士及以上	94.03	75.51	57.47	64.74
学生	92.76	76.27	65.27	70.18
务农人员	89.76	70.64	64.17	67.91

续表

受调查者个性特征	水知识指数	水态度指数	水行为指数	水素养指数
企业人员	91.15	78.21	66.79	71.50
国家公务人员(含军人、警察)	93.80	73.98	66.99	70.96
公用事业单位人员	90.09	72.26	59.61	65.15
自由职业者	90.53	78.26	78.35	79.45
其他	93.50	69.67	52.27	59.82
城镇	93.07	75.09	64.94	69.72
农村	89.49	71.07	61.65	66.24
0.5万元以下	91.22	75.07	69.45	72.66
0.5万~1万元	91.38	72.64	58.51	64.59
1万~2万元	91.95	72.27	63.22	67.82
2万~5万元	94.91	78.74	73.20	76.39
5万元以上	90.65	75.76	60.61	66.65

7.5.2 基于调整系数的拉萨市公民水素养评价

1. 基于抽样人群结构的校正

按照受教育程度对拉萨市问卷进行分类,计算得出拉萨市在小学及以下、初中、高中(含中专、技工、职高、技校)、本科(含大专)、硕士及以上等受教育程度的水素养评价值分别为68.41、74.30、66.64、69.00、64.74。受调查者总人数为161,不同受教育程度人数分别为15、16、37、87、6。抽样调查中受教育程度的五类人群分别占比为9.32%、9.94%、22.98%、54.04%、3.73%,在拉萨市实际总人口中,受教育程度的五类人群实际比例为34.52%、37.28%、14.47%、13.38%、0.34%。按照公式计算得出基于抽样人群校正的水素养得分为66.96。根据抽样人群结构校正后的水素养得分与问卷调查实际得分相差较小,这表明实际调查水素养得分比较符合抽样调查实际情况,具有一定的科学性。

2. 基于生活节水效率值的调节

拉萨市常住公民实际生活用水量为158.81L/人·d,公民生活用水定额为150.00L/人·d,通过计算得出拉萨市公民生活节水效率调整值为56.48,其节水效率值调整系数为−0.06。公民用水量多于该地区的生活用水定额,这表明该地区公民节水意识不强,在日常生活用水时约束自己的用水行为较少。

3. 水素养综合评价值

基于以上两种修正方式以及水素养综合评价值最终公式:

$$W = F_1\lambda_1 + F_2\lambda_2 = 70.40 \times 0.8 + 56.48 \times 0.2 = 67.62$$

式中:W 为水素养综合评价值;F_1 为修正后的水素养评价值;λ_1 为修正后的水素养评价值所占权重;F_2 为节水效率调整值;λ_2 为节水效率调整值所占权重。

7.6　郑州市

7.6.1　基于调查结果的郑州市公民水素养评价

1. 描述性统计

1)水知识调查

关于水资源分布知识,郑州市分别有96.52%和97.45%的受调查者清楚我国水资源的空间分布不均匀及大部分地区降水量分配不均匀;有87.70%的受调查者清楚我国水资源总量丰富,但人均占有量少的分布特征;但仍有6.73%的受调查者认为我国根本不缺水。

关于对水价的看法,有75.87%的郑州市受调查者认同水资源作为商品,使用应当付费,但也有23.20%的受调查者认为水资源是自然资源,使用应当免费;68.68%的受调查者能够正确认识水资源的商品属性,不认可水价越低越好,有91.18%的受调查者不认为水价越高越好;有8.82%的受调查者错误地认为水价越高越好,31.32%的受调查者错误地认为水价越低越好。

关于水资源管理知识，郑州市 91.42%的受调查者了解我国的水资源管理手段有法律法规、行政规定等；92.34%的受调查者了解水价、水资源费、排污费、财政补贴等；91.65%的受调查者了解节水技术、污水处理技术等；但有 17.13%的受调查者对宣传教育手段了解不多。

关于水污染知识，97.91%和 96.29%的郑州市受调查者能认识到水污染的主要致因有工业生产废水和轮船漏油或发生事故等；91.18%的郑州市受调查者能认识到水污染的原因有家庭生活污水的直接排放，但仍有 11.14%的受调查者并不了解家庭生活污水直接排放也会造成水污染。

2)水态度调查

关于水情感调查，有 84.68%的郑州市受调查者非常喜欢或者比较喜欢与水相关的名胜古迹或风景区(如都江堰、三峡大坝、千岛湖等)，但也有 2.09%的受调查者明确表示不太喜欢或不喜欢；有 41.07%的郑州市受调查者非常了解或者比较了解我国当前存在并需要解决的水问题(如水资源短缺、水生态损害、水环境污染等)，但也有 9.49%的受调查者表示不太了解这些问题，甚至有 2.09%的受调查者明确表示不了解我国当前存在哪些需要解决的水问题。

关于水责任调查，在问到“您是否愿意节约用水”时，郑州市受调查者均表示愿意节约用水，仅有 0.46%的人群表示不太愿意节约用水；而在问到“您是否愿意为节约用水而降低生活质量”时，比例为 96.29%，仅有 0.46%的受调查者表示不太愿意或不愿意；在问到“您是否愿意采取一些行动(如在水边捡拾垃圾、不往水里乱扔垃圾)来保护水生态环境”时，有 95.36%的受调查者愿意采取行动保护水生态环境，仅有 4.64%的受调查者明确表示不愿意这么做。

关于水伦理调查，有 97.21%的郑州市受调查者均表示反对“我们当代人不需要考虑缺水和水污染问题，后代人会有办法去解决”的观点，但也有 1.16%的受调查者表示非常赞同；有

93.9%的受调查者赞同“谁用水谁付费，谁污染谁补偿”的观点，但也有2.78%的受调查者表示反对这一观点。

3)水行为调查

关于水生态和水环境管理行为，有25.29%的郑州市受调查者表示总是会主动接受各类节水、护水、爱水宣传教育活动，有21.81%的受调查者表示经常会主动接受各类宣传教育活动，但也有21.81%的受调查者表示很少主动接受各类宣传教育活动，甚至有2.55%的受调查者表示从不主动接受各类宣传教育活动；94.9%的受调查者表示有过主动向他人说明保护水资源的重要性或者鼓励他人实施水资源保护行为的经历，也有5.1%的受调查者表示从未有过类似的水行为；有98.61%的受调查者有过主动学习各类节约用水等知识的行为，仍有1.39%的受调查者表示从未有过类似经历；有94.43%的受调查者曾经学习或了解过水灾害(如山洪暴发、城市内涝、泥石流等)避险的技巧方法，有5.57%的受调查者则表示从未学习过避险相关知识。

关于说服行为，有85.61%的郑州市受调查者有过劝告其他组织或个人停止污水排放等行为的经历，有14.39%的受调查者从未有过类似行为；有19.95%的受调查者经常主动参与社区或环保组织开展的节水、护水、爱水宣传活动，有88%左右的受调查者参加过这类活动，但也有11.60%的受调查者从未主动参与过这类活动。

关于消费行为，93.04%的郑州市受调查者有过利用淘米水洗菜或者浇花的行为，有35.73%的受调查者总是会这样做；88.63%的受调查者有过收集洗衣机的脱水或手洗衣服时的漂洗水进行再利用的经历，有26.91%的人群总是会这样做；有64.73%的受调查者总是会在洗漱时，随时关闭水龙头；有92.34%的受调查者会在发现前期用水量较大之后，有意识地主动减少洗衣服、洗手或者洗澡次数等，从而减少用水量，但也有7.66%的受调查者从未有过这样的行为；有96.29%的受调查者会购买或使用家庭节水设备(如节水马桶、节水水龙头及节水灌溉设备等)。

关于公民法律行为,有 14.62%的郑州市受调查者总是在发现身边有人做出不文明水行为时,会向有关部门举报,有 27.38%的受调查者表示从不这样做;仅有 17.63%的受调查者在发现企业直接排放未经处理的污水时,能够总是向有关部门举报,而有 70.77%的受调查者有过这样的行为,但也有 29.23%的受调查者从未有过这样的行为;有 17.87%的受调查者会在发现水行政监督执法部门监管不到位时,能够总是向有关部门举报,而有 31.79%的受调查者从不会这样做。

2. 水素养评价因子得分

对郑州市公民水素养问卷调查结果进行统计分析,得到各评价因子得分的均值(为 1～5,得分越高,评价越好),如表 7-16 所示。

表 7-16 郑州市公民水素养评价因子得分情况

一级指标	二级指标	问卷测评要点	得分
水知识	水科学基础知识	水资源分布现状	4.75
		水资源商品属性	4.13
	水资源开发利用及管理知识	水资源管理手段	4.58
	水生态环境保护知识	水污染知识	4.74
水态度	水情感	受调查者对水风景区的喜爱程度	4.42
		受调查者对当前水问题的关注度	3.33
	水责任	受调查者节约用水的责任感	4.42
		受调查者为节约用水而降低生活质量的责任感	4.69
		受调查者采取行动保护水生态环境的责任感	3.51
	水伦理	受调查者对“将解决水问题的责任推给后代”观点的态度	4.52
		受调查者对水补偿原则的态度	4.38

续表

一级指标	二级指标	问卷测评要点	得分
水行为	水生态和水环境管理行为	受调查者主动接受水宣传的行为	3.45
		受调查者主动向他人说明保护水资源的重要性的行为	3.27
		受调查者学习节约用水等知识的行为	3.34
		受调查者学习避险知识的行为	3.29
	说服行为	受调查者参与制止水污染事件的行为	2.93
		受调查者主动参与社区、环保组织开展的宣传活动的行为	3.17
	消费行为	受调查者对淘米水等回收利用的行为	3.77
		受调查者对洗衣时的漂洗水等回收利用的行为	3.40
		受调查者用水习惯	4.52
		受调查者用水频率	3.28
		受调查者购买、使用家庭节水设备的行为	3.79
	法律行为	受调查者举报他人不规范水行为的行为	2.63
		受调查者举报企业不规范水行为的行为	2.72
		受调查者举报行政监督执法部门行为失职的行为	2.66

从郑州市公民水素养评价因子得分情况来看，“水污染知识”“水资源管理手段”“水资源分布现状”得分均在4.50分以上，这说明受调查者对水知识的了解程度较高；相对其他水知识题目，“水资源商品属性”得分略微偏低，这反映了受调查者对水资源商品属性的认识有待进一步提高。

水态度中得分最高的题目是“您是否愿意为节约用水而降低生活质量”，水行为中得分最高的题目是“洗漱时，随时关闭水龙头”题项，这说明绝大多数的受调查者主观上具有明确的节水、护水意识，有强烈的水伦理观，而这种水态度投射在水行为上的最突出表现就是在洗漱时能够做到随时关闭水龙头。其余水态度题目的得分也大多在4分左右，但受调查者对当前水问题的关注度得分最低，只有3.33分，而对“是否愿意采取一些行为(如在水边捡拾垃圾、不往水里乱扔垃圾)来保护水生态环境”的责任感得分也偏低,仅为3.51分。

水行为题目除受调查者用水习惯之外得分均在4分以下,尤其是3道法律行为的题目,得分更低。这说明绝大多数的受调查者在实际生活中缺乏规范的水行为,尤其是在面对他人或组织的不当水行为时,更是很少做出有效的阻止行动。

3. 水素养指数

依据前文所述水知识指数、水态度指数、水行为指数及水素养指数计算方法,得到郑州市公民水素养指数,如表7-17所示。

表7-17 郑州市公民水素养指数

城市	水知识指数	水态度指数	水行为指数	水素养指数
郑州	92.85	84.36	67.19	73.27

基于受调查者个性特征的郑州市公民水素养指数,如表7-18所示。

表7-18 基于个性特征的郑州市公民水素养指数

受调查者个性特征	水知识指数	水态度指数	水行为指数	水素养指数
男性	92.92	84.57	68.49	74.22
女性	92.76	84.13	65.70	72.19
6—17岁	94.06	81.12	53.38	63.14
18—35岁	93.63	85.90	71.62	76.74
36—45岁	93.66	84.75	66.19	72.74
46—59岁	90.79	79.71	60.15	67.21
60岁以上	84.52	79.83	57.40	64.76
小学	85.44	78.75	57.02	64.35
初中	91.41	80.66	59.02	66.69
高中(含中专、技工、职高、技校)	91.13	85.39	69.91	75.22
本科(含大专)	95.20	85.96	70.59	76.18
硕士及以上	94.13	85.75	67.70	74.05

续表

受调查者个性特征	水知识指数	水态度指数	水行为指数	水素养指数
学生	95.37	83.17	63.93	70.99
务农人员	90.44	83.23	69.65	74.51
企业人员	94.13	87.26	67.72	74.39
国家公务人员(含军人、警察)	91.81	85.47	70.06	75.40
公用事业单位人员	95.16	87.85	69.89	76.11
自由职业者	89.33	83.13	66.89	72.48
其他	91.45	84.82	69.75	75.01
城镇	93.10	86.02	68.35	74.46
农村	92.38	81.32	65.06	71.09
0.5 万元以下	89.93	85.02	68.60	74.12
0.5 万～1 万元	93.92	83.14	63.78	70.75
1 万～2 万元	94.90	82.52	63.95	70.82
2 万～5 万元	93.77	86.33	70.99	76.41
5 万元以上	92.32	89.93	76.85	81.11

7.6.2　基于调整系数的郑州市公民水素养评价

1. 基于抽样人群结构的校正

按照受教育程度对郑州市问卷进行分类，计算得出郑州市在小学及以下、初中、高中(含中专、技工、职高、技校)、本科(含大专)、硕士及以上等受教育程度的水素养评价值分别为 64.35、66.69、75.22、76.18、74.05。受调查者总人数为 431，不同受教育程度人数分别为 48、55、71、212、45。抽样调查中受教育程度的五类人群分别占比为 11.14%、12.76%、16.47%、49.19%、10.44%，在郑州市实际总人口中，受教育程度的五类人群实际比例为 30.18%、44.72%、17.14%、7.80%、0.16%。按照公式计算得出基于抽样人群校正的水素养得分为 68.20。根据抽样人群结构校正后的水素养得分与问卷调查实际得分相差较小，这表明实际调查水素养得分比较符合抽样调查实际情况，具有一定的科学性。

2. 基于生活节水效率值的调节

郑州市常住公民实际生活用水量为111.23L/人·d,公民生活用水定额为120.00L/人·d,通过计算得出郑州市公民生活节水效率调整值为64.38,其节水效率值调整系数为0.07。公民用水量少于该地区的生活用水定额,这表明该地区公民节水意识较强,在日常生活用水时会约束自己的用水行为。

3. 水素养综合评价值

基于以上两种修正方式以及水素养综合评价值最终公式:

$$W = F_1\lambda_1 + F_2\lambda_2 = 68.20 \times 0.8 + 64.38 \times 0.2 = 67.44$$

式中:W 为水素养综合评价值;F_1 为修正后的水素养评价值;λ_1 为修正后的水素养评价值所占权重;F_2 为节水效率调整值;λ_2 为节水效率调整值所占权重。

7.7 西宁市

7.7.1 基于调查结果的西宁市公民水素养评价

1. 描述性统计

1)水知识调查

关于水资源分布知识,西宁市有91.67%和94.17%的受调查者分别了解我国水资源分布的现状,如空间分布不均匀和大部分地区降水量分配不均匀;有超过86.52%以上的受调查者清楚我国水资源总量丰富,但人均占有量少的分布特征;但仍有14.58%的受调查者认为我国根本不缺水。

关于对水价的看法,有66.67%的西宁市受调查者认同水资源作为商品,使用应当付费,但也有28.33%的受调查者认为水资源是自然资源,使用应当免费;63.75%的受调查者能够正确认识水资源的商品属性,不认可水价越低越好,也有86.67%的受调查者不认为水价越高越好。

关于水资源管理知识,西宁市有90.42%和93.75%的受调查者对我国水资源管理手段的了解包括节水技术、污水处理技术和宣传教育；有86.25%的受调查者了解水价、水资源费、排污费、财政补贴等管理手段；但也有12.92%的受调查者对法律法规、行政规定等法律法规、行政规定手段了解不多。

关于水污染知识，95.42%的西宁市受调查者能认识到水污染的主要致因有工业生产废水和轮船漏油或发生事故等；92.50%的西宁市受调查者能认识到农药、化肥的过度使用也会导致水污染；但仍有13.75%的受调查者并不了解家庭生活污水直接排放也会造成水污染。

2)水态度调查

关于水情感调查，有60.83%的西宁市受调查者非常喜欢或者比较喜欢与水相关的名胜古迹或风景区(如都江堰、三峡大坝、千岛湖等)，但也有11.48%的受调查者明确表示不太喜欢或者不喜欢；有45.83%的西宁市受调查者非常了解或者比较了解我国当前存在并需要解决的水问题(如水资源短缺、水生态损害、水环境污染等)，但也有12.30%的受调查者表示不太了解这些问题，甚至有2.05%的受调查者明确表示不了解我国当前存在哪些需要解决的水问题。

关于水责任调查，在问到"您是否愿意节约用水"时，超过94.59%的西宁市受调查者愿意节约用水，但也有5.41%的人群明确表示不太愿意节约用水；而在问到"您是否愿意为节约用水而降低生活质量"时，比例则降到55.42%，有7.38%的受调查者表示不太愿意，还有2.46%的受调查者明确表示不愿意；在问到"您是否愿意采取一些行动(如在水边捡拾垃圾、不往水里乱扔垃圾)来保护水生态环境"时，有95.42%的受调查者愿意采取行动保护水生态环境，但也有4.58%的受调查者明确表示不太愿意或者不愿意这么做。

关于水伦理调查，有93.75%的西宁市受调查者反对"我们当代人不需要考虑缺水和水污染问题，后代人会有办法去解决"的观点，但仍有6.25%的受调查者赞同这种观点；同样有63.75%

的受调查者赞同“谁用水谁付费，谁污染谁补偿”的观点，但也有5.83%的受调查者反对这一观点。

3)水行为调查

关于水生态和水环境管理行为，有19.17%的西宁市受调查者表示总是会主动接受各类节水、护水、爱水宣传教育活动，有31.67%的受调查者表示经常会主动接受各类宣传教育活动，但也有9.58%的受调查者表示很少主动接受各类宣传教育活动，甚至有1%的受调查者表示从不主动接受各类宣传教育活动；97.50%的受调查者表示有过主动向他人说明保护水资源的重要性或者鼓励他人实施水资源保护行为的经历，也有2.50%的受调查者表示从未有过类似的水行为；有99.58%的受调查者有过主动学习各类节约用水等知识的行为，仍有0.42%的受调查者表示从未有过类似经历；有98.33%的受调查者曾经学习或了解过水灾害(如山洪暴发、城市内涝、泥石流等)避险的技巧方法，有1.67%的受调查者则表示从未学习过避险相关知识。

关于说服行为，有97.82%的西宁市受调查者有过劝告其他组织或个人停止污水排放等行为的经历，但也有2.18%的受调查者从未有过类似行为；有44.16%的受调查者比较经常地主动参与社区或环保组织开展的节水、护水、爱水宣传活动，有53.34%的受调查者参加过这类活动，但也有2.50%的受调查者从未主动参与过这类活动。

关于消费行为，98.33%的西宁市受调查者有过利用淘米水洗菜或者浇花的行为，甚至有22.08%的受调查者总是会这样做；96.25%的受调查者有过收集洗衣机的脱水或手洗衣服时的漂洗水进行再利用的经历，有17.92%的人群总是会这样做；99.58%的受调查者会在洗漱时，随时关闭水龙头，有39.58%的人能够总是这样做；有88.21%的受调查者会在发现前期用水量较大之后，有意识地主动减少洗衣服、洗手或者洗澡次数等，从而减少用水量，但也有1.25%的受调查者从未有过这样的行为；有96.67%的受调查者会购买或使用家庭节水设备(如节水马桶、节水水龙头及节水灌溉设备等)。

关于法律行为,只有 15.00%的西宁市受调查者总是在发现身边有人做出不文明水行为时,向有关部门举报,而 5.42%的受调查者表示从未这样做过;仅有 15.83%的受调查者在发现企业直接排放未经处理的污水时,能够总是向有关部门举报,而有 91.67%的受调查者有过这样的行为,但也有 8.33%的受调查者从未有过这样的行为;仅有 12.08%的受调查者会在发现水行政监督执法部门监管不到位时,能够总是向有关部门举报,而有 8.33%的受调查者从不会这样做。

2. 水素养评价因子得分

对西宁市公民水素养问卷调查结果进行统计分析,得到各评价因子得分的均值(为 1～5,得分越高,评价越好),如表 7-19 所示。

表 7-19　西宁市公民水素养评价因子得分情况

一级指标	二级指标	问卷测评要点	得分
水知识	水科学基础知识	水资源分布现状	3.58
		水资源商品属性	3.89
	水资源开发利用及管理知识	水资源管理手段	4.58
	水生态环境保护知识	水污染知识	4.70
水态度	水情感	受调查者对水风景区的喜爱程度	3.85
		受调查者对当前水问题的关注度	3.35
	水责任	受调查者节约用水的责任感	4.17
		受调查者为节约用水而降低生活质量的责任感	3.66
		受调查者采取行动保护水生态环境的责任感	4.02
	水伦理	受调查者对“将解决水问题的责任推给后代”观点的态度	4.16
		受调查者对水补偿原则的态度	3.66

续表

<table>
<tr><th>一级指标</th><th>二级指标</th><th>问卷测评要点</th><th>得分</th></tr>
<tr><td rowspan="15">水行为</td><td rowspan="4">水生态和水环境管理行为</td><td>受调查者主动接受水宣传的行为</td><td>3.57</td></tr>
<tr><td>受调查者主动向他人说明保护水资源的重要性的行为</td><td>3.49</td></tr>
<tr><td>受调查者学习节约用水等知识的行为</td><td>3.78</td></tr>
<tr><td>受调查者学习避险知识的行为</td><td>3.39</td></tr>
<tr><td rowspan="2">说服行为</td><td>受调查者参与制止水污染事件的行为</td><td>3.48</td></tr>
<tr><td>受调查者主动参与社区、环保组织开展的宣传活动的行为</td><td>3.33</td></tr>
<tr><td rowspan="5">消费行为</td><td>受调查者对淘米水等回收利用的行为</td><td>3.74</td></tr>
<tr><td>受调查者对洗衣时的漂洗水等回收利用的行为</td><td>3.43</td></tr>
<tr><td>受调查者用水习惯</td><td>4.10</td></tr>
<tr><td>受调查者用水频率</td><td>3.49</td></tr>
<tr><td>受调查者购买、使用家庭节水设备的行为</td><td>3.57</td></tr>
<tr><td rowspan="3">法律行为</td><td>受调查者举报他人不规范水行为的行为</td><td>3.21</td></tr>
<tr><td>受调查者举报企业不规范水行为的行为</td><td>3.16</td></tr>
<tr><td>受调查者举报行政监督执法部门行为失职的行为</td><td>3.04</td></tr>
</table>

从西宁市公民水素养评价因子得分情况来看，“水污染知识”“水资源管理手段”得分均在4.50分以上，这说明受调查者对水知识的了解程度较高；相对其他水知识题目，“水资源分布现状”得分偏低，这反映了受调查者对水资源分布现状的认识不够科学全面。水态度中得分最高的题目是“您是否愿意节约用水”，水行为中得分最高的题目是“洗漱时，随时关闭水龙头”题项。这说明绝大多数的受调查者主观上具有明确的节水意识，而这种节水意识投射在水行为上的最突出表现就是在洗漱时能够做到随时关闭水龙头。其余水态度题目的得分也大多在3.50分以上，但受调查者对当前水问题的关注度得分偏低，只有3.35分，而“为节约用水而降低生活质量”的责任感得分相对偏低，仅有3.66分。

这一方面反映出公民对于我国水问题的关注度不高，另一方面说明了节约用水责任的宣传存在着问题。水行为题目除“洗漱时，随时关闭水龙头”得分在4分以上，其他题目得分均在4分以下，尤其是3道法律行为的题目，得分偏低。这说明绝大多数的受调查者在实际生活中缺乏规范的水行为，尤其是在面对他人或组织的不当水行为时，更是很少做出有效的阻止行动。

3. 水素养指数

依据前文所述水知识指数、水态度指数、水行为指数及水素养指数计算方法，得到西宁市公民水素养指数，如表7-20所示。

表7-20　西宁市公民水素养指数

城市	水知识指数	水态度指数	水行为指数	水素养指数
西宁	91.13	78.13	70.02	73.71

基于受调查者个性特征的西宁市公民水素养指数，如表7-21所示。

表7-21　基于个性特征的西宁市公民水素养指数

受调查者个性特征	水知识指数	水态度指数	水行为指数	水素养指数
男性	90.54	70.69	70.51	72.38
女性	91.93	70.41	69.35	71.64
6—17岁	82.82	68.08	67.74	69.88
18—35岁	91.08	74.15	71.39	73.79
36—45岁	92.33	69.15	68.15	70.58
46—59岁	90.48	60.87	65.13	66.52
60岁以上	98.17	66.37	72.69	73.64
小学	71.48	79.52	63.85	67.96
初中	88.66	69.75	69.40	71.24
高中（含中专、技工、职高、技校）	92.87	68.79	70.56	72.21
本科（含大专）	91.54	72.65	69.90	72.47

续表

受调查者个性特征	水知识指数	水态度指数	水行为指数	水素养指数
硕士及以上	98.35	61.16	73.68	73.21
学生	90.91	74.68	69.70	72.72
务农人员	87.31	70.81	65.94	68.96
企业人员	91.38	66.25	68.84	70.34
国家公务人员(含军人、警察)	97.64	59.17	72.05	71.59
公用事业单位人员	91.72	72.65	67.24	70.66
自由职业者	90.01	78.81	80.81	81.21
其他	88.92	63.74	62.22	64.99
城镇	94.83	66.24	68.92	70.71
农村	86.77	75.70	71.31	73.68
0.5万元以下	88.13	74.95	69.54	72.41
0.5万～1万元	91.23	72.38	68.80	71.63
1万～2万元	92.19	67.21	68.56	70.42
2万～5万元	93.65	64.13	71.23	71.73
5万元以上	92.60	75.05	75.62	77.05

7.7.2 基于调整系数的西宁市公民水素养评价

1. 基于抽样人群结构的校正

按照受教育程度对西宁市问卷进行分类，计算得出西宁市在小学及以下、初中、高中(含中专、技工、职高、技校)、本科(含大专)、硕士及以上等受教育程度的水素养评价值分别为67.96、71.24、72.21、72.47、73.21。受调查者总人数为240，不同受教育程度人数分别为7、48、64、107、14。抽样调查中受教育程度的五类人群分别占比为11.14%、12.76%、16.47%、49.19%、10.44%，在西宁市实际总人口中，受教育程度的五类人群实际比例为30.18%、44.72%、17.14%、7.80%、0.16%。按照公式计算得出基于抽样人群校正的水素养得分为70.04。根据抽样人群结构校正后的水素养得分与问卷调查实际得分相差较小，这表明实际调查水素养得分比较符合抽样调查实际情况，具有一定的科学性。

2. 基于生活节水效率值的调节

西宁市常住公民实际生活用水量为129.36L/人·d，公民生活用水定额为120.00L/人·d，通过计算得出西宁市公民生活节水效率调整值为55.32，其节水效率值调整系数为−0.08。公民用水量多于该地区的生活用水定额，这表明该地区公民节水意识不强，在日常生活用水时不太会约束自己的用水行为。

3. 水素养综合评价值

基于以上两种修正方式以及水素养综合评价值最终公式：

$$W = F_1\lambda_1 + F_2\lambda_2 = 70.04 \times 0.8 + 55.32 \times 0.2 = 67.10$$

式中：W 为水素养综合评价值；F_1 为修正后的水素养评价值；λ_1 为修正后的水素养评价值所占权重；F_2 为节水效率调整值；λ_2 为节水效率调整值所占权重。

7.8　南宁市

7.8.1　基于调查结果的南宁市公民水素养评价

1. 描述性统计

1)水知识调查

关于水资源分布知识，南宁市有85.76%和88.54%的受调查者清楚我国水资源空间分布不均匀和大部分地区降水量分配不均匀；有79.17%的受调查者清楚我国水资源总量丰富，但人均占有量少的分布特征；但仍有21.87%的受调查者错误地认为我国根本不缺水。

关于对水价的看法，有72.57%的南宁市受调查者认同水资源作为商品，使用应当付费，但也有34.37%的受调查者认为水资源是自然资源，使用应当免费；63.19%的受调查者能够正确认识水资源的商品属性，不认可水价越低越好；但也有12.50%的受调查者错误地认为水价越高越好。

关于水资源管理知识，南宁市有85.76%的受调查者了解我国水资源管理手段有法律法规、行政规定等；19.10%的受调查者不了解我国水资源管理手段有水价、水资源费、排污费、财政补贴等；89.93%的受调查者了解我国水资源管理手段有节水技术、污水处理技术等；86.46%的受调查者了解宣传教育也是我国水资源管理手段。

关于水污染知识，96.18%的南宁市受调查者能认识到水污染的主要致因是工业生产废水直接排放；93.40%和92.71%的南宁市受调查者分别能认识到农药、化肥的过度使用和轮船漏油或发生事故等会造成水污染；但仍有21.53%的受调查者并不了解家庭生活污水直接排放也会造成水污染。

2)水态度调查

关于水情感调查，有69.80%的南宁市受调查者非常喜欢或者比较喜欢与水相关的名胜古迹或风景区(如都江堰、三峡大坝、千岛湖等)，但也有28.47%的受调查者明确表示不太喜欢或者不喜欢；有36.11%的南宁市受调查者非常了解或者比较了解我国当前存在并需要解决的水问题(如水资源短缺、水生态损害、水环境污染等)，但也有16.67%的受调查者表示不太了解这些问题，甚至有5.21%的受调查者明确表示不了解我国当前存在哪些需要解决的水问题。

关于水责任调查，在问到“您是否愿意节约用水”时，有64.58%的南宁市受调查者表示非常愿意或者比较愿意节约用水，但也有7.3%的人群明确表示不太愿意或者不愿意节约用水；在问到“您是否愿意为节约用水而降低生活质量”时，比例则上升到83.63%；仅有3.12%的受调查者表示不太愿意或者不愿意；

在问到“您是否愿意采取一些行动(如在水边捡拾垃圾、不往水里乱扔垃圾)来保护水生态环境”时,表示非常愿意或者比较愿意的受调查者有48.95%,但也有18.75%的受调查者明确表示不太愿意或者不愿意这么做。

关于水伦理调查,有79.51%的南宁市受调查者反对“我们当代人不需要考虑缺水和水污染问题,后代人会有办法去解决”的观点,但仍有1.04%的受调查者赞同这种观点;同样有74%的受调查者赞同“谁用水谁付费,谁污染谁补偿”的观点,但也有2%的受调查者反对这一观点。

3)水行为调查

关于水生态和水环境管理行为,有11.11%的南宁市受调查者表示总是会主动接受各类节水、护水、爱水的宣传教育活动,有27.08%的受调查者表示经常会主动接受各类宣传教育活动,但也有22.92%的受调查者表示很少主动接受各类宣传教育活动,甚至有5.21%的受调查者表示从不主动接受各类宣传教育活动;87.85%的受调查者表示有过主动向他人说明保护水资源的重要性或者鼓励他人实施水资源保护行为的经历,也有12.15%的受调查者表示从未有过类似的水行为;有96.53%的受调查者有过主动学习各类节约用水等知识的行为,仍有3.47%的受调查者表示从未有过类似经历;有92.71%的受调查者曾经学习或了解过水灾害(如山洪暴发、城市内涝、泥石流等)避险的技巧方法,有7.29%的受调查者则表示从未学习过避险相关知识。

关于说服行为,有84.37%的南宁市受调查者有过劝告其他组织或个人停止污水排放等行为的经历,但也有15.63%的受调查者从未有过类似行为;有超过36.46%的受调查者比较经常地主动参与社区或环保组织开展的节水、护水、爱水宣传活动,有超过54.52%的受调查者参加过这类活动,但也有9.03%的受调查者从未主动参与过这类活动。

关于消费行为,97.22%的南宁市受调查者有过利用淘米水洗菜或者浇花的行为,甚至有23.61%的受调查者总是会这样做;

89.58%的受调查者有过收集洗衣机的脱水或手洗衣服时的漂洗水进行再利用的经历，有16.32%的人群总是会这样做；97.92%的受调查者会在洗漱时，随时关闭水龙头，有56.60%的人能够总是这样做；有78.47%的受调查者会在发现前期用水量较大之后，有意识地主动减少洗衣服、洗手或者洗澡次数等，从而减少用水量，但也有10.42%的受调查者从未有过这样的行为；有93.06%的受调查者会购买或使用家庭节水设备(如节水马桶、节水水龙头及节水灌溉设备等)。

关于法律行为，只有6.25%的南宁市受调查者总是在发现身边有人做出不文明水行为时，向有关部门举报，而22.22%的受调查者表示从未这样做过；仅有9.72%的受调查者在发现企业直接排放未经处理的污水时，能够总是向有关部门举报，而有65.25%的受调查者有过这样的行为，但25%的受调查者从未有过这样的行为；仅有10.24%的受调查者会在发现水行政监督执法部门监管不到位时，能够总是向有关部门举报，而有26.74%的受调查者从不会这样做。

2.水素养评价因子得分

对南宁市公民水素养问卷调查结果进行统计分析，得到各评价因子得分的均值(为1～5，得分越高，评价越好)，如表7-22所示。

表7-22 南宁市公民水素养评价因子得分情况

一级指标	二级指标	问卷测评要点	得分
水知识	水科学基础知识	水资源分布现状	4.33
		水资源商品属性	3.89
	水资源开发利用及管理知识	水资源管理手段	4.43
	水生态环境保护知识	水污染知识	4.61

续表

一级指标	二级指标	问卷测评要点	得分
水态度	水情感	受调查者对水风景区的喜爱程度	3.98
		受调查者对当前水问题的关注度	3.17
	水责任	受调查者节约用水的责任感	4.27
		受调查者为节约用水而降低生活质量的责任感	3.45
		受调查者采取行动保护水生态环境的责任感	3.89
	水伦理	受调查者对“将解决水问题的责任推给后代”观点的态度	4.19
		受调查者对水补偿原则的态度	3.97
水行为	水生态和水环境管理行为	受调查者主动接受水宣传的行为	3.16
		受调查者主动向他人说明保护水资源的重要性的行为	2.86
		受调查者学习节约用水等知识的行为	3.11
		受调查者学习避险知识的行为	3.08
	说服行为	受调查者参与制止水污染事件的行为	2.67
		受调查者主动参与社区、环保组织开展的宣传活动的行为	3.03
	消费行为	受调查者对淘米水等回收利用的行为	3.63
		受调查者对洗衣时的漂洗水等回收利用的行为	3.16
		受调查者用水习惯	4.33
		受调查者用水频率	3.00
		受调查者购买、使用家庭节水设备的行为	3.28
	法律行为	受调查者举报他人不规范水行为的行为	2.45
		受调查者举报企业不规范水行为的行为	2.52
		受调查者举报行政监督执法部门行为失职的行为	2.50

从南宁市公民水素养评价因子得分情况来看,“水污染知识”“水资源管理手段”“水资源分布现状”得分基本上达到4.50分左右,这说明受调查者对水知识的了解程度较高;相对其他水知识题目,“水资源商品属性”得分偏低,这反映了受调查者对水资源

商品属性的认识不够科学全面。

水态度中得分最高的题目是“您是否愿意节约用水”，水行为中得分最高的题目是“洗漱时，随时关闭水龙头”题项。这说明绝大多数的受调查者主观上具有明确的节水意识，而这种节水意识投射在水行为上的最突出表现就是在洗漱时能够做到随时关闭水龙头。其余水态度题目的得分多在 4 分以下，除了受调查者对“将解决水问题的责任推给后代”观点的和受调查者节约用水的责任感得分在 4 分以上，这说明受调查者能够认识到水资源的不可再生性；但是总体来说节约用水的态度并没有很高的得分。这一方面反映出社会经济发展带来的消费观念的转变和公民对较高生活质量的追求，另一方面也说明水价在一定程度上还未起到调节作用。

水行为题目除“受调查者用水习惯”得分在 4 分以上，其他题目得分均在 4 分以下，尤其是 3 道法律行为的题目，得分甚至在 3 分以下。这说明绝大多数的受调查者在实际生活中缺乏规范的水行为，尤其是在面对他人或组织的不当水行为时，更是很少做出有效的阻止行动。

3. 水素养指数

依据前文所述水知识指数、水态度指数、水行为指数及水素养指数计算方法，得到南宁市公民水素养指数，如表 7-23 所示。

表 7-23　南宁市公民水素养指数

城市	水知识指数	水态度指数	水行为指数	水素养指数
南宁	89.04	77.67	62.49	68.22

基于受调查者个性特征的南宁市公民水素养指数，如表 7-24 所示。

表 7-24　基于个性特征的南宁市公民水素养指数

受调查者个性特征	水知识指数	水态度指数	水行为指数	水素养指数
男性	88.79	75.46	60.56	66.38

续表

受调查者个性特征	水知识指数	水态度指数	水行为指数	水素养指数
女性	89.24	79.52	64.11	69.76
6—17 岁	89.62	77.63	63.06	68.66
18—35 岁	88.66	79.87	64.66	70.16
36—45 岁	86.96	77.58	66.44	70.74
46—59 岁	93.53	75.30	56.22	63.78
60 岁以上	83.77	74.53	57.76	63.79
小学	87.08	76.72	59.95	66.08
初中	86.23	74.97	62.37	67.29
高中(含中专、技工、职高、技校)	91.09	77.85	62.38	68.37
本科(含大专)	90.07	79.49	63.07	69.11
硕士及以上	91.66	84.63	69.48	74.81
学生	88.67	77.77	63.23	68.72
务农人员	86.13	76.21	62.88	67.69
企业人员	92.14	80.41	67.02	72.23
国家公务人员(含军人、警察)	95.19	77.74	57.64	65.44
公用事业单位人员	84.07	78.61	63.42	68.61
自由职业者	85.66	77.84	63.17	68.42
其他	89.84	75.66	62.26	67.70
城镇	90.44	78.00	63.24	68.94
农村	87.23	77.26	61.54	67.31
0.5 万元以下	94.39	88.00	68.85	75.35
0.5 万～1 万元	91.94	77.47	65.16	70.19
1 万～2 万元	90.51	63.85	62.82	65.58
2 万～5 万元	86.90	77.61	62.90	68.29
5 万元以上	89.24	76.50	61.13	67.05

7.8.2 基于调整系数的南宁市公民水素养评价

1. 基于抽样人群结构的校正

按照受教育程度对南宁市问卷进行分类，计算得出南宁市在小学及以下、初中、高中（含中专、技工、职高、技校）、本科（含大专）、硕士及以上等受教育程度的水素养评价值分别为66.08、67.29、68.37、69.11、74.81。受调查者总人数为240，不同受教育程度人数分别为7、48、64、107、14。抽样调查中受教育程度的五类人群分别占比为12.85%、25.69%、28.13%、30.21%、3.13%，在南宁市实际总人口中，受教育程度的五类人群实际比例为32.57%、44.27%、15.18%、7.74%、0.25%。按照公式计算得出基于抽样人群校正的水素养得分为67.22。根据抽样人群结构校正后的水素养得分与问卷调查实际得分相差较小，这表明实际调查水素养得分比较符合抽样调查实际情况，具有一定的科学性。

2. 基于生活节水效率值的调节

南宁市常住公民实际生活用水量为173.34L/人·d，公民生活用水定额为190.00L/人·d，通过计算得出南宁市公民生活节水效率调整值为65.26，其节水效率值调整系数为0.09。公民用水量小于该地区的生活用水定额，这表明该地区公民节水意识比较强，在日常生活用水时有约束自己的用水行为。

3. 水素养综合评价值

基于以上两种修正方式以及水素养综合评价值最终公式：

$$W = F_1\lambda_1 + F_2\lambda_2 = 67.22 \times 0.8 + 65.26 \times 0.2 = 66.83$$

式中：W 为水素养综合评价值；F_1 为修正后的水素养评价值；λ_1 为修正后的水素养评价值所占权重；F_2 为节水效率调整值；λ_2 为节水效率调整值所占权重。

7.9 北京市

7.9.1 基于调查结果的北京市公民水素养评价

1. 描述性统计

1)水知识调查

关于水资源分布知识,北京市有93.68%和94.70%的受调查者清楚我国水资源空间分布不均匀和大部分地区降水量分配不均匀;有83.76%的受调查者清楚我国水资源总量丰富,但人均占有量少的分布特征;但仍有29.23%的受调查者认为我国根本不缺水。

关于对水价的看法,有72.65%的北京市受调查者认同水资源作为商品,使用应当付费,但也有36.07%的受调查者认为水资源是自然资源,使用应当免费;60.68%的受调查者能够正确认识水资源的商品属性,不认可水价越低越好,也有66.84%的受调查者不认为水价越高越好;但也有39.32%的受调查者错误地认为水价越高越好,或者越低越好。

关于水资源管理知识,北京市有95.73%和95.04%的受调查者了解我国水资源管理手段包括水价、水资源费、排污费、财政补贴等和宣传教育;而96.41%的受调查者了解我国水资源管理手段有节水技术、污水处理技术等;但也有16.58%的受调查者对法律法规、行政规定手段了解不多。

关于水污染知识,98.97%、97.26%及96.41%的北京市受调查者分别能认识到水污染的主要致因有工业生产废水的直接排放、农药、化肥的过度使用及轮船漏油或发生事故等;但仍有10.94%的受调查者并不了解家庭生活污水直接排放也会造成水污染。

2)水态度调查

关于水情感调查,有82.22%的北京市受调查者非常喜欢或者比较喜欢与水相关的名胜古迹或风景区(如都江堰、三峡大坝、千岛湖等),但也有3.94%的受调查者明确表示不太喜欢或者不喜欢;有58.97%的北京市受调查者非常了解或者比较了解我国当前存在并需要解决的水问题(如水资源短缺、水生态损害、水环境污染等),但也有7.52%的受调查者表示不太了解这些问题,甚至有0.85%的受调查者明确表示不了解我国当前存在哪些需要解决的水问题。

关于水责任调查,在问到"您是否愿意节约用水"时,94.19%的北京市受调查者愿意节约用水,但也有0.51%的受调查者明确表示不太愿意节约用水;而在问到"您是否愿意为节约用水而降低生活质量"时,比例则降到47.01%,还不到一半,而有19.66%的受调查者表示不太愿意,还有6.50%的受调查者明确表示不愿意;在问到"您是否愿意采取一些行动(如在水边捡拾垃圾、不往水里乱扔垃圾)来保护水生态环境"时,有84.39%的受调查者愿意采取行动保护水生态环境,但也有5.32%的受调查者明确表示不太愿意或者不愿意这么做。

关于水伦理调查,有93.16%的北京市受调查者反对"我们当代人不需要考虑缺水和水污染问题,后代人会有办法去解决"的观点,但仍有2.05%的受调查者赞同这种观点;同样有90.43%的受调查者赞同"谁用水谁付费,谁污染谁补偿"的观点,但也有3.93%的受调查者反对这一观点。

3)水行为调查

关于水生态和水环境管理行为,有25.47%的北京市受调查者表示总是会主动接受各类节水、护水、爱水宣传教育活动,有27.35%的受调查者表示经常会主动接受各类宣传教育活动,但也有15.21%的受调查者表示很少主动接受各类宣传教育活动,甚至有3.76%的受调查者表示从不主动接受各类宣传教育活动;88.03%的受调查者表示有过主动向他人说明保护水资源的重要性或者鼓励他人实施水资源保护行为的经历,也有11.97%的受调查者表示从未有过类似的水行为;有98.80%的受调查者有过主动学习各类节约用水等知识的行为，仍有1.20%的受调查者表示从未有过类似经历；有96.58%的受调查者曾经学习或了解过水灾害(如山洪暴发、城市内涝、泥石流等)避险的技巧方法，有3.42%的受调查者则表示从未学习过避险相关知识。

关于说服行为，有83.93%的北京市受调查者有过劝告其他组织或个人停止污水排放等行为的经历，但也有16.07%的受调查者从未有过类似行为；有40.51%的受调查者比较经常地主动参与社区或环保组织开展的节水、护水、爱水宣传活动，有超过50%的受调查者参加过这类活动，但也有7.52%的受调查者从未主动参与过这类活动。

关于消费行为，98.93%的北京市受调查者有过利用淘米水洗菜或者浇花的行为，甚至有45.30%的受调查者总是会这样做；96.07%的受调查者有过收集洗衣机的脱水或手洗衣服时的漂洗水进行再利用的经历，有39.49%的人群总是会这样做；98.46%的受调查者会在洗漱时，随时关闭水龙头，有67.52%的人能够总是这样做；有88.21%的受调查者会在发现前期用水量较大之后，有意识地主动减少洗衣服、洗手或者洗澡次数等，从而减少用水量，但也有11.79%的受调查者从未有过这样的行为；有97.09%的受调查者会购买或使用家庭节水设备(如节水马桶、节水水龙头及节水灌溉设备等)。

关于法律行为，只有16.24%的北京市受调查者总是在发现身边有人做出不文明水行为时，向有关部门举报，而接近27%的受调查者表示从未这样做过；仅有18.43%的受调查者在发现企业直接排放未经处理的污水时，能够总是向有关部门举报，而有超过50%的受调查者有过这样的行为，但也有25.94%的受调查者从未有过这样的行为；仅有17.78%的受调查者会在发现水行政监督执法部门监管不到位时，能够总是向有关部门举报，而有27.18%的受调查者从不会这样做。

2. 水素养评价因子得分

对北京市公民水素养问卷调查结果进行统计分析，得到各评价因子得分的均值（为 1～5，得分越高，评价越好），如表 7-25 所示。

从北京市公民水素养评价因子得分情况来看，“水污染知识”“水资源管理手段”“水资源分布现状”得分均在 4.50 分左右，这说明受调查者对水知识的了解程度较高；相对其他水知识题目，“水资源商品属性”得分偏低，这反映了受调查者对水资源商品属性的认识不够科学全面。

水态度中得分最高的题目是“您是否愿意节约用水”，水行为中得分最高的题目是“洗漱时，随时关闭水龙头”题项。这说明绝大多数的受调查者主观上具有明确的节水意识，而这种节水意识投射在水行为上的最突出表现就是在洗漱时能够做到随时关闭水龙头。

表 7-25　北京市公民水素养评价因子得分情况

一级指标	二级指标	问卷测评要点	得分
水知识	水科学基础知识	水资源分布现状	4.43
		水资源商品属性	3.64
	水资源开发利用及管理知识	水资源管理手段	4.71
	水生态环境保护知识	水污染知识	4.82
水态度	水情感	受调查者对水风景区的喜爱程度	4.24
		受调查者对当前水问题的关注度	3.68
	水责任	受调查者节约用水的责任感	4.61
		受调查者为节约用水而降低生活质量的责任感	3.36
		受调查者采取行动保护水生态环境的责任感	4.34
	水伦理	受调查者对“将解决水问题的责任推给后代”观点的态度	4.51
		受调查者对水补偿原则的态度	4.42

续表

一级指标	二级指标	问卷测评要点	得分
水行为	水生态和水环境管理行为	受调查者主动接受水宣传的行为	3.56
		受调查者主动向他人说明保护水资源的重要性的行为	3.21
		受调查者学习节约用水等知识的行为	3.61
		受调查者学习避险知识的行为	3.40
	说服行为	受调查者参与制止水污染事件的行为	2.91
		受调查者主动参与社区、环保组织开展的宣传活动的行为	3.20
	消费行为	受调查者对淘米水等回收利用的行为	4.12
		受调查者对洗衣时的漂洗水等回收利用的行为	3.83
		受调查者用水习惯	4.55
		受调查者用水频率	3.16
		受调查者购买、使用家庭节水设备的行为	4.16
	法律行为	受调查者举报他人不规范水行为的行为	2.69
		受调查者举报企业不规范水行为的行为	2.80
		受调查者举报行政监督执法部门行为失职的行为	2.76

其余水态度题目的得分也大多在 4 分以上，但受调查者对当前水问题的关注度得分偏低，只有 3.68 分，而“为节约用水而降低生活质量”的责任感得分相对更低，仅有 3.36 分。这一方面反映出社会经济发展带来的消费观念的转变和公民对较高生活质量的追求，另一方面也说明水价在一定程度上还未起到调节作用。

水行为题目除“发现前期用水量较大，主动减少洗衣服、洗手或者洗澡次数”及“利用淘米水洗菜或者浇花等”得分在 4 分以上，其他题目得分均在 4 分以下，尤其是 3 道法律行为的题目，得分甚至在 3 分以下。这说明绝大多数的受调查者在实际生活中缺乏规范的水行为，尤其是在面对他人或组织的不当水行为时，更是很少做出有效的阻止行动。

3. 水素养指数

依据前文所述水知识指数、水态度指数、水行为指数及水素养指数计算方法，得到北京市公民水素养指数，如表 7-26 所示。

表 7-26　北京市公民水素养指数

城市	水知识指数	水态度指数	水行为指数	水素养指数
北京	91.83	83.48	70.77	75.46

基于受调查者个性特征的北京市公民水素养指数，如表 7-27 所示。

表 7-27　基于个性特征的北京市公民水素养指数

受调查者个性特征	水知识指数	水态度指数	水行为指数	水素养指数
男性	91.92	82.60	71.67	75.90
女性	91.75	84.21	70.03	75.10
6—17 岁	95.50	76.12	68.49	72.62
18—35 岁	90.51	85.80	71.42	76.30
36—45 岁	94.32	81.42	69.83	74.59
46—59 岁	90.76	83.39	71.84	76.08
60 岁以上	95.70	72.52	66.52	70.49
小学	90.49	71.36	71.07	72.90
初中	91.40	77.04	67.78	71.96
高中（含中专、技工、职高、技校）	89.74	84.02	73.85	77.52
本科（含大专）	92.56	85.18	70.65	75.82
硕士及以上	91.96	87.81	68.59	73.82
学生	90.42	83.83	68.34	73.73
务农人员	94.12	69.03	64.62	68.28
企业人员	91.85	86.87	73.51	78.10
国家公务人员（含军人、警察）	95.12	80.02	69.78	74.46
公用事业单位人员	93.90	83.45	68.29	73.93

续表

受调查者个性特征	水知识指数	水态度指数	水行为指数	水素养指数
自由职业者	88.24	87.63	76.75	80.17
其他	88.67	87.05	78.83	81.52
城镇	91.96	85.00	70.45	75.58
农村	91.59	80.72	71.37	75.25
0.5万元以下	92.00	85.17	72.86	77.29
0.5万～1万元	92.87	81.04	67.02	72.43
1万～2万元	93.96	82.24	69.12	74.24
2万～5万元	91.58	83.91	71.62	76.12
5万元以上	89.18	84.64	72.42	76.61

7.9.2　基于调整系数的北京市公民水素养评价

1. 基于抽样人群结构的校正

按照受教育程度对北京市问卷进行分类，计算得出北京市在小学及以下、初中、高中(含中专、技工、职高、技校)、本科(含大专)、硕士及以上等受教育程度的水素养评价值分别为72.90、71.96、77.52、75.82、73.82。受调查者总人数为585，不同受教育程度人数分别为16、73、103、366、27。抽样调查中受教育程度的五类人群分别占比为2.73%、12.48%、17.61%、62.56%、4.62%，在北京市实际总人口中，受教育程度的五类人群实际比例为11.43%、23.94%、19.16%、38.07%、7.39%。按照公式计算得出基于抽样人群校正的水素养得分为74.75。根据抽样人群结构校正后的水素养得分与问卷调查实际得分相差较小，这表明实际调查水素养得分比较符合抽样调查实际情况，具有一定的科学性。

2. 基于生活节水效率值的调节

北京市常住公民实际生活用水量为254.98L/人·d，公民生活用水定额为 180.00L/人·d,通过计算得出北京市公民生活节水效率调整值为 35.01,其节水效率值调整系数为−0.42。公民用水量远高于该地区的生活用水定额,这表明该地区公民节水意识弱,在日常生活用水时不注重约束自己的用水行为。

3. 水素养综合评价值

基于以上两种修正方式以及水素养综合评价值最终公式:

$$W = F_1\lambda_1 + F_2\lambda_2 = 74.75 \times 0.8 + 35.01 \times 0.2 = 66.80$$

式中:W 为水素养综合评价值;F_1 为修正后的水素养评价值;λ_1 为修正后的水素养评价值所占权重;F_2 为节水效率调整值;λ_2 为节水效率调整值所占权重。

第8章 省会城市(Ⅳ类地区)水素养评价

8.1 重庆市

8.1.1 基于调查结果的重庆市公民水素养评价

1. 描述性统计

1)水知识调查

关于水资源分布知识,重庆市有88.75%和93.17%的受调查者清楚我国水资源空间分布不均匀和大部分地区降水量分配不均匀;有85.98%的受调查者清楚我国水资源总量丰富,但人均占有量少的分布特征;但仍有18.27%的受调查者认为我国根本不缺水。

关于对水价的看法,有74.72%的重庆市受调查者认同水资源作为商品,使用应当付费,但也有27.49%的受调查者认为水资源是自然资源,使用应当免费;41.49%的受调查者能够正确认识水资源的商品属性,不认可水价越低越好,更有90.22%的受调查者不认为水价越高越好。

关于水资源管理知识,重庆市92.25%、93.73%和90.22%的受调查者了解我国水资源管理手段主要包括水价、水资源费、排污费、财政补贴等和节水技术、污水处理技术以及宣传教育等;有10.33%的受调查者不了解法律法规、行政规定等是我国水资源管理手段。

关于水污染知识,95.02%、92.44%和92.62%的重庆市受调查者分别能认识到水污染的主要致因是工业生产废水以及农药、化肥的过度使用和轮船漏油或发生事故等；但仍有 12.18％的受调查者并不了解家庭生活污水直接排放也会造成水污染。

2)水态度调查

关于水情感调查，有 84.32％的重庆市受调查者非常喜欢或者比较喜欢与水相关的名胜古迹或风景区(如都江堰、三峡大坝、千岛湖等)，但也有 2.4％的受调查者明确表示不太喜欢或者不喜欢；有 37.46％的重庆市受调查者非常了解或者比较了解我国当前存在并需要解决的水问题(如水资源短缺、水生态损害、水环境污染等)，但也有 20.66％的受调查者表示不太了解这些问题，甚至有 1.29％的受调查者明确表示不了解我国当前存在哪些需要解决的水问题。

关于水责任调查，在问到“您是否愿意节约用水”时，超过90％的重庆市受调查者愿意节约用水，但也有 1.29％的人群明确表示不太愿意节约用水；而在问到“您是否愿意为节约用水而降低生活质量”时，比例则降到 55.91％，而有 13.65％的受调查者表示不太愿意，还有 4.98％的受调查者明确表示不愿意；在问到“您是否愿意采取一些行动(如在水边捡拾垃圾、不往水里乱扔垃圾)来保护水生态环境”时，有 85.43％的受调查者愿意采取行动保护水生态环境，但也有 2.39％的受调查者明确表示不太愿意或者不愿意这么做。

关于水伦理调查，有 76.19％的重庆市受调查者反对“我们当代人不需要考虑缺水和水污染问题，后代人会有办法去解决”的观点，也有 20.48％的受调查者赞同这种观点；有 91.70％的受调查者赞同“谁用水谁付费，谁污染谁补偿”的观点，但也有 4.98％的受调查者反对这一观点。

2)水行为调查

关于水生态和水环境管理行为，有 21.40％的重庆市受调查者表示总是会主动接受各类节水、护水、爱水宣传教育活动，有21.22％的受调查者表示经常会主动接受各类宣传教育活动，但也有16.79%的受调查者表示很少主动接受各类宣传教育活动,甚至有3.69%的受调查者表示从不主动接受各类宣传教育活动;96.32%的受调查者表示有过主动向他人说明保护水资源的重要性或者鼓励他人实施水资源保护行为的经历,也有3.68%的受调查者表示从未有过类似的水行为;有97.97%的受调查者有过主动学习各类节约用水等知识的行为,仍有2.03%的受调查者表示从未有过类似经历;有95.76%的受调查者曾经学习或了解过水灾害(如山洪暴发、城市内涝、泥石流等)避险的技巧方法,有4.24%的受调查者则表示从未学习过避险相关知识。

关于说服行为,有96.68%的重庆市受调查者有过劝告其他组织或个人停止污水排放等行为的经历,但也有3.32%的受调查者从未有过类似行为;有32.66%的受调查者比较经常地主动参与社区或环保组织开展的节水、护水、爱水宣传活动,有61.07%的受调查者参加过这类活动,但也有6.27%的受调查者从未主动参与过这类活动。

关于消费行为,96.13%的重庆市受调查者有过利用淘米水洗菜或者浇花的行为,甚至有26.75%的受调查者总是会这样做;92.62%的受调查者有过收集洗衣机的脱水或手洗衣服时的漂洗水进行再利用的经历,有21.03%的人群总是会这样做;99.26%的受调查者会在洗漱时,随时关闭水龙头,有49.26%的人能够总是这样做;有90.41%的受调查者会在发现前期用水量较大之后,有意识地主动减少洗衣服、洗手或者洗澡次数等,从而减少用水量,但也有9.59%的受调查者从未有过这样的行为;有96.31%的受调查者会购买或使用家庭节水设备(如节水马桶、节水水龙头及节水灌溉设备等)。

关于法律行为,只有11.81%的重庆市受调查者总是在发现身边有人做出不文明水行为时,向有关部门举报,而12.36%的受调查者表示从未这样做过;仅有12.36%的受调查者在发现企业直接排放未经处理的污水时,能够总是向有关部门举报,而有超过88%的受调查者有过这样的行为,但也有11.25%的受调查者从未有过这样的行为；仅有 12.18％的受调查者会在发现水行政监督执法部门监管不到位时，能够总是向有关部门举报，而有 12.73％的受调查者从不会这样做。

2. 水素养评价因子得分

对重庆市公民水素养问卷调查结果进行统计分析，得到各评价因子得分的均值（为 1～5，得分越高，评价越好），如表 8-1 所示。

从重庆市公民水素养评价因子得分情况来看，“水污染知识”“水资源管理手段”“水资源分布现状”得分均在 4.50 分以上，这说明受调查者对水知识的了解程度较高；相对其他水知识题目，“水资源商品属性”得分偏低，这反映了受调查者对水资源商品属性的认识不够科学全面。

表 8-1　重庆市公民水素养评价因子得分情况

一级指标	二级指标	问卷测评要点	得分
水知识	水科学基础知识	水资源分布现状	4.53
		水资源商品属性	3.85
	水资源开发利用及管理知识	水资源管理手段	4.66
	水生态环境保护知识	水污染知识	4.68
水态度	水情感	受调查者对水风景区的喜爱程度	4.19
		受调查者对当前水问题的关注度	3.21
	水责任	受调查者节约用水的责任感	4.49
		受调查者为节约用水而降低生活质量的责任感	3.52
		受调查者采取行动保护水生态环境的责任感	4.30
	水伦理	受调查者对“将解决水问题的责任推给后代”观点的态度	4.13
		受调查者对水补偿原则的态度	4.34

续表

一级指标	二级指标	问卷测评要点	得分
水行为	水生态和水环境管理行为	受调查者主动接受水宣传的行为	3.28
		受调查者主动向他人说明保护水资源的重要性的行为	3.40
		受调查者学习节约用水等知识的行为	3.16
		受调查者学习避险知识的行为	3.21
	说服行为	受调查者参与制止水污染事件的行为	3.02
		受调查者主动参与社区、环保组织开展的宣传活动的行为	3.04
	消费行为	受调查者对淘米水等回收利用的行为	3.71
		受调查者对洗衣时的漂洗水等回收利用的行为	3.39
		受调查者用水习惯	4.17
		受调查者用水频率	3.54
		受调查者购买、使用家庭节水设备的行为	3.18
	法律行为	受调查者举报他人不规范水行为的行为	2.75
		受调查者举报企业不规范水行为的行为	2.81
		受调查者举报行政监督执法部门行为失职的行为	2.74

水态度中得分最高的题目是“您是否愿意节约用水”,水行为中得分最高的题目是“洗漱时,随时关闭水龙头”题项。这说明绝大多数的受调查者主观上具有明确的节水意识,而这种节水意识投射在水行为上的最突出表现就是在洗漱时能够做到随时关闭水龙头。其余水态度题目的得分也大多在 4 分以上,但受调查者对当前水问题的关注度得分偏低,只有 3.21 分,“为节约用水而降低生活质量”的责任感得分同样低,仅有 3.52 分。这一方面反映出社会经济发展带来的消费观念的转变和公民对较高生活质量的追求,另一方面也说明水价在一定程度上还未起到调节作用。

水行为题目除“发现前期用水量较大,主动减少洗衣服、洗手或者洗澡次数”得分在4分以上，其他题目得分均在4分以下，尤其是3道法律行为的题目，得分甚至在3分以下。这说明绝大多数的受调查者在实际生活中缺乏规范的水行为，尤其是在面对他人或组织的不当水行为时，更是很少做出有效的阻止行动。

3. 水素养指数

依据前文所述水知识指数、水态度指数、水行为指数及水素养指数计算方法，得到重庆市公民水素养指数，如表8-2所示。

表8-2　重庆市公民水素养指数

城市	水知识指数	水态度指数	水行为指数	水素养指数
重庆	90.91	81.44	66.10	71.70

基于受调查者个性特征的重庆市公民水素养指数，如表8-3所示。

表8-3　基于个性特征的重庆市公民水素养指数

受调查者个性特征	水知识指数	水态度指数	水行为指数	水素养指数
男性	90.13	71.75	67.20	70.29
女性	91.71	73.20	64.96	69.20
6—17岁	88.88	76.10	62.84	68.11
18—35岁	92.23	73.20	67.70	71.14
36—45岁	88.58	71.28	67.31	70.12
46—59岁	90.91	69.17	62.14	66.30
60岁以上	89.27	70.80	61.19	65.85
小学	90.09	71.58	59.97	65.25
初中	87.64	70.53	66.01	68.97
高中(含中专、技工、职高、技校)	89.85	73.41	69.89	72.48
本科(含大专)	93.02	73.20	66.84	70.62
硕士及以上	84.58	69.91	66.71	69.04
学生	92.62	72.72	65.38	69.47

续表

受调查者个性特征	水知识指数	水态度指数	水行为指数	水素养指数
务农人员	88.10	69.57	66.18	68.92
企业人员	90.02	72.59	65.08	69.00
国家公务人员(含军人、警察)	89.92	72.58	62.49	67.19
公用事业单位人员	93.88	74.27	67.76	71.57
自由职业者	86.37	71.65	67.38	70.04
其他	93.57	75.04	68.41	72.15
城镇	91.88	73.31	66.94	70.61
农村	89.62	71.33	64.96	68.60
0.5万元以下	88.30	72.72	68.62	71.31
0.5万～1万元	91.61	72.16	65.93	69.63
1万～2万元	92.52	71.90	63.50	67.98
2万～5万元	91.88	72.94	65.08	69.24
5万元以上	93.37	73.70	64.48	69.13

8.1.2　基于调整系数的重庆市公民水素养评价

1. 基于抽样人群结构的校正

按照受教育程度对重庆市问卷进行分类，计算得出重庆市在小学及以下、初中、高中(含中专、技工、职高、技校)、本科(含大专)、硕士及以上等受教育程度的水素养评价值分别为65.25、68.97、72.48、70.62、69.04。受调查者总人数为542，不同受教育程度人数分别为92、91、100、252、7。抽样调查中受教育程度的五类人群分别占比为16.97%、16.79%、18.45%、46.49%、1.29%，在重庆市实际总人口中，受教育程度的五类人群实际比例为35.91%、33.68%、17.80%、12.33%、0.28%。按照公式计算得出基于抽样人群校正的水素养得分为68.47。根据抽样人群结构校正后的水素养得分与问卷调查实际得分相差较小，这表明实际调查水素养得分比较符合抽样调查实际情况，具有一定的科学性。

2. 基于生活节水效率值的调节

重庆市常住公民实际生活用水量为 183.46L/人·d,公民生活用水定额为 150.00L/人·d,通过计算得出重庆市公民生活节水效率调整值为 46.61,其节水效率值调整系数为−0.22。公民用水量高于该地区的生活用水定额,这表明该地区公民节水意识较弱,在日常生活用水时不太注重约束自己的用水行为。

3. 水素养综合评价值

基于以上两种修正方式以及水素养综合评价值最终公式:

$$W = F_1\lambda_1 + F_2\lambda_2 = 68.47 \times 0.8 + 46.61 \times 0.2 = 64.10$$

式中:W 为水素养综合评价值;F_1 为修正后的水素养评价值;λ_1 为修正后的水素养评价值所占权重;F_2 为节水效率调整值;λ_2 为节水效率调整值所占权重。

8.2 武汉市

8.2.1 基于调查结果的武汉市公民水素养评价

1. 描述性统计

1)水知识调查

关于水资源分布知识,武汉市有 84.20%的受调查者清楚我国水资源分布不均匀的现状,91.36%的受调查者认识到大部分地区降水量分配不均匀;有超过 78.52%以上的受调查者清楚我国水资源总量丰富,但人均占有量少的分布特征;但仍有 21.23%的受调查者认为我国根本不缺水。

关于对水价的看法,有 77.53%的武汉市受调查者认同水资源作为商品,使用应当付费,88.40%的受调查者不认同水价越高越好,有 53.58%的受调查者认为水价越低越好,也有 29.14%的受调查者认为水资源是自然资源,使用应当免费。

关于水资源管理知识，有84.94%、88.64%和84.94%的武汉市受调查者分别了解主要的水资源管理手段(如法律法规、行政规定等和节水技术、污水处理技术以及宣传教育等)。但也有20.99%的受调查者对水价、水资源费、排污费、财政补贴等了解不多。

关于水污染知识，有93.33%、94.07%和90.86%的武汉市受调查者分别认识到水污染的主要致因是工业生产废水直接排放、农药和化肥的过度使用、轮船漏油或发生事故等;但仍有18.27%的受调查者并不了解家庭生活污水直接排放会造成水污染。

2)水态度调查

关于水情感调查，有71.12%的武汉市受调查者非常喜欢或者比较喜欢与水相关的名胜古迹或风景区(如都江堰、三峡大坝、千岛湖等),但也有13.08%的受调查者明确表示不太喜欢或者不喜欢;有46.91%的武汉市受调查者非常了解或者比较了解我国当前存在并需要解决的水问题(如水资源短缺、水生态损害、水环境污染等),但也有16.05%的受调查者表示不太了解这些问题，甚至有0.49%的受调查者明确表示不了解我国当前存在哪些需要解决的水问题。

关于水态度调查，在问到“您是否愿意节约用水”时，超过80%的武汉市受调查者愿意节约用水，但也有4.44%的人群明确表示不太愿意节约用水;而在问到“您是否愿意为节约用水而降低生活质量”时，比例则降到42.6%,还不到一半，有25.6%的受调查者明确表示不愿意，有7.41%的受调查者表示不太愿意;在问到“您是否愿意采取一些行动(如在水边捡拾垃圾、不往水里乱扔垃圾)来保护水生态环境”时，有89%的受调查者愿意采取行动保护水生态环境，但也有7.4%的受调查者明确表示不太愿意或者不愿意这么做。

关于水伦理调查，有84.93%的武汉市受调查者反对“我们当代人不需要考虑缺水和水污染问题，后代人会有办法去解决”的观点，但仍有7.9%的受调查者赞同这种观点;同样有84.20%的受调查者赞同“谁用水谁付费，谁污染谁补偿”的观点，但也有11.60％的受调查者反对这一观点。

3)水行为调查

关于水生态和水环境管理行为，有58.02％的武汉市受调查者表示总是会主动接受各类节水、护水、爱水宣传教育活动，有26.91％的受调查者表示经常会主动接受各类宣传教育活动，也有4.69％的受调查者表示很少主动接受各类宣传教育活动，甚至有3.21％的受调查者表示从不主动接受各类宣传教育活动；62.96％的受调查者表示有过主动向他人说明保护水资源的重要性或者鼓励他人实施水资源保护行为的经历，也有16.79％的受调查者表示从未有过类似的水行为；有98.77％的受调查有过主动学习各类节约用水等知识的行为，仍有1.23％的受调查者表示从未有过类似经历；有83.21％的受调查者曾经学习或了解过水灾害(如山洪暴发、城市内涝、泥石流等)避险的技巧方法，有16.79％的受调查者则表示从未学习过避险相关知识。

关于说服行为，有92.59％的武汉市受调查者有过劝告其他组织或个人停止污水排放等行为的经历，但也有7.41％的受调查者从未有过类似行为；有51.86％的受调查者比较经常地主动参与社区或环保组织开展的节水、护水、爱水宣传活动，有超过34.07％的受调查者参加过这类活动，但也有14.07％的受调查者从未主动参与过这类活动。

关于消费行为，97.04％的武汉市受调查者有过利用淘米水洗菜或者浇花的行为，甚至有48.89％的受调查者总是会这样做；94.64％的受调查者有过收集洗衣机的脱水或手洗衣服时的漂洗水进行再利用的经历，有34.44％的人群总是会这样做；91.58％的受调查者会在洗漱时，随时关闭水龙头，仅有12.8％的人能够总是这样做；有89.14％的受调查者会在发现前期用水量较大之后，有意识地主动减少洗衣服、洗手或者洗澡次数等，从而减少用水量，但也有10.86％的受调查者从未有过这样的行为；有93.58％的受调查者会购买或使用家庭节水设备(如节水马桶、节水水龙头及节水灌溉设备等)。

关于法律行为,有 53.3%的武汉市受调查者总是在发现身边有人做出不文明水行为时,向有关部门举报,而仅有 10.8%的受调查者表示从未这样做过;仅有 18.27%的受调查者在发现企业直接排放未经处理的污水时,能够总是向有关部门举报,而有超过 60%的受调查者有过这样的行为,但也有 15%的受调查者从未有过这样的行为;仅有 11.85%的受调查者会在发现水行政监督执法部门监管不到位时,能够总是向有关部门举报,而有 21.48%的受调查者表示从不会这样做。

2. 水素养评价因子得分

对武汉市公民水素养问卷调查结果进行统计分析,得到各评价因子得分的均值(为 1～5,得分越高,评价越好),如表 8-4 所示。

表 8-4　武汉市公民水素养评价因子得分情况

<table>
<tr><th>一级指标</th><th>二级指标</th><th>问卷测评要点</th><th>得分</th></tr>
<tr><td rowspan="4">水知识</td><td rowspan="2">水科学基础知识</td><td>水资源分布现状</td><td>4.33</td></tr>
<tr><td>水资源商品属性</td><td>3.83</td></tr>
<tr><td>水资源开发利用及管理知识</td><td>水资源管理手段</td><td>4.38</td></tr>
<tr><td>水生态环境保护知识</td><td>水污染知识</td><td>4.60</td></tr>
<tr><td rowspan="7">水态度</td><td rowspan="2">水情感</td><td>受调查者对水风景区的喜爱程度</td><td>3.97</td></tr>
<tr><td>受调查者对当前水问题的关注度</td><td>3.44</td></tr>
<tr><td rowspan="3">水责任</td><td>受调查者节约用水的责任感</td><td>4.34</td></tr>
<tr><td>受调查者为节约用水而降低生活质量的责任感</td><td>3.17</td></tr>
<tr><td>受调查者采取行动保护水生态环境的责任感</td><td>4.22</td></tr>
<tr><td rowspan="2">水伦理</td><td>受调查者对“将解决水问题的责任推给后代”观点的态度</td><td>4.32</td></tr>
<tr><td>受调查者对水补偿原则的态度</td><td>4.19</td></tr>
</table>

续表

一级指标	二级指标	问卷测评要点	得分
水行为	水生态和水环境管理行为	受调查者主动接受水宣传的行为	3.40
		受调查者主动向他人说明保护水资源的重要性的行为	3.11
		受调查者学习节约用水等知识的行为	3.39
		受调查者学习避险知识的行为	3.11
	说服行为	受调查者参与制止水污染事件的行为	2.98
		受调查者主动参与社区、环保组织开展的宣传活动的行为	2.88
	消费行为	受调查者对淘米水等回收利用的行为	3.53
		受调查者对洗衣时的漂洗水等回收利用的行为	3.18
		受调查者用水习惯	3.96
		受调查者用水频率	3.00
		受调查者购买、使用家庭节水设备的行为	3.39
	法律行为	受调查者举报他人不规范水行为的行为	2.68
		受调查者举报企业不规范水行为的行为	2.73
		受调查者举报行政监督执法部门行为失职的行为	2.67

从武汉市公民水素养评价因子得分情况来看，“水污染知识”“水资源管理手段”“水资源分布现状”得分均在4.30分以上，这说明受调查者对水知识的了解程度比较高；相对其他水知识题目，“水资源商品属性”得分偏低，这反映了受调查者对水资源商品属性的认识不够科学全面。

水态度中得分最高的题目是“您是否愿意节约用水”，水行为中得分最高的题目是“洗漱时，随时关闭水龙头”题项。这说明绝大多数的受调查者主观上具有明确的节水意识，而这种节水意识投射在水行为上的最突出表现就是在洗漱时能够做到随时关闭水龙头。其余水态度题目的得分也大多在4分以上，但受调查者对当前水问题的关注度得分偏低，只有3.44分，而“为节约用水而降低生活质量”的责任感得分相对偏低，仅有3.17分。这一方面反映出社会经济发展带来的消费观念的转变和公民对较高生活质量的追求，另一方面也说明水价在一定程度上还未起到调节作用。

水行为的得分普遍偏低，得分均在 4 分以下，尤其是说服行为和法律行为得分均在 3 分以下。这说明绝大多数的受调查者在实际生活中缺乏规范的水行为，很少积极参与水资源宣传活动，尤其是在面对他人或组织的不当水行为时，更是很少做出有效的阻止行动。

3. 水素养指数

依据前文所述水知识指数、水态度指数、水行为指数及水素养指数计算方法，得到武汉市公民水素养指数，如表 8-5 所示。

表 8-5 武汉市公民水素养指数

城市	水知识指数	水态度指数	水行为指数	水素养指数
武汉	88.64	79.42	63.46	69.24

基于受调查者个性特征的武汉市公民水素养指数，如表 8-6 所示。

表 8-6 基于个性特征的武汉市公民水素养指数

受调查者个性特征	水知识指数	水态度指数	水行为指数	水素养指数
男性	86.47	76.07	61.24	66.77
女性	89.95	81.43	65.56	71.24
6—17 岁	79.72	74.44	42.15	52.61
18—35 岁	91.37	83.69	69.87	74.84
36—45 岁	90.74	85.12	70.33	75.41
46—59 岁	88.92	77.39	59.83	66.31
60 岁以上	79.57	62.64	60.36	62.61
小学	82.26	66.46	50.70	57.01
初中	83.89	74.06	61.44	66.24
高中(含中专、技工、职高、技校)	87.96	80.19	65.03	70.43
本科(含大专)	90.62	80.86	64.36	70.35

续表

受调查者个性特征	水知识指数	水态度指数	水行为指数	水素养指数
硕士及以上	90.55	84.50	66.99	72.96
学生	90.22	79.12	57.72	65.34
务农人员	81.37	61.61	56.03	59.56
企业人员	91.94	85.06	69.63	75.03
国家公务人员(含军人、警察)	82.80	67.20	46.14	54.07
公用事业单位人员	91.03	85.59	57.73	66.84
自由职业者	88.58	83.16	68.98	73.86
其他	90.06	84.95	73.27	77.35
城镇	89.75	82.27	65.96	71.69
农村	85.07	70.23	57.43	62.74
0.5万元以下	91.01	84.27	71.86	76.31
0.5万~1万元	88.18	78.27	64.98	69.99
1万~2万元	88.49	75.79	57.76	64.50
2万~5万元	87.32	74.24	53.18	60.88
5万元以上	88.00	89.13	71.29	76.70

8.2.2 基于调整系数的武汉市公民水素养评价

1. 基于抽样人群结构的校正

按照受教育程度对武汉市问卷进行分类，计算得出武汉市在小学及以下、初中、高中(含中专、技工、职高、技校)、本科(含大专)、硕士及以上等受教育程度的水素养评价值分别为57.01、66.24、70.43、70.35、72.96。受调查者总人数为405，不同受教育程度人数分别为14、52、125、199、15。抽样调查中受教育程度的五类人群分别占比为3.46%、12.84%、30.86%、49.14%、3.70%，在武汉市实际总人口中，受教育程度的五类人群实际比例为29.51%、37.95%、18.61%、13.35%、0.58%。按照公式计算得出基于抽样人群校正的水素养得分为64.87。根据抽样人群结构校正后的水素养得分与问卷调查实际得分相差较小,这表明实际调查水素养得分比较符合抽样调查实际情况,具有一定的科学性。

2. 基于生活节水效率值的调节

武汉市常住公民实际生活用水量为 142.31L/人·d,公民生活用水定额为 137.00L/人·d,通过计算得出武汉市公民生活节水效率调整值为 57.67,其节水效率值调整系数为-0.04。公民用水量略高于该地区的生活用水定额,这表明该地区公民节水意识较弱,在日常生活用水时不太注重约束自己的用水行为。

3. 水素养综合评价值

基于以上两种修正方式以及水素养综合评价值最终公式:

$$W = F_1\lambda_1 + F_2\lambda_2 = 64.87 \times 0.8 + 57.67 \times 0.2 = 63.43$$

式中:W 为水素养综合评价值;F_1 为修正后的水素养评价值;λ_1 为修正后的水素养评价值所占权重;F_2 为节水效率调整值;λ_2 为节水效率调整值所占权重。

8.3　昆明市

8.3.1　基于调查结果的昆明市公民水素养评价

1. 描述性统计

1)水知识调查

关于水资源分布知识,昆明市有 94.33%和 89.85%的受调查者清楚我国水资源分布现状的整体情况,如空间分布不均匀、大部分地区降水量分配不均匀;有 83.88%的受调查者清楚我国水资源总量丰富,但人均占有量少的分布特征;但仍有 15.52%的受调查者认为我国根本不缺水。

关于对水价的看法,有 57.91%的昆明市受调查者认同水资源作为商品,使用应当付费,但也有 32.54%的受调查者认为水资源是自然资源，使用应当免费；61.49%的受调查者能够正确认识水资源的商品属性，不认可水价越低越好，也有87.46%的受调查者不认为水价越高越好。

关于水资源管理知识，昆明市有83.58%的受调查者了解主要的水资源管理手段包括水价、水资源费、排污费、财政补贴等和节水技术、污水处理技术以及宣传教育等；但也有16.42%的受调查者对法律法规、行政规定手段了解不多。

关于水污染知识，96.12%、97.01%和95.82%的昆明市受调查者分别能认识到水污染的主要致因有工业生产废水，农药、化肥的过度使用，轮船漏油或发生事故等；但仍有10.15%的受调查者并不了解家庭生活污水直接排放也会造成水污染。

2)水态度调查

关于水情感调查，有88%的昆明市受调查者非常喜欢或者比较喜欢与水相关的名胜古迹或风景区（如都江堰、三峡大坝、千岛湖等），但也有8%的受调查者明确表示不太喜欢或者不喜欢；有74%的昆明市受调查者非常了解或者比较了解我国当前存在并需要解决的水问题（如水资源短缺、水生态损害、水环境污染等），但也有7.52%的受调查者表示不太了解这些问题，甚至有4.18%的受调查者明确表示不了解我国当前存在哪些需要解决的水问题。

关于水责任调查，在问到“您是否愿意节约用水”时，有93%的昆明市受调查者愿意节约用水，也有6.57%的人群明确表示一般；而在问到“您是否愿意为节约用水而降低生活质量”时，比例则降到58%，而有11.94%的受调查者表示不太愿意，还有1.79%的受调查者明确表示不愿意；在问到“您是否愿意采取一些行动（如在水边捡拾垃圾、不往水里乱扔垃圾）来保护水生态环境”时，有超过80%的受调查者愿意采取行动保护水生态环境，但也有约3%的受调查者明确表示不太愿意或者不愿意这么做。

关于水伦理调查，有超过88%的昆明市受调查者反对“我们当代人不需要考虑缺水和水污染问题，后代人会有办法去解决”

的观点,也有1.79%的受调查者赞同这种观点;有超过82%的受调查者赞同“谁用水谁付费,谁污染谁补偿”的观点,但也有接近10%的受调查者反对这一观点。

3)水行为调查

关于水生态和水环境管理行为,有17.91%的昆明市受调查者表示总是会主动接受各类节水、护水、爱水宣传教育活动,有26.27%的受调查者表示经常会主动接受各类宣传教育活动,但也有15.22%的受调查者表示很少主动接受各类宣传教育活动,甚至有6.87%的受调查者表示从不主动接受各类宣传教育活动;91.94%的受调查者表示有过主动向他人说明保护水资源的重要性或者鼓励他人实施水资源保护行为的经历,也有8.06%的受调查者表示从未有过类似的水行为;有86.87%的受调查者有过主动学习各类节约用水等知识的行为,有13.13%的受调查者表示从未有过类似经历;有93.73%的受调查者曾经学习或了解过水灾害(如山洪暴发、城市内涝、泥石流等)避险的技巧方法,有6.27%的受调查者则表示从未学习过避险相关知识。

关于说服行为,有接近87%的昆明市受调查者有过劝告其他组织或个人停止污水排放等行为的经历,但也有12.24%的受调查者从未有过类似行为;有约40%的受调查者比较经常地主动参与社区或环保组织开展的节水、护水、爱水宣传活动,也有5.37%的受调查者从未主动参与过这类活动。

关于消费行为,接近98%的昆明市受调查者有过利用淘米水洗菜或者浇花的行为,甚至有24.78%的受调查者总是会这样做;超过95%的受调查者有过收集洗衣机的脱水或手洗衣服时的漂洗水进行再利用的经历,有接近22.39%的人群总是会这样做;超过99%的受调查者会在洗漱时,随时关闭水龙头,有接近60.60%的人能够总是这样做;有95%的受调查者会在发现前期用水量较大之后,有意识地主动减少洗衣服、洗手或者洗澡次数等,从而减少用水量,但也有4.48%的受调查者从未有过这样的行为;有超过92%的受调查者会购买或使用家庭节水设备(如节水马桶、节水水龙头及节水灌溉设备等)。

关于法律行为,只有20.60%的昆明市受调查者总是在发现身边有人做出不文明水行为时,向有关部门举报,而接近27%的受调查者表示从未这样做过;仅有19.40%的受调查者在发现企业直接排放未经处理的污水时,能够总是向有关部门举报,而有40%的受调查者有过这样的行为,但也有27%的受调查者从未有过这样的行为;仅有18.81%的受调查者会在发现水行政监督执法部门监管不到位时,能够总是向有关部门举报,而有27.76%的受调查者从不会这样做。

2.水素养评价因子得分

对昆明市公民水素养问卷调查结果进行统计分析,得到各评价因子得分的均值(为1~5,得分越高,评价越好),如表8-7所示。

表8-7 昆明市公民水素养评价因子得分情况

一级指标	二级指标	问卷测评要点	得分
水知识	水科学基础知识	水资源分布现状	4.53
		水资源商品属性	3.74
	水资源开发利用及管理知识	水资源管理手段	4.45
	水生态环境保护知识	水污染知识	4.79
水态度	水情感	受调查者对水风景区的喜爱程度	3.90
		受调查者对当前水问题的关注度	3.15
	水责任	受调查者节约用水的责任感	4.16
		受调查者为节约用水而降低生活质量的责任感	4.59
		受调查者采取行动保护水生态环境的责任感	3.65
	水伦理	受调查者对“将解决水问题的责任推给后代”观点的态度	4.45
		受调查者对水补偿原则的态度	4.05

续表

一级指标	二级指标	问卷测评要点	得分
水行为	水生态和水环境管理行为	受调查者主动接受水宣传的行为	3.33
		受调查者主动向他人说明保护水资源的重要性的行为	3.16
		受调查者学习节约用水等知识的行为	3.09
		受调查者学习避险知识的行为	3.33
	说服行为	受调查者参与制止水污染事件的行为	2.92
		受调查者主动参与社区、环保组织开展的宣传活动的行为	3.15
	消费行为	受调查者对淘米水等回收利用的行为	3.84
		受调查者对洗衣时的漂洗水等回收利用的行为	3.61
		受调查者用水习惯	4.47
		受调查者用水频率	3.30
		受调查者购买、使用家庭节水设备的行为	3.42
	法律行为	受调查者举报他人不规范水行为的行为	2.68
		受调查者举报企业不规范水行为的行为	2.67
		受调查者举报行政监督执法部门行为失职的行为	2.65

从昆明市公民水素养评价因子得分情况来看，“水污染知识”“水资源管理手段”“水资源分布现状”得分均在4.40分以上，这说明受调查者对水知识的了解程度较高；相对其他水知识题目，“水资源商品属性”得分偏低，这反映了受调查者对水资源商品属性的认识不够科学全面。

水态度中得分最高的题目是“您是否愿意为节约用水而降低生活质量”，水行为中得分最高的题目是“洗漱时，随时关闭水龙头”题项。这说明绝大多数的受调查者主观上具有明确的节水意识，而这种节水意识投射在水行为上的最突出表现就是在洗漱时能够做到随时关闭水龙头。其余水态度题目的得分也大多在4分以上，但受调查者对当前水问题的关注度得分偏低，只有3.15

分，而“采取行动保护水生态环境”的责任感得分相对也只有 3.65 分。这一方面反映出社会经济发展带来的消费观念的转变和公民对较高生活质量的追求，另一方面也说明水价在一定程度上还未起到调节作用。

水行为题目除“发现前期用水量较大，主动减少洗衣服、洗手或者洗澡次数”得分在 4 分以上，其他题目得分均在 4 分以下，尤其是 3 道法律行为的题目，得分甚至在 3 分以下。这说明绝大多数的受调查者在实际生活中缺乏规范的水行为，尤其是在面对他人或组织的不当水行为时，更是很少做出有效的阻止行动。

3. 水素养指数

依据前文所述水知识指数、水态度指数、水行为指数及水素养指数计算方法，得到昆明市公民水素养指数，如表 8-8 所示。

表 8-8　昆明市公民水素养指数

城市	水知识指数	水态度指数	水行为指数	水素养指数
昆明	91.39	81.97	67.07	72.54

基于受调查者个性特征的昆明市公民水素养指数，如表 8-9 所示。

表 8-9　基于个性特征的昆明市公民水素养指数

受调查者个性特征	水知识指数	水态度指数	水行为指数	水素养指数
男性	90.49	82.18	68.35	73.38
女性	92.63	81.67	65.32	71.38
6—17 岁	84.77	73.04	55.02	61.66
18—35 岁	91.85	84.34	70.51	85.47
36—45 岁	93.39	81.58	66.79	72.44
46—59 岁	93.41	78.13	62.41	68.66
60 岁以上	89.80	79.53	60.78	67.52
小学	85.37	75.37	56.36	63.15

续表

受调查者个性特征	水知识指数	水态度指数	水行为指数	水素养指数
初中	89.93	75.52	56.77	63.88
高中(含中专、技工、职高、技校)	90.75	79.64	67.72	72.42
本科(含大专)	92.83	85.05	70.54	75.74
硕士及以上	95.90	84.00	74.98	78.86
学生	91.03	81.66	64.69	70.79
务农人员	88.15	80.14	61.25	67.82
企业人员	92.80	83.47	70.63	75.45
国家公务人员(含军人、警察)	93.85	83.91	67.87	73.73
公用事业单位人员	91.66	84.24	68.97	74.37
自由职业者	88.92	79.60	70.02	73.83
其他	94.40	80.16	64.81	70.85
城镇	92.14	81.05	66.06	71.70
农村	90.34	83.24	68.49	73.69
0.5万元以下	92.23	88.06	74.03	78.74
0.5万～1万元	92.64	84.11	71.05	75.87
1万～2万元	92.80	81.68	69.31	74.15
2万～5万元	91.08	81.67	65.52	71.37
5万元以上	90.63	80.97	65.40	71.10

8.3.2 基于调整系数的昆明市公民水素养评价

1. 基于抽样人群结构的校正

按照受教育程度对昆明市问卷进行分类，计算得出昆明市在小学及以下、初中、高中(含中专、技工、职高、技校)、本科(含大专)、硕士及以上等受教育程度的水素养评价值分别为63.15、63.88、72.42、75.74、78.86。受调查者总人数为335，不同受教育程度人数分别为38、36、58、195、8。抽样调查中受教育程度的五类人群分别占比为11.34%、10.75%、17.31%、58.21%、2.39%，在昆明市实际总人口中，受教育程度的五类人群实际比例为47.45%、32.86%、10.99%、8.52%、0.17%。按照公式计算得出基于抽样人群校正的水素养得分为65.51。根据抽样人群结构校正后的水素养得分与问卷调查实际得分相差较小，这表明实际调查水素养得分比较符合抽样调查实际情况，具有一定的科学性。

2. 基于生活节水效率值的调节

昆明市常住公民实际生活用水量为176.03L/人·d，公民生活用水定额为160.00L/人·d，通过计算得出昆明市公民生活节水效率调整值为53.99，其节水效率值调整系数为−0.10。公民用水量略多于该地区的生活用水定额，这表明该地区公民节水意识比较弱，在日常生活用水时不太注重约束自己的用水行为。

3. 水素养综合评价值

基于以上两种修正方式以及水素养综合评价值最终公式：

$$W = F_1\lambda_1 + F_2\lambda_2 = 65.51 \times 0.8 + 53.99 \times 0.2 = 63.21$$

式中：W 为水素养综合评价值；F_1 为修正后的水素养评价值；λ_1 为修正后的水素养评价值所占权重；F_2 为节水效率调整值；λ_2 为节水效率调整值所占权重。

8.4 广州市

8.4.1 基于调查结果的广州市公民水素养评价

1. 描述性统计

1)水知识调查

关于水资源分布知识，广州市有94.58%和93.67%的受调查者分别清楚我国水资源分布现状的整体情况，如空间分布不均匀和大部分地区降水量分配不均匀;有13.25%的受调查者不清楚我国水资源总量丰富,但人均占有量少的分布特征;仅有8.43%的受调查者认为我国根本不缺水。

关于对水价的看法,有72.29%的广州市受调查者认同水资源作为商品,使用应当付费,但也有近19.88%的受调查者认为水资源是自然资源,使用应当免费;77.71%的受调查者能够正确认识水资源的商品属性,不认可水价越低越好,有90.36%的受调查者不认为水价越高越好。

关于水资源管理知识,广州市90%的受调查者了解主要的水资源管理手段(如法律法规、行政规定等和水价、水资源费、排污费、财政补贴以及节水技术、污水处理技术等);但也有10%的受调查者对法律法规、行政规定手段和宣传教育了解不多。

关于水污染知识,96.69%,95.78%和95.48%的广州市受调查者分别能认识到水污染的主要致因是工业生产废水,农药、化肥的过度使用和轮船漏油或发生事故等;但仍有13.25%的受调查者并不了解家庭生活污水直接排放也会造成水污染。

2)水态度调查

关于水情感调查,有99.40%的广州市受调查者非常喜欢或者比较喜欢与水相关的名胜古迹或风景区(如都江堰、三峡大坝、千岛湖等),只有0.60%的受调查者明确表示不太喜欢或者不喜欢;有44.88%的广州市受调查者非常了解或者比较了解我国当前存在并需要解决的水问题(如水资源短缺、水生态损害、水环境污染等),但也有9.04%的受调查者表示不太了解这些问题,甚至有0.6%的受调查者明确表示不了解我国当前存在哪些需要解决的水问题。

关于水责任调查,在问到"您是否愿意节约用水"时,超过99%的广州市受调查者愿意节约用水,但也有0.3%的人群明确表示不太愿意节约用水;而在问到"您是否愿意为节约用水而降低生活质量"时,比例则降到46.09%,还不到一半,有17.77%的受调查者表示不太愿意,还有2.71%的受调查者明确表示不愿意;在问到“您是否愿意采取一些行动(如在水边捡拾垃圾、不往水里乱扔垃圾)来保护水生态环境”时,有超过80%的受调查者愿意采取行动保护水生态环境,但也有2.11%的受调查者明确表示不太愿意这么做,无人表示不愿意这么做。

关于水伦理调查,有91.87%的广州市受调查者反对“我们当代人不需要考虑缺水和水污染问题,后代人会有办法去解决”的观点,但仍有2.41%的受调查者赞同这种观点;同样有83.43%的受调查者赞同“谁用水谁付费,谁污染谁补偿”的观点,但也有11.15%的受调查者反对这一观点。

3)水行为调查

关于水生态和水环境管理行为,有29.22%的广州市受调查者表示总是会主动接受各类节水、护水、爱水宣传教育活动,有22.59%的受调查者表示经常会主动接受各类宣传教育活动,但也有15.06%的受调查者表示很少主动接受各类宣传教育活动,甚至有2.11%的受调查者表示从不主动接受各类宣传教育活动。95.18%的受调查者表示有过主动向他人说明保护水资源的重要性或者鼓励他人实施水资源保护行为的经历,也有4.82%的受调查者表示从未有过类似的水行为;有97.89%的受调查者有过主动学习各类节约用水等知识的行为,仍有2.11%的受调查者表示从未有过类似经历;有95.18%的受调查者曾经学习或了解过水灾害(如山洪暴发、城市内涝、泥石流等)避险的技巧方法,有4.82%的受调查者则表示从未学习过避险相关知识。

关于说服行为,有89.76%的广州市受调查者有过劝告其他组织或个人停止污水排放等行为的经历,但也有10.24%的受调查者从未有过类似行为;有29.82%的受调查者比较经常地主动参与社区或环保组织开展的节水、护水、爱水宣传活动,有超过63.26%的受调查者参加过这类活动,但也有6.93%的受调查者从未主动参与过这类活动。

关于消费行为,96.39%的广州市受调查者有过利用淘米水洗菜或者浇花的行为,甚至有53.02%的受调查者总是经常这样做;85.84%的受调查者有过收集洗衣机的脱水或手洗衣服时的漂洗水进行再利用的经历,有 33.74%的人群总是经常会这样做;96.99%的受调查者会在洗漱时,随时关闭水龙头,有 64.46%的人能够总是这样做;有 88.86%的受调查者会在发现前期用水量较大之后,有意识地主动减少洗衣服、洗手或者洗澡次数等,从而减少用水量,但也有 11.14%的受调查者从未有过这样的行为;有 91.27%的受调查者会购买或使用家庭节水设备(如节水马桶、节水水龙头及节水灌溉设备等)。

关于法律行为,只有 9.04%的广州市受调查者总是在发现身边有人做出不文明水行为时,向有关部门举报,而 14.76%的受调查者表示从未这样做过;仅有 9.64%的受调查者在发现企业直接排放未经处理的污水时,能够总是向有关部门举报,而有超过 70%的受调查者有过这样的行为,但也有 16.57%的受调查者从未有过这样的行为;仅有 10.24%的受调查者会在发现水行政监督执法部门监管不到位时,能够总是向有关部门举报,而有 15.96%的受调查者从不会这样做。

2. 水素养评价因子得分

对广州市公民水素养问卷调查结果进行统计分析,得到各评价因子得分的均值(为 1～5,得分越高,评价越好),如表 8-10 所示。

表 8-10　广州市公民水素养评价因子得分情况

一级指标	二级指标	问卷测评要点	得分
水知识	水科学基础知识	水资源分布现状	4.67
		水资源商品属性	4.20
	水资源开发利用及管理知识	水资源管理手段	4.65
	水生态环境保护知识	水污染知识	4.75

续表

一级指标	二级指标	问卷测评要点	得分
水态度	水情感	受调查者对水风景区的喜爱程度	4.14
		受调查者对当前水问题的关注度	3.43
	水责任	受调查者节约用水的责任感	4.46
		受调查者为节约用水而降低生活质量的责任感	3.39
		受调查者采取行动保护水生态环境的责任感	4.28
	水伦理	受调查者对“将解决水问题的责任推给后代”观点的态度	4.50
		受调查者对水补偿原则的态度	4.15
水行为	水生态和水环境管理行为	受调查者主动接受水宣传的行为	3.37
		受调查者主动向他人说明保护水资源的重要性的行为	3.18
		受调查者学习节约用水等知识的行为	3.31
		受调查者学习避险知识的行为	3.10
	说服行为	受调查者参与制止水污染事件的行为	2.89
		受调查者主动参与社区、环保组织开展的宣传活动的行为	3.03
	消费行为	受调查者对淘米水等回收利用的行为	3.60
		受调查者对洗衣时的漂洗水等回收利用的行为	3.03
		受调查者用水习惯	4.45
		受调查者用水频率	3.14
		受调查者购买、使用家庭节水设备的行为	3.54
	法律行为	受调查者举报他人不规范水行为的行为	2.67
		受调查者举报企业不规范水行为的行为	2.73
		受调查者举报行政监督执法部门行为失职的行为	2.77

从广州市公民水素养评价因子得分情况来看，“水污染知识”“水资源管理手段”“水资源分布现状”得分均在4.50分以上，这说明受调查者对水知识的了解程度较高；相对其他水知识题目，“水资源商品属性”得分偏低，这反映了受调查者对水资源商品属

性的认识不够科学全面。

水态度中得分最高的题目是“我们当代人不需要考虑缺水和水污染问题，后代人会有办法去解决”，水行为中得分最高的题目是“洗漱时，随时关闭水龙头”题项。这说明绝大多数的受调查者主观上具有明确的节水意识，而这种节水意识投射在水行为上的最突出表现就是在洗漱时能够做到随时关闭水龙头。其余水态度题目的得分也大多在 4 分以上，但受调查者对当前水问题的关注度得分偏低，只有 3.43 分，而“为节约用水而降低生活质量”的责任感得分相对偏低，仅有 3.39 分。这一方面反映出社会经济发展带来的消费观念的转变和公民对较高生活质量的追求，另一方面也说明水价在一定程度上还未起到调节作用。

水行为题目除“发现前期用水量较大，主动减少洗衣服、洗手或者洗澡次数”得分在 4 分以上，其他题目得分均在 4 分以下，尤其是 3 道法律行为的题目，得分甚至在 3 分以下。这说明绝大多数的受调查者在实际生活中缺乏规范的水行为，尤其是在面对他人或组织的不当水行为时，更是很少做出有效的阻止行动。

3. 水素养指数

依据前文所述水知识指数、水态度指数、水行为指数及水素养指数计算方法，得到广州市公民水素养指数，如表 8-11 所示。

表 8-11　广州市公民水素养指数

城市	水知识指数	水态度指数	水行为指数	水素养指数
广州	93.07	81.75	64.58	70.92

基于受调查者个性特征的广州市公民水素养指数，如表 8-12 所示。

表 8-12　基于个性特征的广州市公民水素养指数

受调查者个性特征	水知识指数	水态度指数	水行为指数	水素养指数
男性	92.39	72.38	63.65	68.18

续表

受调查者个性特征	水知识指数	水态度指数	水行为指数	水素养指数
女性	93.95	82.73	65.79	72.05
6—17 岁	73.57	76.71	65.59	68.74
18—35 岁	93.36	81.38	64.01	70.47
36—45 岁	92.11	84.71	68.62	74.27
46—59 岁	96.03	86.61	69.78	75.84
60 岁以上	—	—	—	—
小学	89.77	89.74	69.12	75.49
初中	84.79	81.89	68.80	73.11
高中(含中专、技工、职高、技校)	80.45	80.90	68.30	72.15
本科(含大专)	94.35	81.16	64.33	70.74
硕士及以上	96.52	85.48	61.70	70.06
学生	93.96	79.71	61.76	68.61
务农人员	82.46	87.45	71.52	75.99
企业人员	87.81	85.69	70.83	75.62
国家公务人员(含军人、警察)	97.05	84.93	63.84	71.46
公用事业单位人员	93.42	87.40	69.37	75.49
自由职业者	91.63	82.53	72.83	76.45
其他	94.90	81.58	69.26	74.29
城镇	93.32	82.34	64.67	71.13
农村	92.41	80.19	64.36	70.37
0.5 万元以下	90.80	79.17	63.55	69.44
0.5 万～1 万元	94.40	83.09	63.56	70.63
1 万～2 万元	94.84	81.40	63.47	70.24
2 万～5 万元	91.57	83.61	69.09	74.30
5 万元以上	93.99	84.05	65.81	72.13

8.4.2 基于调整系数的广州市公民水素养评价

1. 基于抽样人群结构的校正

按照受教育程度对广州市问卷进行分类，计算得出广州市在小学及以下、初中、高中（含中专、技工、职高、技校）、本科（含大专）、硕士及以上等受教育程度的水素养评价值分别为75.49、73.11、72.15、70.74、70.06。受调查者总人数为332，不同受教育程度人数分别为4、13、26、252、37。抽样调查中受教育程度的五类人群分别占比为1.20%、3.92%、7.83%、75.90%、11.14%，在广州市实际总人口中，受教育程度的五类人群实际比例为25.69%、39.13%、21.34%、13.49%、0.34%。按照公式计算得出基于抽样人群校正的水素养得分为73.24。根据抽样人群结构校正后的水素养得分与问卷调查实际得分相差较小，这表明实际调查水素养得分比较符合抽样调查实际情况，具有一定的科学性。

2. 基于生活节水效率值的调节

广州市常住公民实际生活用水量为331.08L/人·d，公民生活用水定额为200.00L/人·d，通过计算得出广州市公民生活节水效率调整值为20.68，其节水效率值调整系数为－0.66。公民用水量远高于该地区的生活用水定额，这表明该地区公民节水意识很弱，在日常生活用水时极少注重约束自己的用水行为。

3. 水素养综合评价值

基于以上两种修正方式以及水素养综合评价值最终公式：

$$W = F_1\lambda_1 + F_2\lambda_2 = 73.24 \times 0.8 + 20.68 \times 0.2 = 62.73$$

式中：W为水素养综合评价值；F_1为修正后的水素养评价值；λ_1为修正后的水素养评价值所占权重；F_2为节水效率调整值；λ_2为节水效率调整值所占权重。

8.5 西安市

8.5.1 基于调查结果的西安市公民水素养评价

1. 描述性统计

1)水知识调查

关于水资源分布知识，西安市 82.24%和 93.46%的受调查者分别清楚我国水资源分布现状的整体情况有空间分布不均匀和大部分地区降水量分配不均匀；有 83.18%的受调查者清楚我国水资源总量丰富，但人均占有量少的分布特征；有 11.53%的受调查者认为我国根本不缺水。

关于对水价的看法，有 69.78%的西安市受调查者认同水资源作为商品，使用应当付费，但也有 38.94%的受调查者认为水资源是自然资源，使用应当免费；34.89%的受调查者能够正确认识水资源的商品属性，不认可水价越低越好，也有 89.41%的受调查者不认为水价越高越好。

关于水资源管理知识，82.55%、83.80%和 88.47%的西安市受调查者分别了解主要的水资源管理手段(如法律法规、行政规定等和水价、水资源费、排污费、财政补贴以及宣传教育等)。但也有 18.69%的受调查者对节水技术、污水处理技术了解得不多。

关于水污染知识，89.41%的西安市受调查者能认识到水污染的主要原因是工业生产废水，农药、化肥的过度使用；86.29%的受调查者能认识到水污染的主要原因是轮船漏油或发生事故等；但仍有 20.87%的受调查者并不了解家庭污水的直接排放也会造成水污染。

2)水态度调查

关于水情感调查，有 73.52%的西安市受调查者非常喜欢或者比较喜欢与水相关的名胜古迹或风景区(如都江堰、三峡大坝、千岛湖等),但也有约7%的受调查者明确表示不太喜欢或不喜欢;有42.93%的西安市受调查者非常了解或者比较了解我国当前存在并需要解决的水问题(如水资源短缺、水生态损害、水环境污染等),但也有15.76%的受调查者表示不太了解这些问题,甚至有4.89%的受调查者表示不了解我国当前存在哪些需要解决的水问题。

关于水责任调查,在问到"您是否愿意节约用水"时,超过80%的西安市受调查者愿意节约用水,但也有1.56%的人群明确表示不愿意节约用水;而在问到"您是否愿意为节约用水而降低生活质量"时,比例则降到35.83%,还不到一半,有19.94%的受调查表示不太愿意,还有16.20%的受调查者明确表示不愿意;在问到"您是否愿意采取一些行动(如在水边捡拾垃圾、不往水里扔垃圾)来保护环境"时,有超过60%的受调查者愿意采取行动保护水生态环境,但也有13.7%的受调查者明确表示不太愿意或者不愿意这么做。

关于水伦理调查,82.24%的西安市受调查者反对"我们当代人不需要考虑缺水和水污染问题,后代人会有办法去解决"的观点,但仍有5.92%的受调查者赞同这种观点;有82.24%的受调查者赞同"谁用水谁付费,谁污染谁补偿"的观点,但也有5.30%的受调查者反对这一观点。

3)水行为调查

关于水生态和水环境管理行为,有17.76%的西安市受调查者表示总是会主动接受各类节水、护水、爱水宣传教育活动,有27.10%的受调查者表示经常会主动接受各类宣传教育活动,但也有22.43%的受调查者表示很少主动接受各类宣传教育活动,甚至有4.67%的受调查者表示从不主动接受各类宣传教育活动;85.36%的受调查者表示有过主动向他人说明保护水资源的重要性或者鼓励他人实施水资源保护行为的经历,也有14.64%的受调查者表示从未有过类似的水行为；有 95.95％的受调查者表示有过主动学习各类节约用水等知识的行为，仍有 4.05％的受调查者表示从未有过类似经历；有 85.67％的受调查者曾经学习或了解过水灾害（如山洪暴发、城市内涝、泥石流等）避险的技巧和方法，有 14.33％的受调查者则表示从未学习过避险相关知识。

关于说服行为，有 83.49％的西安市受调查者有过劝告其他组织或个人停止污水排放等行为的经历，但也有 16.51％的受调查者从未有过类似的行为；有 91.28％的西安市受调查者有过主动参与社区或环保组织开展的节水、护水、爱水宣传活动，但也有 8.72％的受调查者从未有过类似的行为。

关于消费行为，有 92.83％的西安市受调查者有过利用淘米水洗菜或者浇花的行为，有 61％的受调查者经常或总是这样做；超过 87.23％的受调查者有过收集洗衣机的脱水或手洗衣服时的漂洗水进行再利用的经历，有约 60％的人经常或总是会这么做；98.44％的受调查者会在洗漱时，随时关闭水龙头，有 50.16％的人能够总是这样做；有 91.59％的受调查者会在前期发现用水量较大后，有意识地主动减少洗衣服、洗手或者洗澡次数等从而减少用水量，但也有 8.41％的受调查者从未有过这样的行为；有 95.33％的受调查者会购买或使用家庭节水设备（如节水马桶、节水水龙头及节水灌溉设备等）。

关于法律行为，只有 14.96％的西安市受调查者总是或者经常在发现身边有人做出不文明水行为时，向有关部门举报，而 30.53％的受调查者表示从未这样做过；仅有 17.45％的受调查者会在发现水行政监督执法部门监管不到位时，能够总是向有关部门举报，而有 36.14％的受调查者从不会这样做。

2. 水素养评价因子得分

对西安市公民水素养问卷调查结果进行统计分析，得到各评价因子得分的均值（为 1～5，得分越高，评价越好），如表 8-13

所示。

从西安市公民水素养评价因子得分情况来看,“水资源分布现状”“水资源管理手段”“水污染知识”得分均在 4 分以上,这说明受调查者对水知识的了解程度较高,相对于其他水知识题目,“水资源商品属性”得分偏低,这反映了受调查者对水资源商品属性的认识不够科学全面。

水态度中得分最高的题目是“您是否愿意为节约用水而降低生活质量”,水行为中得分最高的题目是“洗漱时,随时关闭水龙头”题项。这说明绝大多数的受调查者主观上具有明确的节水意识,而这种节水意识投射在水行为上的最突出表现就是在洗漱时能够做到随时关闭水龙头。

表 8-13　西安市公民水素养评价因子得分情况

一级指标	二级指标	问卷测评要点	得分
水知识	水科学基础知识	水资源分布现状	4.47
		水资源商品属性	3.55
	水资源开发利用及管理知识	水资源管理手段	4.36
	水生态环境保护知识	水污染知识	4.44
水态度	水情感	受调查者对水风景区的喜爱程度	4.06
		受调查者对当前水问题的关注度	3.19
	水责任	受调查者节约用水的责任感	3.88
		受调查者为节约用水而降低生活质量的责任感	4.38
		受调查者采取行动保护水生态环境的责任感	2.95
	水伦理	受调查者对“将解决水问题的责任推给后代”观点的态度	4.25
		受调查者对水补偿原则的态度	4.24

续表

一级指标	二级指标	问卷测评要点	得分
水行为	水生态和水环境管理行为	受调查者主动接受水宣传的行为	3.31
		受调查者主动向他人说明保护水资源的重要性的行为	2.86
		受调查者学习节约用水等知识的行为	3.31
		受调查者学习避险知识的行为	2.90
	说服行为	受调查者参与制止水污染事件的行为	2.73
		受调查者主动参与社区、环保组织开展的宣传活动的行为	2.94
	消费行为	受调查者对淘米水等回收利用的行为	3.65
		受调查者对洗衣时的漂洗水等回收利用的行为	3.39
		受调查者用水习惯	4.19
		受调查者用水频率	3.04
		受调查者购买、使用家庭节水设备的行为	3.52
	法律行为	受调查者举报他人不规范水行为的行为	2.27
		受调查者举报企业不规范水行为的行为	2.34
		受调查者举报行政监督执法部门行为失职的行为	2.22

其余水态度题目的得分也大多在3.50分以上，但受调查者对当前水问题的关注度得分偏低，只有3.19分，而采取行动保护水生态环境的责任感得分相对更低，仅有2.95分。这一方面反映出西北地区对水问题的忽视，另一方面也说明公民的对于水的责任感不强。

水行为题目除“洗漱时，随时关闭水龙头”得分在4分以上，其他题目得分均在4分以下，尤其是3道法律行为的题目，得分甚至在3分以下。这说明绝大多数的受调查者在实际生活中缺乏规范的水行为，尤其是在面对他人或组织的不当水行为时，更是很少做出有效的阻止行动。

3. 水素养指数

依据前文所述水知识指数、水态度指数、水行为指数及水素养指数计算方法,得到西安市公民水素养指数,如表 8-14 所示。

表 8-14 西安市公民水素养指数

城市	水知识指数	水态度指数	水行为指数	水素养指数
西安	86.35	76.84	61.67	67.23

基于受调查者个性特征的西安市公民水素养指数,如表 8-15 所示。

表 8-15 基于个性特征的西安市公民水素养指数

受调查者个性特征	水知识指数	水态度指数	水行为指数	水素养指数
男性	85.89	76.81	62.13	67.50
女性	86.98	76.87	61.04	66.86
6—17 岁	91.59	76.89	62.84	68.52
18—35 岁	91.15	82.77	66.60	72.36
36—45 岁	93.06	77.44	63.15	68.99
46—59 岁	79.44	72.76	57.36	62.73
60 岁以上	60.75	57.34	44.24	48.60
小学	49.78	51.70	36.53	41.04
初中	84.28	69.73	57.25	62.44
高中(含中专、技工、职高、技校)	91.76	76.88	65.37	70.28
本科(含大专)	92.09	83.64	66.27	72.41
硕士及以上	89.67	83.96	64.79	71.23
学生	90.96	80.10	65.08	70.71
务农人员	57.62	56.56	41.04	45.93
企业人员	92.71	81.95	64.57	70.92
国家公务人员(含军人、警察)	84.59	78.50	69.32	72.71
公用事业单位人员	93.94	84.49	66.42	72.87
自由职业者	90.73	76.89	65.63	70.38
其他	88.10	73.97	59.21	65.06

续表

受调查者个性特征	水知识指数	水态度指数	水行为指数	水素养指数
城镇	91.48	80.97	64.93	70.84
农村	76.10	68.57	55.16	59.99
0.5 万元以下	77.06	67.98	55.45	60.15
0.5 万～1 万元	92.66	80.02	66.01	71.50
1 万～2 万元	90.99	81.21	60.95	68.11
2 万～5 万元	92.69	84.42	68.81	74.39
5 万元以上	85.09	83.91	64.82	70.83

8.5.2 基于调整系数的西安市公民水素养评价

1. 基于抽样人群结构的校正

按照受教育程度对西安市问卷进行分类，计算得出西安市在小学及以下、初中、高中（含中专、技工、职高、技校）、本科（含大专）、硕士及以上等受教育程度的水素养评价值分别为41.04、62.44、70.28、72.41、71.23。受调查者总人数为321，不同受教育程度人数分别为34、37、88、127、35。抽样调查中受教育程度的五类人群分别占比为 10.59％、11.53％、27.41％、39.56％、10.90％，在西安市实际总人口中，受教育程度的五类人群实际比例为25.69％、39.13％、21.34％、13.49％、0.34％。按照公式计算得出基于抽样人群校正的水素养得分为59.09。根据抽样人群结构校正后的水素养得分与问卷调查实际得分相差较小，这表明实际调查水素养得分比较符合抽样调查实际情况，具有一定的科学性。

2. 基于生活节水效率值的调节

西安市常住公民实际生活用水量为126.87L/人·d，公民生活用水定额为140.00L/人·d，通过计算得出西安市公民生活节水效率调整值为65.63，其节水效率值调整系数为0.09。公民用水量小于该地区的生活用水定额，这表明该地区公民节水意识较强，在日常生活用水时会注重约束自己的用水行为。

3. 水素养综合评价值

基于以上两种修正方式以及水素养综合评价值最终公式：

$$W = F_1\lambda_1 + F_2\lambda_2 = 59.09 \times 0.8 + 65.63 \times 0.2 = 60.40$$

式中：W 为水素养综合评价值；F_1 为修正后的水素养评价值；λ_1 为修正后的水素养评价值所占权重；F_2 为节水效率调整值；λ_2 为节水效率调整值所占权重。

第9章　省会城市(Ⅴ类地区)水素养评价

9.1　海口市

9.1.1　基于调查结果的海口市公民水素养评价

1. 描述性统计

1)水知识调查

关于水资源分布知识,有85.25%和84.43%的受调查者清楚我国水资源分布现状的整体情况,如空间分布不均匀、大部分地区降水量分配不均匀;有75.82%的受调查者清楚我国水资源总量丰富,但人均占有量少的分布特征;但仍然有16.39%的受调查者认为我国根本不缺水。

关于对水价的看法,有61.07%的海口市受调查者认同水资源作为商品,使用应当付费,但也有33.61%的受调查者认为水资源是自然资源,使用应当免费;59.02%的受调查者不能够正确认识水资源的商品属性,不认可水价越低越好,也有15.16%的受调查者不认为水价越高越好。

关于水资源管理知识,88.11%、86.07%和85.66%的受调查者分别了解主要的水资源管理手段包括水价、水资源费、排污费、财政补贴和节水技术、污水处理技术以及宣传教育等。但也有18.44%的受调查者对法律法规、行政规定了解不多。

关于水污染知识,88.52%、84.84%和82.38%的海口市受调查者分别能认识到水污染的主要致因是工业生产废水,农药、化肥的过度使用和轮船漏油或发生事故等;但仍有26.23%的受调查者并不了解家庭生活污水直接排放也会造成水污染。

2)水态度调查

关于水情感调查,有82.36%的海口市受调查者非常喜欢或者比较喜欢与水相关的名胜古迹或风景区(如都江堰、三峡大坝、千岛湖等),但也有3.69%的受调查者明确表示不太喜欢或者不喜欢;有43.85%的海口市受调查者非常了解或者比较了解我国当前存在并需要解决的水问题(如水资源短缺、水生态损害、水环境污染等),但也有12.3%的受调查者表示不太了解这些问题,甚至有4.10%的受调查者明确表示不了解我国当前存在哪些需要解决的水问题。

关于水责任调查,在问到"您是否愿意节约用水"时,超过80%的海口市受调查者愿意节约用水,但也有0.82%的人群明确表示不太愿意节约用水;而在问到"您是否愿意为节约用水而降低生活质量"时,比例则降到56.5%,有11.07%的受调查者表示不太愿意,还有2.87%的受调查者明确表示不愿意;在问到"您是否愿意采取一些行动(如在水边捡拾垃圾、不往水里乱扔垃圾)来保护水生态环境"时,有超过84%的受调查者愿意采取行动保护水生态环境,但也有2.87%的受调查者明确表示不太愿意或者不愿意这么做。

关于水伦理调查,有90.17%的海口市受调查者反对"我们当代人不需要考虑缺水和水污染问题,后代人会有办法去解决"的观点,但仍有3.28%的受调查者赞同这种观点;同样有70.90%的受调查者赞同"谁用水谁付费,谁污染谁补偿"的观点,但也有20.90%的受调查者反对这一观点。

3)水行为调查

关于水生态和水环境管理行为,有22.13%的海口市受调查者表示总是会主动接受各类节水、护水、爱水宣传教育活动,有20.9%的受调查者表示经常会主动接受各类宣传教育活动,但也有22.13%的受调查者表示很少主动接受各类宣传教育活动，甚至有4.51%的受调查者表示从不主动接受各类宣传教育活动；94.72%的受调查者表示有过主动向他人说明保护水资源的重要性或者鼓励他人实施水资源保护行为的经历，也有5.28%的受调查者表示从未有过类似的水行为；有96.78%的受调查者有过主动学习各类节约用水等知识的行为，仍有3.22%的受调查者表示从未有过类似经历；有96.78%的受调查者曾经学习或了解过水灾害（如山洪暴发、城市内涝、泥石流等）避险的技巧方法，有3.22%的受调查者则表示从未学习过避险相关知识。

关于说服行为，有85.93%的海口市受调查者有过劝告其他组织或个人停止污水排放等行为的经历，但也有6.56%的受调查者从未有过类似行为；有超过40%的受调查者比较经常地主动参与社区或环保组织开展的节水、护水、爱水宣传活动，有超过50%的受调查者参加过这类活动，但也有6.15%的受调查者从未主动参与过这类活动。

关于消费行为，接近98%的海口市受调查者有过利用淘米水洗菜或者浇花的行为，甚至有26.23%的受调查者总是会这样做；超过90%的受调查者有过收集洗衣机的脱水或手洗衣服时的漂洗水进行再利用的经历，有接近50%的人群总是经常会这样做；超过98%的受调查者会在洗漱时，随时关闭水龙头，有接近64.74%的人能够总是这样做；有92.21%的受调查者会在发现前期用水量较大之后，有意识地主动减少洗衣服、洗手或者洗澡次数等，从而减少用水量，但也有7.79%的受调查者从未有过这样的行为；有超过93%的受调查者会购买或使用家庭节水设备（如节水马桶、节水水龙头及节水灌溉设备等）。

关于法律行为，有19.26%的海口市受调查者在发现身边有人做出不文明水行为时，向有关部门举报，而接近16%的受调查者表示从未这样做过；仅有24.29%的受调查者在发现企业直接排放未经处理的污水时，能够总是向有关部门举报，而超过50%的受调查者有过这样的行为，但也有15%的受调查者从未有过这样的行为；有 18.58%的受调查者会在发现水行政监督执法部门监管不到位时，能够总是向有关部门举报，而有 15.16%的受调查者从不会这样做。

2. 水素养评价因子得分

对海口市公民水素养问卷调查结果进行统计分析，得到各评价因子得分的均值（为 1～5，得分越高，评价越好），如表 9-1 所示。

从海口市公民水素养评价因子得分情况来看，“水污染知识”“水资源管理手段”和“水资源分布现状”得分均在 4.30 分左右，这说明受调查者对水知识稍有了解；相对其他水知识题目，“水资源商品属性”得分偏低，仅为 3.71 分，这反映了受调查者对水资源商品属性的认识不够科学全面。

表 9-1　海口市公民水素养评价因子得分情况

一级指标	二级指标	问卷测评要点	得分
水知识	水科学基础知识	水资源分布现状	4.29
		水资源商品属性	3.71
	水资源开发利用及管理知识	水资源管理手段	4.41
	水生态环境保护知识	水污染知识	4.30
水态度	水情感	受调查者对水风景区的喜爱程度	4.19
		受调查者对当前水问题的关注度	3.39
	水责任	受调查者节约用水的责任感	4.36
		受调查者为节约用水而降低生活质量的责任感	3.66
		受调查者采取行动保护水生态环境的责任感	4.14
	水伦理	受调查者对“将解决水问题的责任推给后代”观点的态度	4.49
		受调查者对水补偿原则的态度	3.84

续表

一级指标	二级指标	问卷测评要点	得分
水行为	水生态和水环境管理行为	受调查者主动接受水宣传的行为	3.34
		受调查者主动向他人说明保护水资源的重要性的行为	3.29
		受调查者学习节约用水等知识的行为	3.42
		受调查者学习避险知识的行为	3.36
	说服行为	受调查者参与制止水污染事件的行为	3.17
		受调查者主动参与社区、环保组织开展的宣传活动的行为	3.24
	消费行为	受调查者对淘米水等回收利用的行为	3.65
		受调查者对洗衣时的漂洗水等回收利用的行为	3.50
		受调查者用水习惯	4.43
		受调查者用水频率	3.44
		受调查者购买、使用家庭节水设备的行为	3.85
	法律行为	受调查者举报他人不规范水行为的行为	2.98
		受调查者举报企业不规范水行为的行为	3.05
		受调查者举报行政监督执法部门行为失职的行为	2.98

水态度中得分最高的题目是“我们当代人不需要考虑缺水和水污染问题，后代人会有办法去解决”，水行为中得分最高的题目是“洗漱时，随时关闭水龙头”题项。这说明绝大多数的受调查者主观上具有明确的节水意识，而这种节水意识投射在水行为上的最突出表现就是在洗漱时能够做到随时关闭水龙头。

其余水态度题目中，受调查者对当前水问题的关注度得分最低，只有 3.39 分，其次是“为节约用水而降低生活质量”的责任感得分，仅有 3.66 分。这一方面反映出社会经济发展带来的消费观念的转变和公民对较高生活质量的追求，另一方面也说明水价在一定程度上还未起到调节作用。

水行为题目除“洗漱时，随时关闭水龙头”得分在 4 分以上，其他题目得分均在 4 分以下，尤其是 3 道法律行为的题目，得分甚至在 3 分以下。这说明绝大多数的受调查者在实际生活中缺乏规范的水行为，尤其是在面对他人或组织的不当水行为时，更是很少做出有效的阻止行动。

3. 水素养指数

依据前文所述水知识指数、水态度指数、水行为指数及水素养指数计算方法，得到海口市公民水素养指数，如表 9-2 所示。

表 9-2　海口市公民水素养指数

城市	水知识指数	水态度指数	水行为指数	水素养指数
海口	84.67	81.14	69.40	73.35

基于受调查者个性特征的海口市公民水素养指数，如表 9-3 所示。

表 9-3　基于个性特征的海口市公民水素养指数

受调查者个性特征	水知识指数	水态度指数	水行为指数	水素养指数
男性	84.17	72.98	69.30	71.45
女性	85.19	73.46	69.50	71.80
6—17 岁	80.72	69.06	61.96	65.22
18—35 岁	87.81	75.98	74.29	75.89
36—45 岁	84.37	74.52	67.72	70.72
46—59 岁	82.09	72.34	68.20	70.37
60 岁以上	78.18	64.40	59.37	62.18
小学	77.60	63.01	58.27	61.07
初中	79.09	71.69	66.56	68.82
高中(含中专、技工、职高、技校)	84.66	76.02	70.05	72.68
本科(含大专)	87.91	75.18	71.55	73.84
硕士及以上	89.87	73.96	78.71	78.70
学生	84.48	71.69	70.60	72.11

续表

受调查者个性特征	水知识指数	水态度指数	水行为指数	水素养指数
务农人员	75.38	69.53	64.41	66.53
企业人员	93.22	77.79	78.78	79.88
国家公务人员(含军人、警察)	94.84	76.54	71.52	74.74
公用事业单位人员	79.08	72.54	64.00	67.24
自由职业者	84.28	75.95	68.34	71.45
其他	80.30	72.62	65.34	68.29
城镇	86.60	73.22	69.80	72.08
农村	81.55	73.20	68.76	70.89
0.5 万元以下	84.70	73.11	69.24	71.50
0.5 万～1 万元	86.70	71.46	65.67	68.85
1 万～2 万元	81.69	71.94	65.49	68.38
2 万～5 万元	83.64	74.29	70.57	72.58
5 万元以上	87.18	78.92	85.32	84.10

9.1.2 基于调整系数的海口市公民水素养评价

1. 基于抽样人群结构的校正

按照受教育程度对海口市问卷进行分类,计算得出海口市在小学及以下、初中、高中(含中专、技工、职高、技校)、本科(含大专)、硕士及以上等受教育程度的水素养评价值分别为 61.07、68.82、72.68、73.84、78.70。受调查者总人数为 245,不同受教育程度人数分别为 28、44、46、108、19。抽样调查中受教育程度的五类人群分别占比为 11.43%、17.96%、18.78%、44.08%、7.76%,在海口市实际总人口中,受教育程度的五类人群实际比例为 27.03%、45.43%、17.81%、9.65%、0.09%。按照公式计算得出基于抽样人群校正的水素养得分为 67.90。根据抽样人群结构校正后的水素养得分与问卷调查实际得分相差较小,这表明实际调查水素养得分比较符合抽样调查实际情况,具有一定的科学性。

2. 基于生活节水效率值的调节

海口市常住公民实际生活用水量为341.44L/人·d,公民生活用水定额为220.00L/人·d,通过计算得出海口市公民生活节水效率调整值为26.88,其节水效率值调整系数为-0.55。公民用水量远高于该地区的生活用水定额,这表明该地区公民节水意识不强,在日常生活用水时不注重约束自己的用水行为。

3. 水素养综合评价值

基于以上两种修正方式以及水素养综合评价值最终公式:

$$W = F_1\lambda_1 + F_2\lambda_2 = 67.90 \times 0.8 + 26.88 \times 0.2 = 59.70$$

式中:W 为水素养综合评价值;F_1 为修正后的水素养评价值;λ_1 为修正后的水素养评价值所占权重;F_2 为节水效率调整值;λ_2 为节水效率调整值所占权重。

9.2　乌鲁木齐市

9.2.1　基于调查结果的乌鲁木齐市公民水素养评价

1. 描述性统计

1)水知识调查

关于水资源分布知识,有93.51%和88.11%的受调查者清楚我国水资源分布现状的整体情况,如空间分布不均匀、大部分地区降水量分配不均匀;有89.19%的受调查者清楚我国水资源总量丰富,但人均占有量少的分布特征;但仍有22.16%的受调查者认为我国根本不缺水。

关于对水价的看法,有67.03%的乌鲁木齐市受调查者认同水资源作为商品,使用应当付费,但也有21.62%的受调查者认为水资源是自然资源,使用应当免费;60.54%的受调查者能够正确认识水资源的商品属性,不认可水价越低越好,也有85.95%的受调查者不认为水价越高越好。

关于水资源管理知识，乌鲁木齐市有 92.43%、92.97%和 93.51%的受调查者了解主要的水资源管理手段包括法律法规、行政规定手段和水价、水资源费、排污费、财政补贴以及节水技术、污水处理技术等；但也有 9.73%的受调查者对宣传教育了解不多。

关于水污染知识，90.81%、74.05%和 89.73%的乌鲁木齐市受调查者能认识到水污染的主要致因是工业生产废水、家庭生活污水的直接排放和轮船漏油或发生事故等；但仍有 24.86%的受调查者并不了解农药和化肥的过度使用也会造成水污染。

2)水态度调查

关于水情感调查，有 77.29%的乌鲁木齐市受调查者非常喜欢或者比较喜欢与水相关的名胜古迹或风景区(如都江堰、三峡大坝、千岛湖等)，但也有 2.16%的受调查者明确表示不太喜欢或者不喜欢；有 30.81%的乌鲁木齐市受调查者非常了解或者比较了解我国当前存在并需要解决的水问题(如水资源短缺、水生态损害、水环境污染等)，但也有 20.54%的受调查者表示不太了解这些问题，甚至有 10.81%的受调查者明确表示不了解我国当前存在哪些需要解决的水问题。

关于水责任调查，在问到"您是否愿意节约用水"时，超过 85%的乌鲁木齐市受调查者愿意节约用水，但也有 1.62%的人群明确表示不太愿意节约用水；而在问到"您是否愿意为节约用水而降低生活质量"时，比例则降到 25.40%，还不到一半，有 34.59%的受调查者表示不太愿意，还有 9.73%的受调查者明确表示不愿意；在问到"您是否愿意采取一些行动(如在水边捡拾垃圾、不往水里乱扔垃圾)来保护水生态环境"时，有 70.27%的受调查者愿意采取行动保护水生态环境，但也有 7.57%的受调查者明确表示不太愿意或者不愿意这么做。

关于水伦理调查，有超过 97%的乌鲁木齐市受调查者反对"我们当代人不需要考虑缺水和水污染问题，后代人会有办法去解决"的观点，但仍有 2%左右的受调查者赞同这种观点；同样有超过87%的受调查者赞同“谁用水谁付费，谁污染谁补偿”的观点，但也有3.24%的受调查者反对这一观点。

3)水行为调查

关于水生态和水环境管理行为，有31.35%的乌鲁木齐市受调查者表示总是会主动接受各类节水、护水、爱水宣传教育活动，有28.11%的受调查者表示经常会主动接受各类宣传教育活动，但也有14.59%的受调查者表示很少主动接受各类宣传教育活动，甚至有1.62%的受调查者表示从不主动接受各类宣传教育活动；92.51%的受调查者表示有过主动向他人说明保护水资源的重要性或者鼓励他人实施水资源保护行为的经历，也有7.49%的受调查者表示从未有过类似的水行为；有98.38%的受调查者有过主动学习各类节约用水等知识的行为，仍有1.62%的受调查者表示从未有过类似经历；有92.97%的受调查者曾经学习或了解过水灾害(如山洪暴发、城市内涝、泥石流等)避险的技巧方法，有7.03%的受调查者则表示从未学习过避险相关知识。

关于说服行为，95.68%的乌鲁木齐市受调查者有过劝告其他组织或个人停止污水排放等行为的经历，但也有4.32%的受调查者从未有过类似行为；有超过38%的受调查者比较经常地主动参与社区或环保组织开展的节水、护水、爱水宣传活动，有超过57%的受调查者参加过这类活动，但也有4.86%的受调查者从未主动参与过这类活动。

关于消费行为，接近98%的乌鲁木齐市受调查者有过利用淘米水洗菜或者浇花的行为，甚至有28.65%的受调查者总是会这样做；超过96%的受调查者有过收集洗衣机的脱水或手洗衣服时的漂洗水进行再利用的经历，有接近27%的人群总是会这样做；超过99%的受调查者会在洗漱时，随时关闭水龙头，有接近60%的人能够总是这样做；有97.30%的受调查者会在发现前期用水量较大之后，有意识地主动减少洗衣服、洗手或者洗澡次数等，从而减少用水量，但也有2.70%的受调查者从未有过这样的行为；有超过98%的受调查者会购买或使用家庭节水设备(如节水马桶、节水水龙头及节水灌溉设备等)。

关于法律行为,只有 15.68%的乌鲁木齐市受调查者总是在发现身边有人做出不文明水行为时,向有关部门举报,而 29%的受调查者表示从未这样做过;仅有 16.22%的受调查者在发现企业直接排放未经处理的污水时,能够总是向有关部门举报,而有超过 49%的受调查者有过这样的行为,但也有 35.14%的受调查者从未有过这样的行为;仅有 17.30%的受调查者会在发现水行政监督执法部门监管不到位时,能够总是向有关部门举报,而有 45.41%的受调查者从不会这样做。

2. 水素养评价因子得分

对乌鲁木齐市公民水素养问卷调查结果进行统计分析,得到各评价因子得分的均值(为 1～5,得分越高,评价越好),如表 9-4 所示。

表 9-4 乌鲁木齐市公民水素养评价因子得分情况

一级指标	二级指标	问卷测评要点	得分
水知识	水科学基础知识	水资源分布现状	4.47
		水资源商品属性	3.92
	水资源开发利用及管理知识	水资源管理手段	4.69
	水生态环境保护知识	水污染知识	4.30
水态度	水情感	受调查者对水风景区的喜爱程度	4.19
		受调查者对当前水问题的关注度	2.91
	水责任	受调查者节约用水的责任感	3.98
		受调查者为节约用水而降低生活质量的责任感	4.40
		受调查者采取行动保护水生态环境的责任感	2.82
	水伦理	受调查者对“将解决水问题的责任推给后代”观点的态度	4.37
		受调查者对水补偿原则的态度	4.38

续表

一级指标	二级指标	问卷测评要点	得分
水行为	水生态和水环境管理行为	受调查者主动接受水宣传的行为	3.73
		受调查者主动向他人说明保护水资源的重要性的行为	3.11
		受调查者学习节约用水等知识的行为	3.43
		受调查者学习避险知识的行为	3.09
	说服行为	受调查者参与制止水污染事件的行为	3.36
		受调查者主动参与社区、环保组织开展的宣传活动的行为	3.19
	消费行为	受调查者对淘米水等回收利用的行为	3.75
		受调查者对洗衣时的漂洗水等回收利用的行为	3.52
		受调查者用水习惯	4.39
		受调查者用水频率	3.10
		受调查者购买、使用家庭节水设备的行为	3.62
	法律行为	受调查者举报他人不规范水行为的行为	2.52
		受调查者举报企业不规范水行为的行为	2.37
		受调查者举报行政监督执法部门行为失职的行为	2.28

从乌鲁木齐市公民水素养评价因子得分情况来看,“水污染知识”“水资源管理手段”“水资源分布现状”得分均在4.30分以上,这说明受调查者对水知识的了解程度较高;相对其他水知识题目,“水资源商品属性”得分偏低,这反映了受调查者对水资源商品属性的认识不够科学全面。

水态度中得分最高的题目是“为节约用水而降低生活质量”,水行为中得分最高的题目是“洗漱时,随时关闭水龙头”题项。这说明绝大多数的受调查者主观上具有明确的节水意识,并愿意付诸行动,而这种节水意识投射在水行为上的最突出表现就是在洗漱时能够做到随时关闭水龙头。其余水态度题目的得分大多在3分以上,但受调查者对当前水问题的关注度得分偏低,只有2.91

分，而受调查者采取行动保护水生态环境的责任感得分相对偏低，仅有 2.82 分。这一方面反映出公民对于我国水问题的关注度不高，另一方面说明了保护水生态环境的宣传存在着问题。

水行为题目除“利用淘米水洗菜或者浇花等”得分在 3.75 分以上，其他题目得分均在 3.75 分以下，尤其是 3 道法律行为的题目，得分甚至在 2.5 分甚至更低。这说明绝大多数的受调查者在实际生活中缺乏规范的水行为，尤其是在面对他人或组织的不当水行为时，更是很少做出有效的阻止行动。

3. 水素养指数

依据前文所述水知识指数、水态度指数、水行为指数及水素养指数计算方法，得到乌鲁木齐市公民水素养指数，如表 9-5 所示。

表 9-5　乌鲁木齐市公民水素养指数

城市	水知识指数	水态度指数	水行为指数	水素养指数
乌鲁木齐	86.48	77.17	65.02	69.62

基于受调查者个性特征的乌鲁木齐市公民水素养指数，如表 9-6 所示。

表 9-6　基于个性特征的乌鲁木齐市公民水素养指数

受调查者个性特征	水知识指数	水态度指数	水行为指数	水素养指数
男性	87.70	75.09	62.64	67.64
女性	85.64	78.59	66.63	70.97
6—17 岁	89.19	66.79	54.30	60.21
18—35 岁	88.59	80.84	66.88	71.90
36—45 岁	81.12	78.24	67.80	71.29
46—59 岁	87.62	77.90	68.60	72.36
60 岁以上	85.74	74.04	61.88	66.71

续表

受调查者个性特征	水知识指数	水态度指数	水行为指数	水素养指数
小学	88.24	64.48	51.33	57.57
初中	84.53	73.80	58.69	64.34
高中(含中专、技工、职高、技校)	84.86	75.22	64.30	68.55
本科(含大专)	87.62	80.40	68.77	73.02
硕士及以上	86.65	79.87	67.52	71.95
学生	87.80	73.79	61.13	66.32
务农人员	84.69	69.59	55.52	61.25
企业人员	89.45	78.50	62.01	68.11
国家公务人员(含军人、警察)	92.53	80.84	66.66	72.11
公用事业单位人员	80.72	84.09	76.26	78.37
自由职业者	86.02	79.34	67.83	72.00
其他	87.08	78.80	68.86	72.69
城镇	87.10	71.11	58.98	64.19
农村	86.09	80.95	68.77	73.00
0.5万元以下	74.14	79.07	70.41	72.64
0.5万～1万元	89.44	75.14	60.97	66.66
1万～2万元	89.94	75.36	64.25	69.01
2万～5万元	91.76	78.82	64.15	69.87
5万元以上	87.79	82.37	68.57	73.33

9.2.2 基于调整系数的乌鲁木齐市公民水素养评价

1. 基于抽样人群结构的校正

按照受教育程度对乌鲁木齐市问卷进行分类，计算得出乌鲁木齐市在小学及以下、初中、高中(含中专、技工、职高、技校)、本科(含大专)、硕士及以上等受教育程度的水素养评价值分别为57.57、64.34、68.55、73.02、71.95。受调查者总人数为185，不同受教育程度人数分别为12、27、42、84、20。抽样调查中受教育程度的五类人群分别占比为 6.49%、14.59%、22.70%、45.41%、10.81%，在乌鲁木齐市实际总人口中，受教育程度的五类人群实际比例为 34.52%、37.28%、14.47%、13.38%、0.34%。按照公式计算得出基于抽样人群校正的水素养得分为 63.80。根据抽样人群结构校正后的水素养得分与问卷调查实际得分相差较小，这表明实际调查水素养得分比较符合抽样调查实际情况，具有一定的科学性。

2. 基于生活节水效率值的调节

乌鲁木齐市常住公民实际生活用水量为 115.76L/人·d，公民生活用水定额为 90.00L/人·d，通过公式计算得出乌鲁木齐市公民生活节水效率调整值为 42.82，其节水效率值调整系数为 −0.29。公民用水量略高于该地区的生活用水定额，这表明该地区公民节水意识较弱，在日常生活用水时不太注重约束自己的用水行为。

3. 水素养综合评价值

基于以上两种修正方式以及水素养综合评价值最终公式：

$$W = F_1\lambda_1 + F_2\lambda_2 = 63.80 \times 0.8 + 42.82 \times 0.2 = 59.60$$

式中：W 为水素养综合评价值；F_1 为修正后的水素养评价值；λ_1 为修正后的水素养评价值所占权重；F_2 为节水效率调整值；λ_2 为节水效率调整值所占权重。

9.3 上海市

9.3.1 基于调查结果的上海市公民水素养评价

1. 描述性统计

1)水知识调查

关于水资源分布知识，上海市有 93.41% 的受调查者清楚我国水资源分布现状的整体情况，如空间分布不均匀、大部分地区降水量分配不均匀；有84.98%以上的受调查者清楚我国水资源总量丰富，但人均占有量少的分布特征；但仍有10.99%的受调查者认为我国根本不缺水。

关于对水价的看法，有78.02%的上海市受调查者认同水资源作为商品，使用应当付费，但也有23.08%的受调查者认为水资源是自然资源，使用应当免费；60.44%的受调查者能够正确认识水资源的商品属性，不认可水价越低越好，也有86.63%的受调查者不认为水价越高越好。

关于水资源管理知识，91.76%、95.05%和95.42%的受调查者了解主要的水资源管理手段（包括水价、水资源费、排污费、财政补贴和节水技术、污水处理技术以及宣传教育等）；但也有11.90%的受调查者对法律法规、行政规定手段了解不多。

关于水污染知识，95.97%的上海市受调查者能认识到水污染的主要致因是工业生产废水的直接排放和轮船漏油或发生事故等；95.24%的上海市受调查者能认识到水污染的主要致因是农药、化肥的过度使用；但仍有11.17%的受调查者并不了解家庭生活污水直接排放也会造成水污染。

2)水态度调查

关于水情感调查，有79.49%的上海市受调查者非常喜欢或者比较喜欢与水相关的名胜古迹或风景区（如都江堰、三峡大坝、千岛湖等），但也有1.65%的受调查者明确表示不太喜欢或者不喜欢；有51.64%的上海市受调查者非常了解或者比较了解我国当前存在并需要解决的水问题（如水资源短缺、水生态损害、水环境污染等），但也有6.96%的受调查者表示不太了解这些问题，甚至有0.55%的受调查者明确表示不了解我国当前存在哪些需要解决的水问题。

关于水责任调查，在问到“您是否愿意节约用水”时，91.02%的上海市受调查者愿意节约用水，但也有1.28%的人群明确表示不太愿意节约用水；而在问到“您是否愿意为节约用水而降低生活质量”时，比例则降到40.48%，还不到一半，有21.61%的受调查者表示不太愿意，还有10.44%的受调查者明确表示不愿意；在问到“您是否愿意采取一些行动（如在水边捡拾垃圾、不往水里乱扔垃圾）来保护水生态环境”时，有超过80.22%的受调查者愿意采取行动保护水生态环境，但也有3.66%的受调查者明确表示不太愿意或者不愿意这么做。

关于水伦理调查，有90.57%的上海市受调查者反对“我们当代人不需要考虑缺水和水污染问题，后代人会有办法去解决”的观点，只有2.75%的受调查者赞同这种观点；有超过88.09%的受调查者赞同“谁用水谁付费，谁污染谁补偿”的观点，只有7.51%的受调查者反对这一观点。

3）水行为调查

关于水生态和水环境管理行为，有17.40%的上海市受调查者表示总是会主动接受各类节水、护水、爱水宣传教育活动，有22.16%的受调查者表示经常会主动接受各类宣传教育活动，但也有22.53%的受调查者表示很少主动接受各类宣传教育活动，甚至有11.36%的受调查者表示从不主动接受各类宣传教育活动；85.71%的受调查者表示有过主动向他人说明保护水资源的重要性或者鼓励他人实施水资源保护行为的经历，也有14.29%的受调查者表示从未有过类似的水行为；有96.7%的受调查者有过主动学习各类节约用水等知识的行为，只有3.3%的受调查者表示从未有过类似经历；有85.71%的受调查者曾经学习或了解过水灾害（如山洪暴发、城市内涝、泥石流等）避险的技巧方法，有14.29%的受调查者则表示从未学习过避险相关知识。

关于说服行为，有90.84%的上海市受调查者有过劝告其他组织或个人停止污水排放等行为的经历，但也有9.16%的受调查者从未有过类似行为；有接近30%的受调查者比较经常主动参与社区或环保组织开展的节水、护水、爱水宣传活动，有超过50%的受调查者参加过这类活动，但也有16.12%的受调查者从未主动参与过这类活动。

关于消费行为，有93.77%的上海市受调查者有过利用淘米水洗菜或者浇花的行为，甚至有52.01%的受调查者总是或经常会这样做；超过80.59%的受调查者有过收集洗衣机的脱水或手洗衣服时的漂洗水进行再利用的经历，有超过36.63%的人群总是或经常会这样做；所有的受调查者都会在洗漱时，随时关闭水龙头，有82.97%的人能够总是或经常这样做；有77.84%的受调查者会在发现前期用水量较大之后，有意识地主动减少洗衣服、洗手或者洗澡次数等，从而减少用水量，但也有22.16%的受调查者从未有过这样的行为；有超过84.8%的受调查者会购买或使用家庭节水设备(如节水马桶、节水水龙头及节水灌溉设备等)。

关于法律行为，仅有11.72%的上海市受调查者总是在发现身边有人做出不文明水行为时，向有关部门举报，而26.56%的受调查者表示从未这样做过；仅有11.72%的受调查者在发现企业直接排放未经处理的污水时，能够总是向有关部门举报，而有71.98%的受调查者有过这样的行为，但也有28.02%的受调查者从未有过这样的行为；仅有12.27%的受调查者会在发现水行政监督执法部门监管不到位时，能够总是向有关部门举报，而有29.3%的受调查者从不会这样做。

2. 水素养评价因子得分

对上海市公民水素养问卷调查结果进行统计分析，得到各评价因子得分的均值(为1～5，得分越高，评价越好)，如表9-7所示。

表9-7 上海市公民水素养评价因子得分情况

一级指标	二级指标	问卷测评要点	得分
水知识	水科学基础知识	水资源分布现状	4.61
		水资源商品属性	3.98
	水资源开发利用及管理知识	水资源管理手段	4.70
	水生态环境保护知识	水污染知识	4.76

续表

一级指标	二级指标	问卷测评要点	得分
水态度	水情感	受调查者对水风景区的喜爱程度	4.23
		受调查者对当前水问题的关注度	3.56
	水责任	受调查者节约用水的责任感	4.45
		受调查者为节约用水而降低生活质量的责任感	3.15
		受调查者采取行动保护水生态环境的责任感	4.21
	水伦理	受调查者对“将解决水问题的责任推给后代”观点的态度	4.50
		受调查者对水补偿原则的态度	4.39
水行为	水生态和水环境管理行为	受调查者主动接受水宣传的行为	3.11
		受调查者主动向他人说明保护水资源的重要性的行为	2.96
		受调查者学习节约用水等知识的行为	3.29
		受调查者学习避险知识的行为	2.96
	说服行为	受调查者参与制止水污染事件的行为	2.90
		受调查者主动参与社区、环保组织开展的宣传活动的行为	2.82
	消费行为	受调查者对淘米水等回收利用的行为	3.51
		受调查者对洗衣时的漂洗水等回收利用的行为	2.94
		受调查者用水习惯	4.33
		受调查者用水频率	3.33
		受调查者购买、使用家庭节水设备的行为	2.85
	法律行为	受调查者举报他人不规范水行为的行为	2.58
		受调查者举报企业不规范水行为的行为	2.57
		受调查者举报行政监督执法部门行为失职的行为	2.56

从上海市公民水素养评价因子得分情况来看，“水污染知识”“水资源管理手段”“水资源分布现状”得分均在 4.50 分以上，这说明受调查者对水知识的了解程度较高；相对其他水知识题目，“水资源商品属性”得分偏低，这反映了受调查者对水资源商品属

性的认识不够科学全面。

水态度中得分较高的题目是“我们当代人不需要考虑缺水和水污染问题,后代人会有办法去解决”和“您是否愿意节约用水”,水行为中得分最高的题目是“洗漱时,随时关闭水龙头”题项。这说明绝大多数的受调查者主观上具有明确的节水意识,而这种节水意识投射在水行为上的最突出表现就是在洗漱时能够做到随时关闭水龙头。其余水态度题目的得分也大多在 4 分以上,但受调查者对当前水问题的关注度得分偏低,只有 3.56 分,而为节约用水而降低生活质量的责任感得分相对偏低,仅有 3.15 分。这一方面反映出社会经济发展带来的消费观念的转变和公民对较高生活质量的追求,另一方面也说明水价在一定程度上还未起到调节作用。

水行为题目只有“受调查者用水习惯”得分在 4 分以上,其他题目得分均在 4 分以下,尤其是 3 道法律行为的题目,得分在 3 分以下且最低。这说明绝大多数的受调查者在实际生活中缺乏规范的水行为,尤其是在面对他人或组织的不当水行为时,更是很少做出有效的阻止行动。

3. 水素养指数

依据前文所述水知识指数、水态度指数、水行为指数及水素养指数计算方法,得到上海市公民水素养指数,如表 9-8 所示。

表 9-8 上海市公民水素养指数

城市	水知识指数	水态度指数	水行为指数	水素养指数
上海	92.57	81.08	61.90	68.87

基于受调查者个性特征的上海市公民水素养指数,如表 9-9 所示。

表 9-9 基于个性特征的上海市公民水素养指数

受调查者个性特征	水知识指数	水态度指数	水行为指数	水素养指数
男性	93.16	81.03	61.99	68.98

续表

受调查者个性特征	水知识指数	水态度指数	水行为指数	水素养指数
女性	91.94	81.13	61.80	68.76
6—17 岁	89.59	77.90	55.61	63.57
18—35 岁	91.15	82.99	67.43	72.98
36—45 岁	93.88	79.77	59.17	66.82
46—59 岁	94.26	79.80	56.97	65.34
60 岁以上	98.27	76.85	46.20	57.63
小学	94.78	77.25	47.00	57.95
初中	89.75	78.22	60.01	66.69
高中(含中专、技工、职高、技校)	92.82	82.54	62.16	69.06
本科(含大专)	93.07	82.25	64.58	71.03
硕士及以上	93.31	79.47	64.49	70.38
学生	91.53	80.05	64.21	70.15
务农人员	93.95	78.79	54.86	63.64
企业人员	93.24	83.87	66.34	72.61
国家公务人员(含军人、警察)	90.63	79.09	56.66	64.65
公用事业单位人员	93.92	79.85	55.96	64.62
自由职业者	93.93	81.00	61.54	68.73
其他	90.99	83.72	66.11	72.21
城镇	93.17	80.68	62.68	69.38
农村	90.87	82.22	59.69	67.44
0.5 万元以下	91.32	84.67	66.71	72.87
0.5 万～1 万元	93.27	81.45	62.77	69.62
1 万～2 万元	93.97	80.55	58.94	66.85
2 万～5 万元	91.58	78.07	57.18	64.87
5 万元以上	91.26	80.37	65.67	71.21

9.3.2　基于调整系数的上海市公民水素养评价

1. 基于抽样人群结构的校正

按照受教育程度对上海市问卷进行分类，计算得出上海市在小学及以下、初中、高中(含中专、技工、职高、技校)、本科(含大专)、硕士及以上等受教育程度的水素养评价值分别为57.95、66.69、69.40、71.03、70.38。受调查者总人数为546，不同受教育程度人数分别为42、98、115、267、24。抽样调查中受教育程度的五类人群分别占比为7.69%、17.95%、21.06%、48.90%、4.40%，在上海市实际总人口中，受教育程度的五类人群实际比例为16.49%、32.16%、21.29%、27.18%、2.87%。按照公式计算得出基于抽样人群校正的水素养得分为67.11。根据抽样人群结构校正后的水素养得分与问卷调查实际得分相差较小，这表明实际调查水素养得分比较符合抽样调查实际情况，具有一定的科学性。

2. 基于生活节水效率值的调节

上海市常住公民实际生活用水量为284.72L/人·d，公民生活用水定额为180.00L/人·d，通过计算得出上海市公民生活节水效率调整值为25.09，其节水效率值调整系数为−0.58。公民用水量多于该地区的生活用水定额，这表明该地区公民节水意识弱，在日常生活用水时不注重约束自己的用水行为。

3. 水素养综合评价值

基于以上两种修正方式以及水素养综合评价值最终公式：

$$W = F_1\lambda_1 + F_2\lambda_2 = 67.11 \times 0.8 + 25.09 \times 0.2 = 58.71$$

式中：W 为水素养综合评价值；F_1 为修正后的水素养评价值；λ_1 为修正后的水素养评价值所占权重；F_2 为节水效率调整值；λ_2 为节水效率调整值所占权重。

9.4 杭州市

9.4.1 基于调查结果的杭州市公民水素养评价

1. 描述性统计

1)水知识调查

关于水资源分布知识,有 92.54%、88.06%和 91.04%的受调查者分别清楚我国水资源分布现状的整体情况,如我国水资源总量丰富,但人均占有量少、空间分布不均匀和大部分地区降水量分配不均匀的分布特征;但仍有 36.57%的受调查者认为我国根本不缺水。

关于对水价的看法,有 85.82%的杭州市受调查者认同水资源作为商品,使用应当付费,但也有 74.63%的受调查者认为水资源是自然资源,使用应当免费;31.84%的受调查者能够正确认识水资源的商品属性,不认可水价越低越好,也有 61.19%的受调查者不认为水价越高越好。

关于水资源管理知识,94.28%的杭州市受调查者了解主要的水资源管理手段有法律法规、行政规定等;93.53%的杭州市受调查者了解主要的水资源管理手段有水价、水资源费、排污费、财政补贴和节水技术、污水处理技术等;但也有 8.71%的受调查者对宣传教育了解不多。

关于水污染知识,96.77%、93.03%和 93.28%的杭州市受调查者分别能认识到水污染的主要原因有工业生产废水,农药、化肥的过度使用和轮船漏油或发生事故等;但仍有 15.17%的受调查者并不了解家庭生活污水直接排放也会造成水污染。

2)水态度调查

关于水情感调查,有 86.49%的杭州市受调查者非常喜欢或者比较喜欢与水相关的名胜古迹或风景区(如都江堰、三峡大坝、千岛湖等),受调查者中没有存在明确表示不太喜欢或者不喜欢;有39.77%的杭州市受调查者非常了解或者比较了解我国当前存在并需要解决的水问题(如水资源短缺、水生态损害、水环境污染等),但也有7.72%的受调查者表示不太了解这些问题,甚至有28.96%的受调查者明确表示不了解我国当前存在哪些需要解决的水问题。

关于水责任调查,在问到"您是否愿意节约用水"时,接近80%的杭州市受调查者愿意节约用水,但也有1.49%的人群明确表示不愿意节约用水;而在问到"您是否愿意为节约用水而降低生活质量"时,比例为82.83%,有4.23%的受调查者表示不太愿意,还有1%的受调查者明确表示不愿意;在问到"您是否愿意采取一些行动(如在水边捡拾垃圾、不往水里乱扔垃圾)来保护水生态环境"时,有超过68.4%的受调查者愿意采取行动保护水生态环境,但也有12.94%的受调查者明确表示不太愿意或者不愿意这么做。

关于水伦理调查,有87.06%的杭州市受调查者反对"我们当代人不需要考虑缺水和水污染问题,后代人会有办法去解决"的观点,但也有1.24%的受调查者赞同这种观点;有78.6%的受调查者赞同"谁用水谁付费,谁污染谁补偿"的观点,只有1.74%的受调查者反对这一观点。

3)水行为调查

关于水生态和水环境管理行为,有27.86%的杭州市受调查者表示总是会主动接受各类节水、护水、爱水宣传教育活动,有22.64%的受调查者表示经常会主动接受各类宣传教育活动,但也有16.17%的受调查者表示很少主动接受各类宣传教育活动,甚至有6.47%的受调查者表示从不主动接受各类宣传教育活动;98.51%的受调查者表示有过主动向他人说明保护水资源的重要性或者鼓励他人实施水资源保护行为的经历,也有1.49%的受调查者表示从未有过类似的水行为;有93.53%的受调查者有过主动学习各类节约用水等知识的行为,只有6.47%的受调查者表示从未有过类似经历；有 81.59％的受调查者曾经学习或了解过水灾害(如山洪暴发、城市内涝、泥石流等)避险的技巧方法，有 18.41％的受调查者则表示从未学习过避险相关知识。

关于说服行为，有 91.29％的杭州市受调查者有过劝告其他组织或个人停止污水排放等行为的经历，但也有 8.71％的受调查者从未有过类似行为；有接近 60％的受调查者比较经常主动参与社区或环保组织开展的节水、护水、爱水宣传活动，有超过 50％的受调查者参加过这类活动，但也有 8.21％的受调查者从未主动参与过这类活动。

关于消费行为，有 91.04％的杭州市受调查者有过利用淘米水洗菜或者浇花的行为，甚至有 37.57％的受调查者总是或经常会这样做；92.54％的受调查者有过收集洗衣机的脱水或手洗衣服时的漂洗水进行再利用的经历，有 47.76％的人群总是或经常这样做；89.55％的受调查者会在洗漱时，随时关闭水龙头，有 51.99％的人能够总是或经常这样做；有 89.55％的受调查者会在发现前期用水量较大之后，有意识地主动减少洗衣服、洗手或者洗澡次数等，从而减少用水量，但也有 11.44％的受调查者从未有过这样的行为；有超过 92.79％的受调查者会购买或使用家庭节水设备(如节水马桶、节水水龙头及节水灌溉设备等)。

关于法律行为，仅有 19.65％的杭州市受调查者总是在发现身边有人做出不文明水行为时，向有关部门举报，而 9.7％的受调查者表示从未这样做过；仅有 12.19％的受调查者在发现企业直接排放未经处理的污水时，能够总是向有关部门举报，而 67.91％的受调查者有过这样的行为，但也有 32.09％的受调查者从未有过这样的行为；仅有 12.19％的受调查者会在发现水行政监督执法部门监管不到位时，能够总是向有关部门举报，而有 41.54％的受调查者从不会这样做。

2. 水素养评价因子得分

对杭州市公民水素养问卷调查结果进行统计分析，得到各评价因子得分的均值(为 1～5，得分越高，评价越好)，如表 9-10

所示。

从杭州市公民水素养评价因子得分情况来看,“水污染知识”“水资源管理手段”“水资源分布现状”得分均在4.50分左右,这说明受调查者对水知识的了解程度较高;相对其他水知识题目,“水资源商品属性”得分偏低,这反映了受调查者对水资源商品属性的认识不够科学全面。

水态度中得分较高的题目是“我们当代人不需要考虑缺水和水污染问题,后代人会有办法去解决”和“您是否愿意为节约用水而降低生活质量”,水行为中得分最高的题目是“洗漱时,随时关闭水龙头”题项。这说明绝大多数的受调查者主观上具有明确的节水意识,而这种节水意识投射在水行为上的最突出表现就是在洗漱时能够做到随时关闭水龙头。

表9-10　杭州市公民水素养评价因子得分情况

一级指标	二级指标	问卷测评要点	得分
水知识	水科学基础知识	水资源分布现状	4.35
		水资源商品属性	3.04
	水资源开发利用及管理知识	水资源管理手段	4.73
	水生态环境保护知识	水污染知识	4.63
水态度	水情感	受调查者对水风景区的喜爱程度	3.94
		受调查者对当前水问题的关注度	3.88
	水责任	受调查者节约用水的责任感	4.24
		受调查者为节约用水而降低生活质量的责任感	4.26
		受调查者采取行动保护水生态环境的责任感	3.88
	水伦理	受调查者对“将解决水问题的责任推给后代”观点的态度	4.33
		受调查者对水补偿原则的态度	4.12

续表

一级指标	二级指标	问卷测评要点	得分
水行为	水生态和水环境管理行为	受调查者主动接受水宣传的行为	3.49
		受调查者主动向他人说明保护水资源的重要性的行为	3.24
		受调查者学习节约用水等知识的行为	3.49
		受调查者学习避险知识的行为	3.14
	说服行为	受调查者参与制止水污染事件的行为	3.35
		受调查者主动参与社区、环保组织开展的宣传活动的行为	3.14
	消费行为	受调查者对淘米水等回收利用的行为	3.59
		受调查者对洗衣时的漂洗水等回收利用的行为	3.44
		受调查者用水习惯	4.19
		受调查者用水频率	3.30
		受调查者购买、使用家庭节水设备的行为	3.59
	法律行为	受调查者举报他人不规范水行为的行为	2.93
		受调查者举报企业不规范水行为的行为	2.52
		受调查者举报行政监督执法部门行为失职的行为	2.34

其余水态度题目的得分也大多在 4 分以上，但受调查者对当前水问题的关注度得分偏低，只有 3.88 分，而受调查者采取行动保护水生态环境的责任感得分也比较低。这一方面反映出公民对于我国水问题的关注度不高，另一方面也说明水环境保护还没有引起公民的足够重视。

水行为题目只有“受调查者用水习惯”得分在 4 分以上，其他题目得分均在 4 分以下，尤其是 3 道法律行为的题目，得分在 3 分以下。这说明绝大多数的受调查者在实际生活中缺乏规范的水行为，尤其是在面对他人或组织的不当水行为时，更是很少做出有效的阻止行动。

3. 水素养指数

依据前文所述水知识指数、水态度指数、水行为指数及水素养指数计算方法，得到杭州市公民水素养指数，如表 9-11 所示。

表 9-11　杭州市公民水素养指数

城市	水知识指数	水态度指数	水行为指数	水素养指数
杭州	87.83	82.65	66.61	72.04

基于受调查者个性特征的杭州市公民水素养指数，如表 9-12 所示。

表 9-12　基于个性特征的杭州市公民水素养指数

受调查者个性特征	水知识指数	水态度指数	水行为指数	水素养指数
男性	86.46	82.10	67.92	72.70
女性	89.84	83.46	64.70	71.08
6—17 岁	89.34	79.23	57.16	64.87
18—35 岁	86.65	82.97	67.88	72.88
36—45 岁	91.84	85.32	71.54	76.40
46—59 岁	86.33	80.51	70.96	74.45
60 岁以上	86.55	80.82	55.78	64.04
小学	87.80	80.68	59.82	66.92
初中	89.27	82.65	66.38	72.02
高中(含中专、技工、职高、技校)	87.89	79.87	66.33	71.24
本科(含大专)	86.87	84.78	68.35	73.62
硕士及以上	89.15	78.57	71.57	74.70
学生	86.66	81.66	62.80	69.13
务农人员	88.01	81.57	69.87	74.07
企业人员	86.85	84.41	69.44	74.29
国家公务人员(含军人、警察)	91.04	83.52	74.86	78.22
公用事业单位人员	89.15	79.67	65.28	70.59
自由职业者	89.10	83.79	69.18	74.18
其他	87.76	83.54	61.28	68.55

续表

受调查者个性特征	水知识指数	水态度指数	水行为指数	水素养指数
城镇	89.12	83.74	67.03	72.69
农村	85.53	80.71	65.87	70.89
0.5 万元以下	89.07	88.02	74.20	78.56
0.5 万～1 万元	90.65	83.94	66.45	72.47
1 万～2 万元	86.61	82.64	65.36	71.06
2 万～5 万元	87.39	80.22	66.21	71.20
5 万元以上	81.02	72.19	57.23	62.66

9.4.2 基于调整系数的杭州市公民水素养评价

1. 基于抽样人群结构的校正

按照受教育程度对杭州市问卷进行分类，计算得出杭州市在小学及以下、初中、高中（含中专、技工、职高、技校）、本科（含大专）、硕士及以上等受教育程度的水素养评价值分别为 66.92、72.02、71.24、73.62、74.70。受调查者总人数为 402，不同受教育程度人数分别为 53、94、64、170、21。抽样调查中受教育程度的五类人群分别占比为 13.18%、23.38%、15.92%、42.29%、5.21%，在杭州市实际总人口中，受教育程度的五类人群实际比例为 33.97%、35.23%、15.61%、14.68%、0.51%。按照公式计算得出基于抽样人群校正的水素养得分为 70.42。根据抽样人群结构校正后的水素养得分与问卷调查实际得分相差较小，这表明实际调查水素养得分比较符合抽样调查实际情况，具有一定的科学性。

2. 基于生活节水效率值的调节

杭州市常住公民实际生活用水量为 333.28L/人 · d，公民生活用水定额为 180.00L/人 · d，通过计算得出杭州市公民生活节水效率调整值为 8.91，其节水效率值调整系数为－0.85。公民用水量大于该地区的生活用水定额，这表明该地区公民节水意识弱,在日常生活用水时很少注重约束自己的用水行为。

3. 水素养综合评价值

基于以上两种修正方式以及水素养综合评价值最终公式:

$$W = F_1\lambda_1 + F_2\lambda_2 = 70.42 \times 0.8 + 8.91 \times 0.2 = 58.12$$

式中:W 为水素养综合评价值;F_1 为修正后的水素养评价值;λ_1 为修正后的水素养评价值所占权重;F_2 为节水效率调整值;λ_2 为节水效率调整值所占权重。

9.5 南京市

9.5.1 基于调查结果的南京市公民水素养评价

1. 描述性统计

1)水知识调查

关于水资源分布知识,南京市有95.37%和96.91%的受调查者分别清楚我国水资源分布现状的整体情况,如空间分布不均匀和大部分地区降水量分配不均匀,有93.05%的受调查者清楚我国水资源总量丰富,但人均占有量少的分布特征;但仍有41.70%的受调查者认为我国根本不缺水。

关于对水价的看法,有84.94%的南京市受调查者认同水资源作为商品,使用应当付费,但也有51.74%的受调查者认为水资源是自然资源,使用应当免费;41.70%的受调查者能够正确认识水资源的商品属性,不认可水价越低越好,也有93.44%的受调查者不认为水价越高越好。

关于水资源管理知识,南京市受调查者对我国水资源管理手段的认知状况良好,了解主要的水资源管理手段(如法律法规、行政规定,水价、水资源费、排污费、财政补贴,节水技术、污水处理技术,宣传教育等);但也有10%左右的受调查者对法律法规、行政规定手段了解不多。

关于水污染知识，96.14%、97.68%和96.53%的南京市受调查者分别能认识到水污染的主要原因是工业生产废水，农药、化肥的过度使用和轮船漏油或发生事故等；但仍有10.42%的受调查者并不了解家庭生活污水直接排放也会造成水污染。

2)水态度调查

关于水情感调查，有86.49%的南京市受调查者非常喜欢或者比较喜欢与水相关的名胜古迹或风景区(如都江堰、三峡大坝、千岛湖等)，受调查者中没有存在明确表示不太喜欢或者不喜欢；有39.77%的上海市受调查者非常了解或者比较了解我国当前存在并需要解决的水问题(如水资源短缺、水生态损害、水环境污染等)，但也有7.72%的受调查者表示不太了解这些问题，甚至有28.96%的受调查者明确表示不了解我国当前存在哪些需要解决的水问题。

关于水责任调查，在问到“您是否愿意节约用水”时，96.91%的南京市受调查者愿意节约用水，但也有0.39%的人群明确表示不愿意节约用水；而在问到“您是否愿意为节约用水而降低生活质量”时，比例则降到33.98%，还不到一半，有16.6%的受调查者表示不太愿意，还有33.2%的受调查者明确表示不愿意；在问到“您是否愿意采取一些行动(如在水边捡拾垃圾、不往水里乱扔垃圾)来保护水生态环境”时，有92.67%的受调查者愿意采取行动保护水生态环境，但也有1.55%的受调查者明确表示不太愿意或者不愿意这么做。

关于水伦理调查，有97.29%的南京市受调查者反对“我们当代人不需要考虑缺水和水污染问题，后代人会有办法去解决”的观点，没有受调查者赞同这种观点；有超过95.75%的受调查者赞同“谁用水谁付费，谁污染谁补偿”的观点，只有1.93%的受调查者反对这一观点。

3)水行为调查

关于水生态和水环境管理行为，有15.44%的南京市受调查者表示总是会主动接受各类节水、护水、爱水宣传教育活动，有

20.85%的受调查者表示经常会主动接受各类宣传教育活动，但也有34.36%的受调查者表示很少主动接受各类宣传教育活动，甚至有0.77%的受调查者表示从不主动接受各类宣传教育活动；98.46%的受调查者表示有过主动向他人说明保护水资源的重要性或者鼓励他人实施水资源保护行为的经历，也有1.54%的受调查者表示从未有过类似的水行为；有97.3%的受调查者有过主动学习各类节约用水等知识的行为，只有2.7%的受调查者表示从未有过类似经历；有76.06%的受调查者曾经学习或了解过水灾害(如山洪暴发、城市内涝、泥石流等)避险的技巧方法，有23.94%的受调查者则表示从未学习过避险相关知识。

关于说服行为，有接近96.61%的南京市受调查者有过劝告其他组织或个人停止污水排放等行为的经历，但也有3.39%的受调查者从未有过类似行为；有接近30%的受调查者比较经常主动参与社区或环保组织开展的节水、护水、爱水宣传活动，有超过50%的受调查者参加过这类活动，但也有16.12%的受调查者从未主动参与过这类活动。

关于消费行为，99.23%的南京市受调查者有过利用淘米水洗菜或者浇花的行为，甚至有54.83%的受调查者总是或经常会这样做；超过94.98%的受调查者有过收集洗衣机的脱水或手洗衣服时的漂洗水进行再利用的经历，有28.19%的人群总是或经常会这样做；99.23%的受调查者都会在洗漱时，随时关闭水龙头，有84.9%的人能够总是或经常这样做；有92.28%的受调查者会在发现前期用水量较大之后，有意识地主动减少洗衣服、洗手或者洗澡次数等，从而减少用水量，但也有7.72%的受调查者从未有过这样的行为；有71.5%的受调查者会购买或使用家庭节水设备(如节水马桶、节水水龙头及节水灌溉设备等)。

关于法律行为，仅有5.79%的南京市受调查者总是在发现身边有人做出不文明水行为时，向有关部门举报，而3.86%的受调查者表示从未这样做过；仅有10.04%的受调查者在发现企业直接排放未经处理的污水时，能够总是向有关部门举报，而有

94.21%的受调查者有过这样的行为,但也有5.79%的受调查者从未有过这样的行为;仅有10.42%的受调查者会在发现水行政监督执法部门监管不到位时,能够总是向有关部门举报,而有6.56%的受调查者从不会这样做。

2.水素养评价因子得分

对南京市公民水素养问卷调查结果进行统计分析,得到各评价因子得分的均值(为1~5,得分越高,评价越好),如表9-13所示。

从南京市公民水素养评价因子得分情况来看,"水污染知识""水资源管理手段""水资源分布现状"得分均在4.50分左右,这说明受调查者对水知识的了解程度较高;相对其他水知识题目,"水资源商品属性"得分偏低,这反映了受调查者对水资源商品属性的认识不够科学全面。

表9-13 南京市公民水素养评价因子得分情况

一级指标	二级指标	问卷测评要点	得分
水知识	水科学基础知识	水资源分布现状	4.43
		水资源商品属性	3.68
	水资源开发利用及管理知识	水资源管理手段	4.76
	水生态环境保护知识	水污染知识	4.80
水态度	水情感	受调查者对水风景区的喜爱程度	4.26
		受调查者对当前水问题的关注度	2.86
	水责任	受调查者节约用水的责任感	4.54
		受调查者为节约用水而降低生活质量的责任感	4.70
		受调查者采取行动保护水生态环境的责任感	2.62
	水伦理	受调查者对"将解决水问题的责任推给后代"观点的态度	4.76
		受调查者对水补偿原则的态度	4.65

续表

一级指标	二级指标	问卷测评要点	得分
水行为	水生态和水环境管理行为	受调查者主动接受水宣传的行为	3.16
		受调查者主动向他人说明保护水资源的重要性的行为	2.94
		受调查者学习节约用水等知识的行为	3.14
		受调查者学习避险知识的行为	2.79
	说服行为	受调查者参与制止水污染事件的行为	2.82
		受调查者主动参与社区、环保组织开展的宣传活动的行为	2.83
	消费行为	受调查者对淘米水等回收利用的行为	3.54
		受调查者对洗衣时的漂洗水等回收利用的行为	3.02
		受调查者用水习惯	4.53
		受调查者用水频率	2.85
		受调查者购买、使用家庭节水设备的行为	2.74
	法律行为	受调查者举报他人不规范水行为的行为	2.66
		受调查者举报企业不规范水行为的行为	2.66
		受调查者举报行政监督执法部门行为失职的行为	2.61

水态度中得分较高的题目是“我们当代人不需要考虑缺水和水污染问题，后代人会有办法去解决”，水行为中得分最高的题目是“洗漱时，随时关闭水龙头”题项。这说明绝大多数的受调查者主观上具有明确的节水意识，而这种节水意识投射在水行为上的最突出表现就是在洗漱时能够做到随时关闭水龙头。其余水态度题目的得分也大多在 4 分以上，但受调查者对当前水问题的关注度得分偏低，只有 2.86 分，而受调查者采取行动保护水生态环境的责任感得分相对偏低，仅有 2.62 分。这一方面反映出公民对于我国水问题的关注度不高，另一方面也说明水环境保护还没有引起公民的足够重视。

水行为题目只有“受调查者用水习惯”得分在 4 分以上，其他题目得分均在4分以下，尤其是3道法律行为的题目，得分在3分以下且最低。这说明绝大多数的受调查者在实际生活中缺乏规范的水行为，尤其是在面对他人或组织的不当水行为时，更是很少做出有效的阻止行动。

3. 水素养指数

依据前文所述水知识指数、水态度指数、水行为指数及水素养指数计算方法，得到南京市公民水素养指数，如表9-14所示。

表9-14 南京市公民水素养指数

城市	水知识指数	水态度指数	水行为指数	水素养指数
南京	91.87	81.73	61.87	68.93

基于受调查者个性特征的南京市公民水素养指数，如表9-15所示。

表9-15 基于个性特征的南京市公民水素养指数

受调查者个性特征	水知识指数	水态度指数	水行为指数	水素养指数
男性	91.84	82.24	62.37	69.38
女性	91.91	81.19	61.33	68.45
6—17岁	91.02	80.97	56.83	65.21
18—35岁	91.21	83.05	65.28	71.52
36—45岁	92.81	80.48	60.11	67.53
46—59岁	91.52	80.83	59.44	67.02
60岁以上	93.86	79.98	54.24	63.46
小学	92.64	78.14	54.43	63.08
初中	91.81	77.93	56.57	64.44
高中(含中专、技工、职高、技校)	91.40	79.57	58.24	65.91
本科(含大专)	92.04	84.20	65.27	71.83
硕士及以上	92.25	85.46	69.20	74.84
学生	92.13	83.83	63.99	70.88

续表

受调查者个性特征	水知识指数	水态度指数	水行为指数	水素养指数
务农人员	92.27	76.12	55.73	63.51
企业人员	92.26	80.49	58.77	66.56
国家公务人员(含军人、警察)	87.60	89.94	78.31	81.69
公用事业单位人员	94.03	84.89	70.69	75.91
自由职业者	89.65	79.42	63.71	69.50
其他	90.58	82.40	62.79	69.59
城镇	92.57	81.40	61.57	68.72
农村	87.40	83.81	63.77	70.29
0.5万元以下	92.42	80.33	60.61	67.81
0.5万～1万元	91.42	85.13	67.13	73.27
1万～2万元	91.27	78.44	55.29	63.61
2万～5万元	93.84	80.86	60.32	67.85
5万元以上	90.34	85.67	70.86	75.86

9.5.2　基于调整系数的南京市公民水素养评价

1.基于抽样人群结构的校正

按照受教育程度对南京市问卷进行分类，计算得出南京市在小学及以下、初中、高中(含中专、技工、职高、技校)、本科(含大专)、硕士及以上等受教育程度的水素养评价值分别为63.08、64.44、65.91、71.83、74.84。受调查者总人数为260，不同受教育程度人数分别为10、46、73、97、34。抽样调查中受教育程度的五类人群分别占比为3.56%、17.76%、28.19%、37.45%、13.13%，在南京市实际总人口中，受教育程度的五类人群实际比例为28.47%、35.80%、19.12%、15.86%、0.75%。按照公式计算得出基于抽样人群校正的水素养得分为65.59。根据抽样人群结构校正后的水素养得分与问卷调查实际得分相差较小，这表明实际调查水素养得分比较符合抽样调查实际情况，具有一定的科学性。

2. 基于生活节水效率值的调节

南京市常住公民实际生活用水量为 336.32L/人·d，公民生活用水定额为 150.00L/人·d，通过计算得出南京市公民生活节水效率调整值为－14.53，其节水效率值调整系数为－1.24。公民用水量远远高于该地区的生活用水定额，这表明该地区公民节水意识差，在日常生活用水时不注重约束自己的用水行为。

3. 水素养综合评价值

基于以上两种修正方式以及水素养综合评价值最终公式：

$$W = F_1\lambda_1 + F_2\lambda_2 = 65.59 \times 0.8 + (-14.53) \times 0.2 = 49.57$$

式中：W 为水素养综合评价值；F_1 为修正后的水素养评价值；λ_1 为修正后的水素养评价值所占权重；F_2 为节水效率调整值；λ_2 为节水效率调整值所占权重。

参考文献

[1] Hurd D. H. Scientific literacy:New minds for a changing world[J]. Science Education,1998,82(3):407-416.

[2] Miller J. D. The American People and Science Policy. The Role of Public Attitudes in the Policy Process[J]. American Political Science Association,1983,4(1):161.

[3] Roth C. E. Environmental Literacy:Its Roots,Evolution and Directions in the 1990s[J]. Columbus,OH:ERIC Clearinghouse for Science, Mathematics, and Environmental Education, 1992:51.

[4] Hungerford H. R,Peyton R. B. Teaching environmental education[M]. J. Weston Walch,1976.

[5] Simmons R. ,Koenig S. Probabilistic Navigation in Partially Observable Environments[C]//Proc. of International Joint Conference on Artificial Intelligence,1995:1080-1087.

[6] Wilke. Environmental literacy and the college curriculum[J]. Epa Journal,1995,3(21):28.

[7] Stapp E. B. 1978. Special confidence environmental testing for Titan Ⅲ-C inertial guidance equipment[C]//In Aerospace Testing Seminar, 4th, Los Angeles, Calif. , March 2, 3, 1978,Proceedings. (A79-17651 05-12) Mt. Prospect,Ill. ,Institute of Environmental Sciences,1978:167-178; Discussion,p. 179, 1978:167-178.

[8] Erdogan M. ,Ok A. ,Marcinkowski T. J. Development and validation of children's responsible environmental behavior

scale[J]. Environmental Education Research,2012,18(4):507-540.

[9] Hsu S. J, Roth R. E. Predicting Taiwanese secondary teachers' responsible environmental behavior through environmental literacy variables[J]. The Journal of Environmental Education,1999,30(4):11-18.

[10] Hsu S. J. The effects of an environmental education program on responsible environmental behavior and associated environmental literacy variables in Taiwanese college students [J]. The Journal of Environmental Education,2004,35(2):37-48.

[11] Hua L. ,Härdle W. ,Carroll R. J. Estimation in a semiparametric partially linear errors-in-variables model[J]. Annals of Statistics,1999,27(5):1519-1535.

[12] Hungerford H. R,Peyton R. B. Teaching environmental education[J]. Applied Environmental Education & Communication an International Journal,2004,3(1):1-3.

[13] Hurd P. D. H. Scientific literacy: New minds for a changing world[J]. Science education,1998,82(3):407-416.

[14] Joseph C. ,Obrin Nichol E. ,Janggu T. ,et al. Environmental literacy and attitudes among Malaysian business educators [J]. International Journal of Sustainability in Higher Education, 2013,14(2):196-208.

[15] Liu S. Y. ,Yeh S. C. ,Liang S. W. ,et al. A national investigation of teachers' environmental literacy as a reference for promoting environmental education in Taiwan[J]. The Journal of Environmental Education,2015,46(2):114-132.

[16] Mcneill C. T. ,Butts D. P. Scientific literacy in Georgia. [J]. Academic Achievement,1981(32).

[17] Turmo A. Scientific literacy and socio-economic back-

ground among 15-year-olds-a Nordic perspective[J]. Scandinavian Journal of Educational Research,2004,48(3):287-305.

[18] Wilke. Environmental literacy and the college curriculum[J]. Epa Journal,1995,3(21):28.

[19] Deville,Jean-Claude,Sarndal,et al. Calibration Estimators in Survey Sampling[J]. Publications of the American Statistical Association,1992,87(418):376-382.

[20] Chu H. E. ,Lee E. A. ,Ryung Ko H. ,et al. Korean year 3 children's environmental literacy:A prerequisite for a Korean environmental education curriculum[J]. International Journal of Science Education,2007,29(6):731-746.

[21] Corral-Verdugo V. ,Bechtel R. B. ,Fraijo-Sing B. Environmental beliefs and water conservation:An empirical study[J]. Journal of Environmental Psychology,2003,23(3):247-257.

[22] Corral-Verdugo V. ,Bechtel R. B. ,Fraijo-Sing B. Environmental beliefs and water conservation:An empirical study[J]. Journal of Environmental Psychology,2003,23(3):247-257.

[23] 童绍玉,周振宇,彭海英.中国水资源短缺的空间格局及缺水类型[J].生态经济,2016,32(7):168-173.

[24] 李大光. 2001 年中国公众科学素养调查报告[M].北京:科学普及出版社,2002.

[25] 蔡志凌.中学物理教师科学素养的调查与分析[J].课程·教材·教法,2004(6):81-85.

[26] 许佳军,马宗文,董全超.中国公民科学素质调查与研究[J].中国软科学,2014(11):162-169.

[27] 汤书昆,王孝炯,徐晓飞.中国公民科学素质测评指标体系研究[J].科学学研究,2008,26(1):78-84.

[28] 刘华杰.公民科学素养测试及其困难[J].北京理工大学学报(社会科学版),2006,8(1):12-18.

[29] 徐善衍.关于我国公民科学素质调查工作的思考与建议

[J].科普研究,2012,7(1):19-22.

[30] 王敏达,张新宁,刘超.国内外环境素养测评发展的比较研究[J].生态经济(学术版),2010(2):408-411.

[31] 才惠莲,孙泽宇.我国生态环境用水法律保护的问题与对策——基于社会公共利益的视角[J].安全与环境工程,2016(2):1-5.

[32] 蔡志凌,叶建柱.物理教师科学素养的培养策略研究[J].天水师范学院学报,2004,24(5):86-88.

[33] 曾昭鹏.环境素养的理论与测评研究[D].南京:南京师范大学,2004.

[34] 常建娥,蒋太立.层次分析法确定权重的研究[J].武汉理工大学学报(信息与管理工程版),2007,29(1):153-156.

[35] 常玉,刘显东,杨莉.应用解释结构模型(ISM)分析高新技术企业技术创新能力[J].科研管理,2003,24(2):41-48.

[36] 陈雷."把握机遇开拓创新推动　中国水利学会工作再上新台阶":在中国水利学会第十次会员代表大会上的报告[R].http://www.ches.org.cn/ches/rdxw/201.2015.

[37] 吕光明,于学霆.基于省份数据修正的我国劳动报酬占比决定因素再研究[J].统计研究,2018(3):66-79.

[38] 冯翠典.科学素养结构发展的国内外综述[J].教育科学研究,2013(6):9.

[39] 郭家骥.西双版纳傣族的水信仰、水崇拜、水知识及相关用水习俗研究[J].贵州民族研究,2009(3):53-62.

[40] 郭进平,陈洪伟,赵金娜.基于解释结构模型的安全执行力分析[J].中国安全生产科学技术,2009,5(3):78-82.

[41] 郝泽嘉,王莹,陈远生,等.节水知识、意识和行为的现状评估及系统分析——以北京市中学生为例[J].自然资源学报,2010,25(9):1618-1628.

[42] 胡锦涛.坚定不移沿着中国特色社会主义道路前进　为全面建成小康社会而奋斗[M].北京:人民出版社,2012.

[43] 靳怀堾，尉天骄. 中华水文化通论（水文化大学生读本）[M]. 北京：中国水利水电出版社，2015.

[44] 靳怀堾. 中华文化与水[M]. 武汉：长江出版社，2005.

[45] 赖小琴. 广西少数民族地区高中学生科学素养研究[D]. 重庆：西南大学，2007.

[46] 李柏洲，董媛媛. 应用解释结构模型构建企业原始创新系统及系统运行分析[J]. 软科学，2009，23(8)：119-124.

[47] 李大光. 世界范围的认识：科学素养的不同观点和研究方法[J]. 科协论坛，2000(5)：32-34.

[48] 李大光. 对中国公众科学素养调查的思考[J]. 走近科学，2001(12).

[49] 李群，陈雄，马宗文. 中国公民科学素质报告[M]. 北京：社会科学文献出版社，2016.

[50] 李振福. 基于解释结构模型的城市交通文化力分析[J]. 大连海事大学学报，2006，32(3)：29-32.

[51] 李宗新，闫严. 中华水文化文集[M]. 北京：中国水利水电出版社，2012.

[52] 李宗新. 浅议中国水文化的主要特性[J]. 华北水利水电学院学报(社科版)，2005(1)：111-112.

[53] 李宗新. 试论治水新思路与中国水文化的创新[J]. 华北水利水电学院学报(社科版)，2005(4)：108.

[54] 李宗新. 建设水文化弘扬水精神构建水文化核心价值体系[J]. 水利发展研究，2008(2)：77-80.

[55] 李宗新. 试论水文化之魂——水精神[J]. 水利发展研究，2011(3)：79-84.

[56] 李宗新. 中华水文化概论[M]. 郑州：黄河水利出版社，2008.

[57] 梁英豪. 科学素养初探[J]. 课程·教材·教法，2001(12)：59-63.

[58] 刘彬彬. 解释结构模型(ISM)在高校物流专业双语教学

中的要素分析研究[J]. 中国科教创新导刊,2010(4):200-201.

[59] 刘海芳,张志红,李耀福,等. 太原市两社区居民饮用水使用和健康知识知晓状况调查[J]. 环境卫生学杂志,2014,4(4):336-339.

[60] 陆兆侠. 水文化教育在高中历史教学中的内容和价值——以岳麓版高中历史教材为例[D]. 西安:陕西师范大学,2014.

[61] 毛琦,马冠中,宦强. 解释结构模型(ISM)法在教材分析中的应用实例研究[J]. 物理教师,2010,31(4):5-7.

[62] 王延荣,孙志鹏,许冉,等. 北京市公民水素养现状调查与评价[J]. 干旱区资源与环境,2018,32(8):8-15.

附录　中国省会城市公民水素养调查问卷

本问卷调查是华北水利水电大学受水利部发展研究中心委托进行的一项课题研究的重要环节，旨在对公民的水素养水平进行测评。调查问卷仅需匿名填写，我们承诺严格保守秘密，调查结果仅供学术研究之用。请您认真填写，表达真实想法，衷心感谢您的支持！

第一部分　个人基本情况

(1)您的性别是　□男　□女

(2)您的年龄是　□6—17 岁　□18—35 岁　□36—45 岁　□46—59 岁　□60 岁以上

(3)您的学历是

□小学及以下　□初中　□高中(含中专、技工、职高、技校)

□本科(含大专)　□硕士及以上

(4)您的职业是

□学生　□务农人员　□企业人员

□国家公务人员(含军人、警察)

□公用事业单位人员　□自由职业者　□其他

(5)您所居住的地方属于　□城镇　□农村

(6)您家庭的月均收入

□0.5 万元以下　□0.5 万～1 万元　□1 万～2 万元

□2 万～5 万元　□5 万元以上

(7)您主要从哪里获得与水相关的知识和信息？(请选择主要的三项)

□收看/收听电视、广播　□浏览互联网、微信、微博

□阅读报纸、杂志、图书　　□学校有关水知识的教育

□政府部门开展的有关水知识的教育

□民间环保组织的宣传活动

□单位的科普教育活动　　□亲友同事之间的交谈

□其他

第二部分　水知识调查

(1)下列关于我国水资源分布现状的说法是否正确?

总量丰富,但人均占有量少　□是　□否

空间分布不均匀　□是　□否

大部分地区降水量分配不均匀　□是　□否

根本不缺水　□是　□否

(2)下列关于水价的看法是否正确?

水是一种商品,用水应当付费　□是　□否

水是自然资源,用水应当免费　□是　□否

水价越低越好　□是　□否

水价越高越好　□是　□否

(3)下列说法是否属于我国的水资源管理手段?

法律法规、行政规定等　□是　□否

水价、水资源费、排污费、财政补贴等　□是　□否

节水技术、污水处理技术等　□是　□否

宣传教育　□是　□否

(4)下列活动是否会造成水污染?

工业生产废水直接排放　□是　□否

家庭生活污水直接排放　□是　□否

农药和化肥的过度使用　□是　□否

轮船漏油或发生事故　□是　□否

第三部分　水态度调查

(1)您是否喜欢与水有关的名胜古迹或风景区(如都江堰、三

峡大坝、千岛湖等)?

□非常喜欢　　□比较喜欢　　□一般

□不太喜欢　　□不喜欢

(2)您是否了解我国当前存在并需要解决的水问题(如水资源短缺、水生态损害、水环境污染等)?

□非常了解　　□比较了解　　□一般

□不太了解　　□不了解

(3)您是否愿意采取一些行为(如在水边捡拾垃圾、不往水里乱扔垃圾)来保护水生态环境?

□非常愿意　　□比较愿意　　□一般

□不太愿意　　□不愿意

(4)您是否愿意节约用水?

□非常愿意　　□比较愿意　　□一般

□不太愿意　　□不愿意

(5)您是否愿意为节约用水而降低生活质量?

□非常愿意　　□比较愿意　　□一般

□不太愿意　　□不愿意

(6)“我们当代人不需要考虑缺水和水污染问题,后代人会有办法去解决”,对于这种说法,您的态度是什么?

□非常反对　　□比较反对　　□无所谓

□比较赞同　　□非常赞同

(7)您是否赞同“谁用水谁付费,谁污染谁补偿”这一说法?

□非常赞同　　□比较赞同　　□无所谓

□比较反对　　□非常反对

第四部分　水行为调查

请根据您自身最近一年的实际行为,做出以下问题的选择:

	总是	经常	有时	很少	从不
(1)关注各类珍惜水资源、节约用水广告等公益宣传活动	□	□	□	□	□

(2)劝告其他组织或个人停止污水排放等行为 □□□□□

(3)主动接受节水、护水、爱水宣传教育活动 □□□□□

(4)利用淘米水洗菜或者浇花等 □□□□□

(5)收集洗衣机的脱水或手洗衣服时的漂洗水进行再利用 □□□□□

(6)洗漱时,随时关闭水龙头 □□□□□

(7)购买或使用家庭节水设备(如节水马桶、节水水龙头、节水灌溉设备等) □□□□□

(8)发现前期用水量较大后,主动减少洗衣服、洗手或者洗澡次数 □□□□□

(9)主动向他人说明保护水资源的重要性/鼓励他人实施水资源保护行为 □□□□□

(10)当发现身边有人不文明水行为(如在水源地游泳)时,向有关部门举报 □□□□□

(11)参与社区或环保组织开展的节水、护水、爱水宣传活动 □□□□□

(12)学习/了解水灾害(如山洪暴发、城市内涝、泥石流等)避险的技巧方法 □□□□□

(13)当发现有企业直接排放未经处理的污水,向有关部门举报 □□□□□

(14)当发现水行政监督执法部门监管不到位时,向有关部门举报 □□□□□